国家出版基金项目
NATIONAL PUBLICATION FOUNDATION

"十三五"
国家重点图书出版规划项目

国之重器出版工程

网络强国建设

5G丛书

5G-NR 信道编码

Channel Coding for New Radio of 5th Generation Mobile Communications

徐俊 袁弋非 著

人民邮电出版社

北 京

图书在版编目（CIP）数据

5G-NR 信道编码 / 徐俊，袁弋非著. -- 北京 : 人民邮电出版社，2019.3（2022.8重印）
（国之重器出版工程·5G丛书）
ISBN 978-7-115-50236-0

Ⅰ. ①5… Ⅱ. ①徐… ②袁… Ⅲ. ①信道编码 Ⅳ. ①TN911.22

中国版本图书馆CIP数据核字(2018)第265566号

内 容 提 要

本书以 5G 主要应用场景和性能指标为基础，对适合 5G 的几大编码技术逐一进行系统的描述。本书介绍的编码技术主要包含低密度校验码（LDPC）、极化码（Polar Code）、咬尾卷积码（TBCC）和 Turbo 码。除此之外，对外层编码和其他的高级编码都有专门的章节介绍。每一种编码技术的描述包括码的结构、编解码算法、性能仿真和算法复杂度分析。

本书适合从事无线通信的科技人员、大学授课教师和研究生阅读，同时也适合作为工程技术及科研教学的参考书。

◆ 著　　　　徐　俊　袁弋非
　　责任编辑　李　强
　　责任印制　彭志环

◆ 人民邮电出版社出版发行　　北京市丰台区成寿寺路 11 号
　　邮编　100164　　电子邮件　315@ptpress.com.cn
　　网址　http://www.ptpress.com.cn
　　北京捷迅佳彩印刷有限公司印刷

◆ 开本：800×1000　1/16
　　印张：20.25　　　　　　　　2019 年 3 月第 1 版
　　字数：374 千字　　　　　　 2022 年 8 月北京第 2 次印刷

定价：159.00 元

读者服务热线：**(010)81055493**　印装质量热线：**(010)81055316**
反盗版热线：**(010)81055315**
广告经营许可证：京东市监广登字 20170147 号

《国之重器出版工程》
编 辑 委 员 会

专家委员会委员（按姓氏笔画排列）：

于　全　中国工程院院士

王少萍　"长江学者奖励计划"特聘教授

王建民　清华大学软件学院院长

王哲荣　中国工程院院士

王　越　中国科学院院士、中国工程院院士

尤肖虎　"长江学者奖励计划"特聘教授

邓宗全　中国工程院院士

甘晓华　中国工程院院士

叶培建　中国科学院院士

朱英富　中国工程院院士

朵英贤　中国工程院院士

邬贺铨　中国工程院院士

刘大响　中国工程院院士

刘怡昕　中国工程院院士

刘韵洁　中国工程院院士

孙逢春　中国工程院院士

苏彦庆　"长江学者奖励计划"特聘教授

苏哲子　中国工程院院士

李伯虎　中国工程院院士

李应红　中国科学院院士

李新亚　国家制造强国建设战略咨询委员会委员、中国机械工业联合会副会长

杨德森　中国工程院院士

张宏科　北京交通大学下一代互联网互联设备国家工程实验室主任

陆建勋　中国工程院院士

陆燕荪　国家制造强国建设战略咨询委员会委员、原机械工业部副部长

陈一坚　中国工程院院士

陈懋章　中国工程院院士

金东寒　中国工程院院士

周立伟　中国工程院院士

郑纬民　中国计算机学会原理事长

郑建华　中国科学院院士

屈贤明　国家制造强国建设战略咨询委员会委员、工业和信息化部智能制造专家咨询委员会副主任

项昌乐　"长江学者奖励计划"特聘教授，中国科协书记处书记，北京理工大学党委副书记、副校长

柳百成　中国工程院院士

闻雪友　中国工程院院士

徐德民　中国工程院院士

唐长红　中国工程院院士

黄卫东　"长江学者奖励计划"特聘教授

黄先祥　中国工程院院士

黄　维　中国科学院院士、西北工业大学常务副校长

董景辰　工业和信息化部智能制造专家咨询委员会委员

焦宗夏　"长江学者奖励计划"特聘教授

序 言

　　数字信号的有效可靠传输离不开信道编码，前几代蜂窝通信系统中的信道编码基本上为欧洲和美国公司所垄断。例如，第二代中的卷积码是由麻省理工学院（MIT）所发明，卷积码与美国 MIT 教授发明的一种分组码：Reed-Solomon 码，形成经典组合，多次创下性能纪录。第三代的信道编码是 Turbo 码，由法国的研究人员发明，后经欧洲、日本和美国公司的完善，性能大大超越了卷积码。第四代中的主流标准 LTE 沿用 Turbo 码，相对 3G Turbo 的增强仍由欧美公司主导。这种局面在第五代蜂窝通信得到彻底改观。对于 5G 最重要的两种信道编码：LDPC 码和极化码（Polar Code），中国的系统设备商起了巨大的作用。在相应的关键技术点和会议提案方面，中国厂商的贡献非常可观，撑起了 5G 信道编码的半边天。5G 第一阶段的信道编码已在 2017 年 12 月基本完成，此书在这个时间出版是十分及时的，不仅服务于 5G 系统的广大开发人员，也体现了中国在前沿科技上的自信。

　　信道编码是一个"很专"的领域，需要艰深的数理基础和相对特别的研究分析手段，这与数字通信的其他领域有很大的不同。信道编码的书容易流于两种极端，一种是包含大量的数学公式和推导，尽管内容系统严谨，但晦涩难懂，只有专搞信道编码的人才能理解；另一种是"大话"式的演义，极少公式，缺乏严格抽象的表达，读者虽能了解粗枝大叶，但对信道编码的设计精髓并未准确把握。由于这两种极端，信道编码的技术人员只能去查看枯燥的标准协议，遇到问题也很难通过一些直觉方法来解决，降低了研发效率。本书在这两个极端之间做了较好的兼顾，从编码的基本概念入手，采用适当数量的公式和图表，深入浅出地阐述了 5G 信道编码，尤其是 LDPC 码和极化码的主要设计思想和

优化方向，更好地服务工程开发人员。其中的公式和一些理论分析对大专院校和研究单位的师生也比较适合。

中国通信标准化协会副理事长兼秘书长
杨泽民
2018 年 1 月

前　言

通信技术日新月异。2007 年 9 月，3GPP 推出了基于 OFDM 和 MIMO 的第四代移动通信技术 4G-LTE。2010 年 12 月，LTE 通过载波聚合和更多的天线等技术增强为 LTE-Advanced。2012 年，LTE-Advanced 进一步增强了高阶调制等技术。这时候，3GPP 在考虑下一代移动通信技术了。经过多年的酝酿，3GPP 在 2016 年 3 月通过了对第五代移动通信技术（5G）新空口（NR）的研究立项（SI），该项目于 2017 年 3 月进入协议标准化阶段。经过各公司和研究团体的辛勤工作，3GPP 在 2017 年 12 月 RAN#78 次会议上完成了 5G-NR 的第一个版本（eMBB 部分）。

相对 4G-LTE，5G-NR 引进了较多的新技术（LDPC 码、Polar 码、大规模 MIMO、非正交多址 NOMA 等）。众所周知，为达到运营商的要求，3GPP 对各种技术的选取相当严格，甚至近乎苛刻。1993 年发明的 Turbo 码，在速率较低的 3G-WCDMA 和 4G-LTE 尚可使用，但在大带宽、高速率应用中（如 20 Gbit/s 或更高，这是 5G-NR 的目标）明显逊于 LDPC 码。1955 年发明的卷积码，已历经三代蜂窝通信（2G、3G、4G）。但其解码性能不具有竞争力，也只好让位于新近提出的 Polar 码。在将来(如 6G)，移动通信技术还会进一步发展，这可能会引进其他编码技术。鉴于此，本书描述了这些编码方案的原理、应用、复杂度、性能等。

本书的特色是，首先，书的内容不仅有对 5G-NR 协议的解读，也有学术理论介绍；不仅面向无线通信的工程技术人员，同时可供科研院所的老师和学生作参考。其次，本书有丰富的理论性能分析和计算机仿真结果。再次，本书涵盖的面较广，包括工业界主流的信道编码方式以及学术界比较关注的新型编码

方式。考虑 LDPC 码和 Polar 码在 NR 中的广泛应用，本书对这两类信道编码做了较为详尽的描述。

本书由中兴通讯资深编码专家徐俊、袁弋非博士等人编著。其中，第 1 章（背景介绍）主要由袁弋非撰写；第 2 章 [低密度校验码（LDPC ）] 主要由徐俊、袁弋非、黄梅莹、李立广、许进博士撰写；第 3 章（极化码）主要由彭佛才博士、徐俊、陈梦竹、袁弋非、谢赛锦撰写；第 4 章（卷积码）和第 5 章（Turbo 码）主要由袁弋非、许进、徐俊撰写；第 6 章（外码）主要由徐俊、李立广撰写；第 7 章（其他高级编码方案）主要由袁弋非、陈梦竹、彭佛才、徐俊撰写。全书由袁弋非和徐俊统筹规划。另外，其他一些同事以及清华大学的彭克武老师也提出了一些意见、建议或提供了技术支持，在此一并表示感谢！

另外，特别感谢国家"863"计划专题项目课题《Gbps 无线传输自适应、高效高速编码技术》（ 编号 2006AA01Z271 ）和国家重大专项课题《IMT-Advanced 开放性关键技术研究（ 编码调制与自适应 ）》（ 编号 2009ZX03003-011-04 ）的大力支持！同时感谢"IMT-2020(5G) 新型调制编码专题组"一些成员单位的技术贡献！

作 者

2017 年 12 月于深圳

目　录

第 1 章　背景介绍 ·· 001

1.1　前几代移动通信的演进 ·································· 003

1.2　第五代移动通信系统（5G-NR）的系统要求 ·············· 005

　　1.2.1　主要场景 ·· 005

　　1.2.2　关键性能指标和评估方法 ·························· 007

　　1.2.3　调制编码的性能仿真参数 ·························· 009

1.3　信道编码的主要方案 ···································· 009

　　1.3.1　低密度校验码（LDPC） ···························· 009

　　1.3.2　极化码（Polar Code） ···························· 010

　　1.3.3　卷积码（Convolutional Code） ···················· 010

　　1.3.4　Turbo 码 ·· 011

　　1.3.5　外层编码（Outer Code） ·························· 011

　　1.3.6　其他高级编码方案 ································ 012

1.4　本书的目的和篇章结构 ·································· 013

参考文献 ·· 014

第 2 章　低密度校验码（LDPC） ·································· 017

2.1　LDPC 的产生和发展 ······································ 018

2.2　LDPC 码的基本原理 ······································ 020

2.2.1　Gallager 码 ··· 020

2.2.2　规则 LDPC 和非规则 LDPC ·························· 022

2.2.3　置信度传播的基本原理及其应用 ··················· 023

2.2.4　实用的解码方法 ·· 027

2.2.5　性能的理论分析 ·· 029

2.3　准循环 LDPC 码（QC-LDPC） ·························· 032

2.3.1　扩展矩阵 ··· 033

2.3.2　基础矩阵的基本结构 ····································· 038

2.3.3　编码算法 ··· 039

2.3.4　准循环 LDPC 码的多码长设计 ······················ 042

2.3.5　基于 QC-LDPC 码的多码率设计 ···················· 045

2.3.6　基于 QC-LDPC 码的精细码率调整 ················· 046

2.3.7　一般 LDPC 码的短圈特性 ····························· 046

2.3.8　QC-LDPC 码的短圈特性 ······························ 048

2.4　QC-LDPC 码的译码结构 ································· 050

2.4.1　全并行译码（Full-parallel） ························· 052

2.4.2　行并行译码（Row-parallel） ························· 054

2.4.3　块并行译码（Block-parallel） ······················ 057

2.5　LDPC 在 5G-NR 中的标准进展 ······················· 059

2.5.1　提升值设计 ··· 059

2.5.2　紧凑型基本图设计 ·· 062

2.5.3　基本图 ·· 063

2.5.4　速率匹配 ··· 069

2.5.5　交织 ··· 071

2.5.6　分段 ··· 073

2.5.7　信道质量指示（CQI）表格和编码调制方案（MCS）表格 075

2.5.8　传输块大小（TBS，Transport Block Size）的确定 ······ 078

2.6　复杂度、吞吐量和解码时延 ···························· 083

2.6.1　复杂度 ·· 083

2.6.2　吞吐量 ·· 084

2.6.3　解码时延 ··· 084

2.7　链路性能 ··· 085

2.7.1　短码 ··· 085

2.7.2 中长码 ·· 086

2.7.3 长码 ·· 086

2.8 LDPC 码在 3GPP 中的应用 ······················· 087

2.9 未来发展 ·· 094

2.10 小结 ··· 094

参考文献 ··· 095

第 3 章 极化码 ·· 099

3.1 Polar 码的起源 ··· 101

3.2 Polar 码在国内外的研究状况 ······················ 102

3.3 Polar 码的基本原理 ······································ 106

3.3.1 信道 ··· 106

3.3.2 信道合并 ·· 107

3.3.3 信道分离 ·· 109

3.3.4 信道极化 ·· 110

3.4 极化码基本的编码和解码方法 ······················ 112

3.4.1 编码简介 ·· 112

3.4.2 解码简介 ·· 113

3.5 Polar 码构造 ··· 116

3.5.1 错误检测 ·· 117

3.5.2 编码矩阵生成 ·· 123

3.6 Polar 码序列 ··· 127

3.6.1 基本概念 ·· 127

3.6.2 若干序列介绍 ·· 129

3.6.3 序列的特性 ··· 136

3.6.4 序列的选择准则 ··· 137

3.6.5 序列的融合、3GPP 最终选择的序列及未来发展 ······ 138

3.6.6 速率匹配对序列的预冻结 ····························· 139

3.7 Polar 码的速率匹配 ······································ 140

3.8 交织 ··· 141

3.8.1 等腰直角三角形交织 ··································· 141

3.8.2 双矩形交织 ··· 143

3.8.3 速率匹配过程中的交织 ································ 143

3.9 Polar 码的重传 ･･････････････････････････････････････ 145

3.10 分段 ･･ 147

3.11 系统 Polar 码 ･･････････････････････････････････････ 148

3.12 2D Polar 码 ･･･････････････････････････････････････ 151

3.13 Polar 码解码算法 ･･････････････････････････････････ 153

　　3.13.1 SC 算法 ･･････････････････････････････････････ 153

　　3.13.2 SC-L 算法 ･･･････････････････････････････････ 154

　　3.13.3 基于统计排序的译码算法 ･･････････････････････ 156

　　3.13.4 置信度传播（BP）算法 ･･･････････････････････ 158

　　3.13.5 Polar 码并行解码 ･･････････････････････････････ 159

3.14 复杂度、吞吐量与解码时延 ･･････････････････････････ 161

　　3.14.1 计算复杂度 ･･･････････････････････････････････ 161

　　3.14.2 （存储）空间复杂度 ･･････････････････････････ 162

　　3.14.3 吞吐量 ･･･････････････････････････････････････ 163

　　3.14.4 解码时延 ･････････････････････････････････････ 163

3.15 Polar 码的性能 ･･･････････････････････････････････ 164

　　3.15.1 最小汉明距离 ･････････････････････････････････ 164

　　3.15.2 误块率 ･･･････････････････････････････････････ 164

　　3.15.3 虚警率 ･･･････････････････････････････････････ 166

　　3.15.4 与其他码的性能比较 ･･････････････････････････ 167

3.16 3GPP 协议中的 Polar 码 ･･･････････････････････････ 171

3.17 Polar 码的优点、缺点及未来发展 ･･････････････････ 174

参考文献 ･･ 175

第 4 章 卷积码 ･･ 185

4.1 卷积码的原理 ･････････････････････････････････････ 186

　　4.1.1 卷积码原理和解码算法 ･････････････････････････ 186

　　4.1.2 基本性能 ･･････････････････････････････････････ 190

　　4.1.3 解码复杂度和吞吐量分析 ･･････････････････････ 193

　　4.1.4 咬尾卷积码（TBCC） ･････････････････････････ 194

4.2 卷积码在蜂窝标准中的应用 ･･･････････････････････ 198

　　4.2.1 3G UMTS（WCDMA）中的卷积码 ･･････････････ 198

　　4.2.2 LTE 中的卷积码 ･･････････････････････････････ 199

4.3 卷积码的增强 ……………………………………………………… 200

 4.3.1 支持多种版本冗余 ……………………………………… 200

 4.3.2 支持更低码率 …………………………………………… 201

 4.3.3 性能更优的生成多项式 ………………………………… 202

 4.3.4 CRC 辅助的列表解码 …………………………………… 204

参考文献 ……………………………………………………………… 206

第 5 章 Turbo 码 ……………………………………………………… 209

5.1 Turbo 码原理 …………………………………………………… 210

 5.1.1 Turbo 码之前的级联码 ………………………………… 211

 5.1.2 并行级联卷积码 ………………………………………… 212

 5.1.3 解码算法 ………………………………………………… 213

 5.1.4 基本性能 ………………………………………………… 219

5.2 LTE 的 Turbo 码 ……………………………………………… 221

 5.2.1 LTE 的 Turbo 码的结构 ………………………………… 221

 5.2.2 LTE Turbo 码的 QPP 交织器 …………………………… 222

 5.2.3 链路性能 ………………………………………………… 226

 5.2.4 解码复杂度分析 ………………………………………… 227

5.3 Turbo 码 2.0 …………………………………………………… 229

 5.3.1 更长的码长 ……………………………………………… 229

 5.3.2 更低的码率 ……………………………………………… 229

 5.3.3 咬尾 Turbo 码 …………………………………………… 231

 5.3.4 新的打孔方式 …………………………………………… 233

 5.3.5 新的交织器 ……………………………………………… 233

参考文献 ……………………………………………………………… 234

第 6 章 外码 …………………………………………………………… 237

6.1 信道特性与外码 ………………………………………………… 238

6.2 显式外码 ………………………………………………………… 239

 6.2.1 常用外码 ………………………………………………… 239

 6.2.2 包编码（Packet Coding） ……………………………… 241

6.3 隐式外码 ………………………………………………………… 256

6.4 小结 ……………………………………………………………… 256

参考文献 ································· 256

第 7 章　其他高级编码方案 ········· 259

  7.1　多元域 LDPC 码 ················· 260

    7.1.1　概念 ················· 260

    7.1.2　多元 LDPC 码比特交织编码调制（BICM）方案 ········· 261

    7.1.3　多元码调制映射方案 ················· 262

  7.2　多元域 RA 码 ················· 266

    7.2.1　交织器 ················· 268

    7.2.2　加权器 ················· 270

    7.2.3　组合器与累加器 ················· 271

    7.2.4　译码 ················· 271

  7.3　格码 ················· 271

  7.4　基于无速率码的自适应编码 ················· 279

  7.5　阶梯码 ················· 281

    7.5.1　编码 ················· 282

    7.5.2　解码 ················· 283

    7.5.3　性能 ················· 283

    7.5.4　未来演进方向 ················· 284

  参考文献 ················· 285

缩略语 ································· 287

索　引 ································· 293

第1章

背景介绍

遥想 2014 年，第五代移动通信系统（5G）之花[1]开遍全球，香溢四海。如今，几年过去了，5G 之果挂满枝头，硕果累累。其中，最大的果实当属信道编码。而其中的低密度校验码（LDPC）[2]和极化码（Polar Code）[3]格外突出。

有鉴于此，作者努力打造了这本《5G-NR 信道编码》书籍，希望能解开读者对 5G-NR 信道编码技术的疑惑。

第五代移动通信系统（5G）之花如图 1-1 所示。

第 1 章先介绍前几代移动通信的演进，然后介绍 5G 新无线电接入技术（5G、NR、5G-NR）的系统要求 [4]，接着简要地介绍 5G-NR 的信道编码技术，最后介绍本书写作的目的和篇章结构。

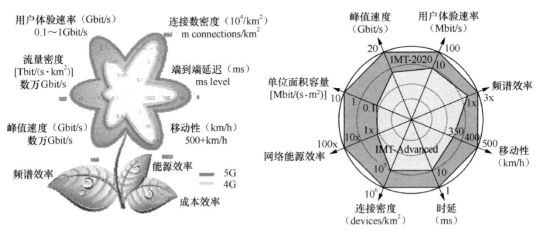

图 1-1　5G 之花 [1] 与 5G 之网 [5]

|1.1 前几代移动通信的演进|

移动通信，或者称为蜂窝通信，始于美国电话电报公司（AT&T）贝尔实验室1968年的发明。它类似六边形的蜂窝状小区（Cell）结构：这些小区环环相扣，构成连续覆盖的大范围网络。由于小区之间可以复用相同的频谱资源，所以，整个网络的容量得到极大的提升。基于这一原理，摩托罗拉公司（Motorola）于1973年在其实验系统中实现了上述移动通信系统，成为业界的先驱。在之后的近40年中，移动通信以其随身、灵活、方便等的特点，得到迅猛发展。移动通信逐渐改变着人们的生活方式，它在全球许多国家中的渗透率已超过90%，其技术已经历了四代的演进，如表1-1所示。

表 1-1　前四代移动通信的技术演进

移动通信的演进	第一代	第二代	第三代	第四代
标志性技术特征	频分多址（FDMA）模拟调制	时分多址（TDMA）数字调制 卷积码	码分多址（CDMA）数字调制 Turbo码	正交频分多址（OFDMA） 空间信道复用（MIMO） 咬尾卷积码和带二次项置换多项式（QPP）的Turbo码

第一代移动通信系统（1G，1st Generation Mobile Communication）的多址技术是频分多址（FDMA），主要支持语音服务。每个用户的物理层资源是固定的频率划分，采用模拟幅度调制（AM，Amplitude Modulation），与传统的铜线电话或调幅广播电台（AM）类似。模拟的语音信号没有经过信息压缩，语音信息没有信道编码的纠错保护，发射功率也无有效的控制。这导致资源利用率低、系统容量小、通信质量差（如有串音——一个有时候能听到其他用户的通话）。由于当时的模拟器件难以集成，终端（俗称"大哥大"）的硬件成本高、体积重量大、价格昂贵，从而使得其普及程度很低。

第二代移动通信系统（2G，2nd Generation Mobile Communication）的多址技术以时分多址（TDMA）为主（FDMA+TDMA），其基本业务是语音。使用得最广泛的2G制式是欧盟主导制定的全球移动通信系统（GSM，Global System of Mobile Communications）。在GSM中，无线资源被划分成若干个200 kHz带宽的窄带（FDMA），每个窄带中多个用户按照时隙（Time Slot）复用资源（TDMA）。GSM中的模拟语音信号经过信源压缩变成数字信号，数字化语音信

号进入信道编码环节进行防错保护。然后，编码之后的语音数据采用数字调制，调制后的信号在发射时使用功率控制技术。这些技术使得传输效率大为提高，系统容量和通信质量也有很大的提升。GSM 的信道编码主要采用分组码和卷积码，算法复杂度较低，性能中等。

第三代移动通信系统（3G，3rd Generation Mobile Communication）广泛采用码分多址技术（CDMA）。这使得信道的抗干扰能力大为增强。相邻小区可以完全复用相同的频率，从而提升了系统容量。码分多址 2000 系列（cdma2000、cdma2000EV-DO、cdma2000EV-DV）和宽带码分多址（WCDMA）是 3G 的两大标准。cdma2000 系列主要在北美、韩国和中国等地区使用，其载波频带宽度为 1.25 MHz，相应的国际标准组织是 3GPP2。WCDMA 的国际标准组织是 3GPP，其中，欧洲的厂商和运营商起着重要作用。WCDMA 已经在世界范围广泛使用（如欧洲、韩国、中国等）。其载波频带宽度为 5 MHz。为适应更高速率的要求（3G 的初期目标为 2Mbit/s），cdma2000 和 WCDMA 各自都有演进版，分别是 Evolution Data Optimized（EV-DO）和（HSPA，High Speed Packet Access）。3G 还有一套标准：时分同步码分多址（TD-SCDMA，Time Division Synchronous CDMA），主要由中国公司和一些欧洲公司制定，属于 3GPP 标准的一部分。TD-SCDMA 在中国有大规模部署。

3G 容量的提高在很大程度上得益于码分多址系统的软频率复用、功率控制技术和 Turbo 码的使用。1993 年这个信道编码领域的重大突破（Turbo 码）使得无线链路性能逼近香农极限容量（Shannon's Limit）。在短短几年间，Turbo 码得到广泛应用，并掀起了对随机编码和迭代译码的研究热潮。

第四代移动通信系统（4G，4th Generation Mobile Communication）最标志性的技术是正交频分复用（OFDM）和正交频分多址（OFDMA）。这也体现了移动通信技术发展的必然趋势。首先，用户期望能有更高的数据速率。根据香农容量公式 $C = B \cdot \log_2(1 + SNR)$，提高带宽可以迅速地提高数据速率（容量）。这迫使 4G 使用更大的带宽（如 20 MHz）。相对 CDMA 系统，OFDM/OFDMA 系统能更灵活地使用更大的带宽。

在 4G 标准制定的初期，世界范围内存在三大标准：超宽带移动通信（UMB，Ultra Mobile Broadband）、全球微波互联接入（WiMAX，基于 IEEE802.16）和长期演进（LTE）。UMB 于 2007 年年底已基本完成标准制定。但由于运营商缺乏兴趣，UMB 目前没有应用。WiMAX 早在 2007 年就形成标准。但由于产业联盟过于松散、商业模式不够健全，WiMAX 的应用较少。

LTE 的第一个的版本号是 Release 8(Rel-8)，于 2007 年 9 月完成。由

于运营商的广泛兴趣，LTE 逐渐成为全球最主流的 4G 移动通信标准。版本 8 LTE 还不是严格意义的 4G 标准（俗称为"3.9G"；HSDPA 俗称为"3.5G"；4G 的目标为 100 Mbit/s；Rel-8 的 LTE 在 20 MHz 单载波、单天线下的峰值速率为 75 Mbit/s）。所以，从 2009 年起，3GPP 开始了对 LTE-Advanced 的标准化。作为一个重大的技术迈进，LTE-Advanced 标准的版本编号是 Release 10，其性能指标完全达到 IMT-Advanced 的要求（Rel-10 的 LTE 在 5 个 20 MHz 的带宽、单天线下的峰值速率为 375 Mbit/s）。

LTE-Advanced 引入了一系列的空口技术，这些技术包括：载波聚合、小区间干扰消除抑制、无线中继、下行控制信道增强、终端之间的直通通信等。这些技术使得其系统的综合频谱效率、峰值速率、网络吞吐量、覆盖等有了一个较明显的提升。这些技术不仅适用于以宏站为主的同构网，而且也适用于由宏站和低功率节点所组成的异构网。

LTE/LTE-Advanced 在信道编码方面基本上沿用 3G 所用的 Turbo 码作为数据信道的前向纠错码。LTE 在 Turbo 码的结构上有一些优化，一定程度地降低了解码复杂度且提高了性能。控制信道采用咬尾卷积码，相比经典的卷积码，降低了开销。

1.2 第五代移动通信系统（5G-NR）的系统要求

与前四代不同的是，5G 的应用十分多样化[4]，峰值速率和平均小区频谱效率不再是唯一的要求。此外，体验速率、连接数、低时延、高可靠、高能效都将成为系统设计的重要因素。应用场景也不止有广域覆盖，还有密集热点、机器间通信、车联网、大型露天集会、地铁等，这也决定了 5G 中的技术是多元的。

1.2.1 主要场景

对于移动互联网用户，未来 5G 的目标是达到类似光纤速度的用户体验。而对于物联网，5G 系统应该支持多种应用，如交通、医疗、农业、金融、建筑、电网、环境保护等，其特点是海量接入。图 1-2 所示的是 5G 在移动互联网和物联网上的一些主要应用。

在物联网中，有关数据采集的服务包括低速率业务（读表）、高速率业务（视频监控）等。读表业务的特点是海量连接、低成本终端、低功耗和小数据包；

而视频监控不仅要求高速率，其部署密度也会很高。控制类有时延敏感的服务（车联网）和不敏感的服务（家居生活中的各种应用）。

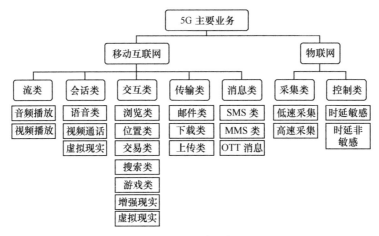

图 1-2　5G 的主要应用

　　5G 的这些应用大致可以归为三大场景：增强的移动宽带（eMBB）、低时延高可靠（URLLC）、海量物联网（mMTC）。数据流业务的特点是高速率，延迟可以在 50～100 ms 之间；交互业务的时延在 5～10 ms 之间；现实增强和在线游戏需要高清视频和几十毫秒的时延。预计到 2020 年，云存储将会汇集 30% 的数字信息量。这意味着云与终端的无线互联网速率将达到光纤级别。低时延高可靠业务包括对时延十分敏感的控制类物联网应用。海量物联网则包含众多应用，如低速采集、高速采集、时延不敏感的控制类物联网等。

　　宽带移动有多种部署场景，主要有：室内热点（Indoor Hotspot）、密集城区环境（Dense Urban）、农村（Rural）和城区宏站（Urban Macro）。室内热点部署主要关心的是，建筑物内高密度分布的用户的高速率体验、追求高的系统吞吐、一致性的用户体验、每个节点的覆盖范围较小。密集城区部署可以是同构网或者异构网，对象是城市中心和十分密集的街区。其特点是高的业务负载、较好的室外和室内外的覆盖。这几种部署场景的特点见表 1-2。

表 1-2　eMBB 主要部署场景的量化描述

部署场景	室内热点	密集城区	农村	城区宏站
载波频率	30 GHz，70 GHz 或者 4 GHz	4 GHz + 30 GHz （两层）	700 MHz，4 GHz，或者 2 GHz	2 GHz，4 GHz，或者 30 GHz

续表

部署场景	室内热点	密集城区	农村	城区宏站
聚合后的带宽	70 GHz：最大为1 GHz（上行＋下行）；4 GHz：最大200 MHz（上行＋下行）	30 GHz：最大为1 GHz（上行＋下行）；4 GHz：最大200 MHz（上行＋下行）	700 MHz：最大为20 MHz（上行＋下行）；4 GHz：最大200 MHz（上行＋下行）	4 GHz：最大为200 MHz（上行＋下行）；30 GHz：最大1 GHz（上行＋下行）
部署	单层，室内楼层，开放式办公区	两层。宏覆盖层为六边形网格，微站层的节点随机分布	单层宏覆盖，六边形网格	单层宏覆盖，六边形网格
节点站间距	20 m，相当于在120 m×50 m区域部署12个收发节点	宏站层：200 m；微站层：每个宏站层里分布3个微站收发节点（均为室外部署）	1732 m或者5000 m	500 m
基站天线单元数目	最多256收发	最多256收发	4 GHz：最多256收发；700 MHz：最多64收发	最多256收发
终端天线单元数目	30 GHz及70 GHz：最多32收发；4 GHz：最多8收发	30 GHz：最多32收发；4 GHz：最多8收发	4 GHz：最多8收发；700 MHz：最多4收发	30 GHz：最多32收发；4 GHz：最多8收发
用户分布和移动速度	100%室内，3 km/h，每个收发节点覆盖10个用户	宏网层：均匀分布，每个宏站10个用户；80%室内用户，3 km/h；20%室外用户，30 km/h	50%室外车辆，120 km/h；50%室内车辆，3 km/h，每个收发节点覆盖10个用户	20%室外车辆，30 km/h；80%室内车辆，3 km/h，每个收发节点覆盖10个用户

1.2.2 关键性能指标和评估方法

5G系统的关键性能指标（KPIs）[4]包括峰值速率、峰值频谱效率、带宽、控制面时延、用户面时延、非频发小包的时延、移动中断时间、系统间的移动性、可靠性、覆盖、电池寿命、终端能效、每个扇区/节点的频谱效率、单位面积的业务容量、用户体验速率、连接密度等。编码作为物理层的基本技术，将对5G系统的各项性能指标起着直接和间接作用。

● 峰值速率是当所有的无线资源分给一个链接，信道条件足以保证误码率为0的条件下，除去同步信号、参考信号、频域保护带、时间保护间隔等开销，理论上能达到的最高速率。下行的峰值速率指标是20 Gbit/s，上行的峰值速率指标是10 Gbit/s。高的峰值速率要求解码器能在短时间内完成大数据块的译码过程，这也意味着信道编码的译码算法复杂度不能过高，尤其在大码长、高码

率的情形下。

● 峰值频谱效率是峰值速率条件下单位时频资源的频谱效率。在高频段，带宽可以较宽，但频谱效率较低；而在低频段，带宽可能较窄，但频谱效率较高。因此，峰值速率并不能直接将峰值频谱效率和带宽相乘而得出。峰值谱效下行的指标是 30 bit/（s·Hz），上行是 15 bit/（s·Hz）。高的峰值频谱效率要求信道编码能够支持接近于 1 的码率和高的调制等级。

● 控制面的时延是指从空闲态到连接态传输连续数据这一过程所需的时间，指标是 10 ms。用户面时延是假设没有非连续接收（DRX）的限制下，协议层 2/3 的数据包（SDU）从发送侧到接收侧正确传输所需时间。对于低时延高可靠场景，用户面时延的指标是上行 0.5 ms，下行 0.5 ms。对于无线宽带场景，用户面时延的指标是上行 4 ms，下行 4 ms。有效的信道译码算法是降低用户面时延的一项重要手段。

● 可靠性定量是指一个协议层 2/3 的数据包（SDU）在 1 ms 的时间内传输的正确率。信道条件一般是小区边缘。指标是 $1-10^{-5}$（5 个 9）。可靠性的保证很大程度取决于信道译码后的残余错误概率。高可靠性系统要求信道编码有较低的错误平层和较高的重传冗余信息。

● 电池寿命指在没有充电的情形下能维持的时间。对于海量物联网，电池寿命需要考虑极端覆盖条件、每天上行传输的比特数、下行传输的比特数和电池的容量。低复杂度的信道编解码技术可以降低电池功耗，延长电池寿命。

● 对于无线宽带场景，在 Full Buffer 的业务条件下，每个扇区／节点的频谱效率要求是 4G 系统的 3 倍左右，边缘频谱效率要求是 4G 系统的 3 倍。采用合适的调制编码方式，可以进一步提高系统的频谱效率。

● 连接数密度的定义是在单位面积中，例如，每平方公里范围内，能保证一定 QoS 条件下的总的终端机器设备数量。QoS 需要考虑业务的到达频度、所需传输时间以及误码率等。在城市部署场景，连接数密度的指标是每平方公里 100 万个终端机器设备。高的连接密度意味着每个终端的低成本运行，即编码和解码要有低的复杂度。

用户体验速率、单位面积的业务容量、每个节点的频谱效率和边缘频谱效率等性能指标一般需要系统仿真。这将在室内热点、密集城区、农村和城区宏站部署场景中进行评估。连接数密度同样需要系统仿真，在城区宏站和农村部署场景中进行评估。另外，电池寿命也可用系统仿真进行评估。

可以通过分析的方法进行评估的性能指标包括：用户面时延和控制面时延、非频发小包的时延、峰值速率和峰值频谱效率、电池寿命等。

需要由链路级（和系统级）仿真来评估的指标有覆盖和可靠性。

1.2.3 调制编码的性能仿真参数

调制编码的性能评估一般采用单用户的链路级仿真，结果的呈现以误块率（BLER，Block Error Rate）与信噪比（SNR，Signal-to-Noise Ratio）的曲线为主。eMBB 和 mMTC/URLLC 的仿真参数有些不同，如表 1-3 所示。在研究的第一阶段采用较为简单的 AWGN 信道，以便校准仿真结果。第二阶段采用相对实际的快速衰落信道，来考察信道编码的鲁棒性。这里的侧重点是信道编码，因此调制采用的是经典的 QPSK，16QAM 和 64QAM，分别对应较低、中等和较高的信噪比工作点。码块长度方面，eMBB 场景的跨度较大，起点相对高，如 100 bit，反映eMBB 业务多样性和支持高速率的特点；mMTC/URLLC 的跨度较窄，起点较低，如最低 20 bit，反映这两类应用支持较低速率和小业务包的特点。码率的范围对比与码块长度的对比类似。对于 URLLC 场景，BLER 的工作点要低到 10^{-5}（甚至更低），以便观察错误平层。

表 1-3 信道编码的基本仿真参数 [6]

应用场景	eMBB	mMTC/URLLC
信道模型	第一阶段：AWGN 第二阶段：快速衰落	
调制方式	QPSK、64QAM	QPSK、16QAM
码率	1/5、1/3、2/5、1/2、2/3、3/4、5/6、8/9	1/12、1/6、1/3
码块长度 （比特数，不包含 CRC）	100、400、1000、2000、4000、6000、8000。另外，可选的有：12 000、16 000、32 000、64 000	20、40、200、600、1000

1.3 信道编码的主要方案

在信道编码方面，低密度校验码（LDPC）、极化码（Polar Code）、咬尾卷积码（TBCC）和 Turbo 码各有潜在的应用场景。

1.3.1 低密度校验码（LDPC）

低密度校验码（LDPC）[2] 最早于 1963 年由 Robert Gallager 在其博士论

文中提出。LDPC 是基于稀疏二分图（Bipartite Graph）设计的校验码，采用迭代方式进行解码。由于硬件条件的限制等因素，LDPC 在提出之后经历了 30 多年的沉寂期。20 世纪 90 年代以来，受到 Turbo 码的启发，学术界和工业界对 LDPC 掀起研究热潮。经典的 LDPC 在长码块时有优异的性能和较低的解码复杂度，曾多次刷新与香农界的逼近纪录。因此，LDPC 首先在数字电视（2003 年的卫星电视标准 DVB-S2）上得到应用。之后 LDPC 在 WiMAX（基于 IEEE 802.16，2004 年）标准和无线局域网（WLAN）、无线高保真（Wi-Fi 基于 IEEE 802.11，2008 年）中成为可选技术。经过多年的研究和发展，凭借其优良的性能，LDPC 在 2016 年 10 月最终进入要求严格的 5G-NR 标准中 [7]（作为 eMBB 数据信道的编码方案）。

近些年来，LDPC 在短码设计、支持灵活码长及码率、码率兼容／自适应重传等方面都有许多突破。在工业界，对 LDPC 解码算法的优化一直在进行，工程实现的成熟度相当高。这些进展都促进了 LDPC 在 5G 移动通信标准中的应用。

1.3.2 极化码（Polar Code）

极化码（Polar Code）[3] 是一种新近提出的线性分组码。它于 2009 年由 Erdal Arikan 教授提出。极化码是针对二元对称信道（BSC，Binary Discrete Symmetric Channel）的严格构造码，可以达到 BSC 的信道容量。极化码的构造编码原理对信息论有很大的理论意义，为码的设计指出了努力的方向。极化码的基本思想是利用信道的两极分化现象，把承载较多信息的比特放在"理想信道"中传输，而把已知比特"冻结比特"放在"非理想信道"中。信道极化是一种普遍存在的现象，不仅在 BSC 信道，而且在 AWGN 信道也广泛存在。它随着码长的增长而变得更为明显。

极化码虽然历史不长，但这几年学术界和工业界已经积累了很多在码字设计和解码算法方面的经验。在码的性能等指标上有较强的竞争力，这使得它在 2016 年 11 月最终进入要求严格的 5G-NR 标准中 [8]（作为 eMBB 控制信道的编码方案）。

1.3.3 卷积码（Convolutional Code）

卷积码（Convolutional Code）[9] 历史悠久。20 世纪 50 年代，Peter Elias 发明了卷积码。1967 年 Andrew Viterbi 提出卷积码的最大似然解码算法——

Viterbi 算法。Viterbi 算法采用时不变的网格结构（Trellis）来有效地解码。之后，又出现了其他的基于 Trellis 的解码方法，如 BCJR 等。卷积码可以分成非递归（Non-recursive）和递归（Recursive）两种类型。常用的、经典的卷积码多数是非递归的。在长期的一段时间中，20 世纪 50 年代到 90 年代，卷积码曾经一直是距离香农界最近的信道编码方案。

当约束长度较小时，卷积码的解码复杂度较低，性能也不算差。尤其是码长较短时，卷积码性能与 Turbo 码的相近。所以，它广泛应用于 3G 和 4G 中的各类物理控制信道、系统消息信道、一些适用于低成本终端的下行业务信道中。

一般的卷积码需要有若干比特用来对卷积码的移位寄存器清零，即让编码器的状态回归 0。为了降低这部分开销，LTE 采用咬尾卷积码。其特点是编码器的结束状态需要与初始状态相同。由于接收端并不知道咬尾卷积码编码器的状态，解码的复杂度稍有增加。

1.3.4 Turbo 码

1993 年，Turbo 码[10] 的出现引起了编码领域的一场"革命"。人们第一次看到实际编码的性能能够如此逼近香农界，并领略到随机编码的潜力和迭代解码的威力。从此，"随机信道编码与迭代解码"成为主流的编码思路。Turbo 码的基本思想是在编码环节引入随机图样的交织器，将两个递归卷积码并行或者串行地级联起来，这样就增加了这个码字的纠错能力。在解码环节上采用次优但是复杂度较低的迭代算法。比特的软信息在两个卷积解码器之间往复迭代，这使得其置信度不断提高。

相对传统的 LDPC 码，Turbo 码在码长、码率的灵活度和码率兼容自适应重传等方面有不少优势。因此，它在 3G 和 4G 系统中是必选的编码方式。但 Turbo 码的解码复杂度在多数情况下要高于 LDPC，尤其在大码长和高码率场景下。

1.3.5 外层编码（Outer Code）

为了进一步提高信道编码的前向纠错和检错能力，可以在物理层的信道编码之上加外层编码[11]。在 2G 系统中，内层的信道编码一般是纠错能力有限的分组码或者卷积码，此时外层编码成为不可缺少的环节。在 3G、4G 和 5G 系统中，依然使用外层编码（如 CRC）来进行纠错和检错。

5G 系统需要支持低时延高可靠场景。这些业务所占资源很有可能打掉一些其他业务——如移动宽带、海量物联网——等的资源。这会对那些被打掉资源的业务造成突发性的干扰。而外层编码有望增强承载这些业务的信道的鲁棒性。另外，外层编码可以提高链路自适应的能力。这在有 HARQ 的情形下，能使链路更有效地进行重传。

1.3.6 其他高级编码方案

多元域 LDPC（QLDPC）[12-13] 是由 Davey 和 MacKay 在 1998 年首次提出。与二元 LDPC 码不同，多元域 LDPC 定义在伽罗华域 GF(q)（一般 q 为 2 的整数次幂）上，有 q 个码字；其解码要比二元 LDPC 码复杂度高。由于具有消除小环（特别是 4 环）的潜力，所以，多元域 LDPC 有更好的纠错性能和较低的错误平层。

重复累积码（RA，Repetition Accumulation）[14] 是在 Turbo 码和 LDPC 的基础上提出的一种信道编码方案。它综合了两者的优点：不仅具有 Turbo 编码的简单性，而且也具有 LDPC 的并行译码特性。此外，多元 RA 码在有限域非零元的选择上有更高的自由度，能更容易地避免因子图中小环的产生。与 Turbo 码或二元 LDPC 码或二元 RA 码相比，多元 RA 码具有更好的纠错性能。尤其是在高阶调制系统中，多元 RA 码可以提供更高的数据传输速率和频谱效率。多元 RA 码在保留传统 RA 码高效编码的同时，还具有多元 LDPC 码良好的纠错性能。

格码（Lattice Code）[15] 是由 Codex 公司的 Forney 早在 1988 年就提出的"陪集码"的一种编码方案。在信道编码过程中，应用求解格向量中的一些理论和方案来实现编码增益，并在编码增益和复杂度之间寻求最佳平衡点。2007年，以色列 Tel Aviv 大学的 Naftali Sommer 等人在 Lattice 码的基础上首次提出了一种新型的基于 LDPC 码的信道编码技术：低密度格码（LDLC，Low Density Lattice Code）。它是一种实用的、能够达到 AWGN 信道容量的码，并且它的译码复杂度仅随码长线性增长。

脊髓码（Spinal 码）[16] 是一种在时变信道中适用的无速率码，也是一种逼近香农容量限的码。其核心是对输入消息比特连续使用伪随机哈希函数结合高斯映射函数不断产生伪随机量化的高斯符号。相比于现存的信道编码，Spinal 码可以在码长很短的条件下逼近香农容量。在较好的信道条件下，Spinal 码的性能优于现存的信道编码加高阶调制方案。

|1.4　本书的目的和篇章结构|

　　2017 年 12 月，在葡萄牙里斯本的 3GPP RAN#78 次会议上，5G-NR 的第一个版本获得通过[17]。这标志着 5G 第一阶段的标准化工作已经完成（eMBB 部分）。作为 5G 物理层的关键技术，先进的编码将对满足 5G 主要场景的性能指标发挥重要作用。根据作者的了解，目前，无论是国外还是国内，尚未有一本能比较全面介绍 5G 信道编码的书，这本书的目的就是给读者呈现 5G 信道编码的丰富画面。

　　如图 1-3 所示，本书以这一章的背景介绍为基础，对 5G 信道编码相关的几大编码技术逐一进行系统的描述。分别是：低密度校验码（LDPC，第 2 章）、极化码（Polar Code，第 3 章）和外层编码（第 6 章）。另外，还介绍了作为 5G 信道编码候选技术的卷积码（第 4 章）和 Turbo 码 2.0（第 5 章）。最后，介绍了有望在未来移动通信系统中应用的高级编码方案（第 7 章）。对每一种编码技术的描述包括码构造、编码、解码、性能等。另外，5G 信道编码中用到的重复编码（Repetition，当信息长度为 1 bit 时）、简单编码（Simplex，当信息长度为 2 bit 时；2 bit 的 C_0 和 C_1 编码成 3 bit 的 C_0、C_1 和 C_2，其中，$C_2=C_0+C_1$；即 SPC）和 Reed-Muller 码（RM 码，当信息长度为 3 ~ 11 bit 时），因为它们与 4G LTE 中的编码方式完全一样，本书就不再介绍了。感兴趣的读者可参考文献 [18][19]。希望能对读者有所裨益。

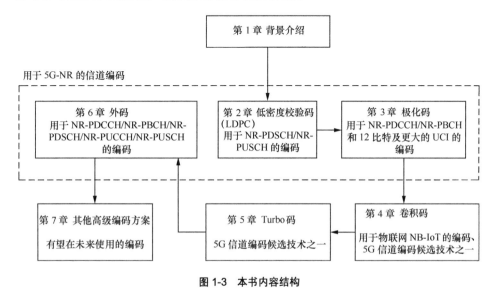

图 1-3　本书内容结构

参考文献

[1] 3GPP, RWS-150089, Vision and Technologies for 5G, CMCC, RAN Workshop on 5G, September, 2015.

[2] R. G. Gallager. Low-density parity-check codes, IRE Trans. Inform. Theory, vol. 8, Jan. 1962, pp. 21 - 28.

[3] E. Arikan. Channel polarization: A method for constructing capacity achieving codes for symmetric binary-input memoryless channels, IEEE Trans. Inform. Theory, vol. 55, July 2009, pp. 3051 - 3073.

[4] 3GPP, TR 38.913 V14.3.0, Study on Scenarios and Requirements for Next Generation Access Technologies (Release 14), 2017.06.

[5] 3GPP, RWS-150082, Update on ITU-R Work on IMT-2020 for 5G, ITU-R Working Party 5D, AT&T, RAN Workshop on 5G, September, 2015.

[6] 3GPP, TR 38.802 V14.1.0, Study on New Radio Access Technology, Physical Layer Aspects (Release 14), 2017.06.

[7] 3GPP, R1-1611081, Final Report of 3GPP TSG RAN WG1 #86bis v1.0.0, RAN1#87, November 2016.

[8] 3GPP, Draft_Minutes_report_RAN1#87, Nov. 2016. http://www.3gpp.org/ftp/tsg_ran/WG1_RL1/TSGR1_87/Report/Final_Minutes_report_RAN1%2387_v100.zip .

[9] P. Elias. Coding for noisy channels. Ire Convention Record, May 1955, pp. 37-47.

[10] C. Berrou, A. Glavieux, P.Thitimajshima. Near Shannon limit error-correcting coding and decoding: Turbo Codes, Proc. IEEE Intl. Conf. Communication (ICC 93), May 1993, pp. 1064-1070.

[11] 3GPP, R1-1608976, Consideration on outer codes for NR, ZTE, RAN1#86bis, October 2016.

[12] M.C. Davey. Low-density parity check codes over GF(q), IEEE Communications Letters Volume: 2, Issue: 6, June 1998.

[13] D. J. C. Mackay. Evaluation of Gallager codes of short block length

and high rate applications, Springer New York, 2001, pp. 113-130.

[14] 涂广福 . 重复累积码置信传播译码算法，西安电子科技大学硕士论文，2014.

[15] N. Sommer. Low-Density Lattice Codes, IEEE Transactions on Information Theory, 2008, 54 (4), pp.1561-1585.

[16] J. Perry. Spinal codes, Acm Sigcomm Conference on Applications, 2012, pp. 49-60.

[17] 3GPP, Draft_MeetingReport_RAN_78_171221_eom, 18 Dec. - 21 Dec. 2017. http://www.3gpp.org/ftp/tsg_ran/TSG_RAN/TSGR_78/Report/Draft_MeetingReport_RAN_78_171221_eom.zip

[18] 3GPP, TS 36.212, Multiplexing and channel coding, Sept. 2016.

[19] [美]S. Lin 著 . 晏坚，译 . 差错控制编码（第 2 版）. 北京：机械工业出版社，2007.

第 2 章

低密度校验码（LDPC）

低密度校验码（LDPC）是在 1963 年由 Gallager 发明的线性分组码[1-2]。由于该码的校验矩阵 H 具有很低的密度（H 只有少量的"1"，大部分是"0"，即 H 的密度很低；H 是一个稀疏矩阵），故，Gallager 称其为低密度校验码。经过 50 多年的发展，LDPC 码的构造、编码、译码等方法已相当完备。LDPC 码已广泛应用到数据存储、光通信和无线通信等系统中。

这一章先描述 LDPC 码的产生和发展，接着描述 LDPC 码的基本原理、准循环 LDPC 码、QC-LDPC 译码结构、LDPC 在 5G-NR 的标准进展，然后是复杂度、吞吐量、解码时延、链路性能，最后是 LDPC 码在 3GPP 中的应用和未来发展，大致如图 2-1 所示。

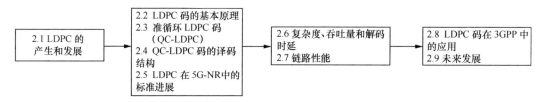

图 2-1　本章内容结构

| 2.1　LDPC 的产生和发展 |

1948 年，香农（C. E. Shannon）的论文 [3] 开启了信道编码的先河。但该论文只证明了存在一种信道编码方法，该方法能使得信息通过信道时，其错误概率能任意地小。该论文并没有给出具体的编码构造方法。随后，各种信道编码方法不断地涌现出来。1950 年，汉明（R. W. Hamming）发明了后来称之为汉明码的线性分组码[4]。不失一般性，GF（2）上的线性分组码可以用式（2-1）来表达：

$$x=u \cdot G \qquad (2-1)$$

其中，u 为编码前的信息向量，x 为编码后的信息向量（码字，Code Word），G 为生成矩阵。对于上述的生成矩阵 G，如果 G 是满秩的，那么，它可通过线性变换变成如下形式（如果 G 是降秩的，那么，它的前面若干行也可通过线性变换变成式（2-2））。

$$G=[Q, I] \qquad (2-2)$$

其中，Q 是对应到校验比特生成的子矩阵，I 是对应到信息比特的单位矩阵。如果 G 是满秩的，那么，该线性分组码的校验矩阵 H 可用式（2-3）来表达。

$$H=\left[I, Q^{\mathrm{T}}\right] \qquad (2-3)$$

其中，Q^{T} 是 Q 的转置。对于上述线性分组码，有

$$H \cdot x = 0 \qquad (2-4)$$

即，接收端可以通过计算式（2-4），可知道信息传输是否有错误发生。

由上面的几个公式可知，线性分组码的生成矩阵 G 和校验矩阵 H 是一一对应的。也就是说，线性分组码也可用校验矩阵来表达；或者说，我们可以先构建校验矩阵，然后把它转换成生成矩阵；或者说，我们可以通过校验矩阵的适当计算来编码。甚至，有时候，用校验矩阵来表达可能更为方便。

1957 年，Eugene Prange 提出了循环码[5]。循环码也是一种线性分组码。循环码的码字在循环移位之后仍然是其合法码字。这个特性使得循环码的解码变得更为容易。如果一种编码方案的码字在循环移位一次之后不是其合法码字，但在循环移位多次之后仍然是其合法码字的话，那么，称该码为准循环码（Quasi-cyclic）。准循环的特性也能使得解码变得更为容易。

1963 年，Gallager 发明了 LDPC 码[1-2]。LDPC 码也是一种线性分组码。一般地，LDPC 码用校验矩阵 H 来表达更为方便。在 LDPC 码的校验矩阵 H 中，由于"1"的元素很少，H 的大部分元素是"0"，故称之为"低密度的"（Low Density）。即，H 是一个稀疏矩阵。LDPC 码在提出之后，相对当时的硬件而言，由于解码复杂度过高，故在当时难于应用，鲜有人问津。

1981 年，R. M. Tanner 重新用图论的观点来解析 LDPC 码[6]。但是，R. M. Tanner 的研究工作仍然没有受到当时的研究人员的重视。1993 年，Turbo 码的发现[7] 使得研究人员重新认识到 Gallager 提出的基于置信度传播和迭代译码的思想[2] 是一种编码方案达到或接近香农限的非常有效的途径。1996 年，

D. MacKay 构造了接近香农限的 LDPC 码[8]（"重新发现了 LDPC 码"）。其码性能与文献[7] 的 Turbo 码性能几乎相同，都非常接近香农限（约离香农限 0.3 dB）。2004 年，LDPC 码进入全球微波互联接入（WiMAX）（IEEE 802.16e）[9] 2008 年，LDPC 进入无线高保真（Wi-Fi）（IEEE 802.11n）[10] 标准。2001 年，S. Y. Chung 构建了离香农限只有 0.0045 dB 的 LDPC 码[11]。这是目前发现的性能最好的 LDPC 码。2003 年，LDPC 码进入欧洲第二套数字视频广播（DVB-S2）标准[12]。2016 年，LDPC 码进入 5G-NR 标准[13-14]。5G-NR 使用的是准循环 LDPC 码（QC-LDPC）。

总的来说，LDPC 码提出得很早，但其迭代思想一直在为编码人员所使用。

| 2.2　LDPC 码的基本原理 |

2.2.1　Gallager 码

LDPC 码是一种分组校验码，由 Gallager 于 1963 年提出[1-2]。在其博士论文[2] 中，除了对性能界的详尽分析之外，Gallager 还建议了两种解码方法：一种是简单的代数法解码；另一种是基于概率论的解码。

论文[1-2] 所想表达的一个思想是，尽管 LDPC 的"低重"特性从码距的角度不具有很强的优势，但稀疏阵结构可以降低解码的计算量，在性能与工程实现复杂度之间提供一个折中。在之后的近 40 多年，LDPC 经历了一段相对沉寂的时期。部分的原因是基于概率论解码的复杂度要比代数法解码高很多，即使采用稀疏权重的设计，对于当时的硬件，其成本还是难以接受。

另一个原因是对概率论解码的认识本身，包括其性能潜力。传统信道编码理论评判一个码的性能大多是基于码距分析的，通过最小码距及码距的分布，得到性能界的解析表达式，从而比较"严格"地推断出该信道编码的纠错能力。这类方法对较短码长且基于代数法解码的分组码十分有效，但当码长较长且采用概率论的解码，就显得不那么有力。LDPC 码的优势在于长码和运用概率方法解码。因此在很长的一段时间中，它的潜力并没有被学术界和工业界所广泛认识。

1993 年 Turbo 码[7] 的出现掀起了业界对概率法解码的热潮。所谓概率法解码，即采用软的信息比特，而不是代数式译码中的"对"或"错"的硬判决。

"软"体现在每个比特位的置信度是一个概率分布，即一个实数，相当于"对"与"错"之间渐变的"灰度"。概率法解码一般需要与迭代译码相结合，才会体现其优势。仿照 Turbo 译码原理，大家又重新发现最初 Gallager 所提的 LDPC 的概率法解码就是采用迭代译码的。而且 Turbo 和 LDPC 都可以用因子图（Factor Graph）[16]的分析手段统一起来，所用的解码方法也可以归类为人工智能当中的置信传播（Belief Propagation）算法[17]或者信息传递（Message Passing）[18]。

经典的 LDPC 编码器可以按如下描述。一个长度为 k 的二元的信息比特序列 u，引入 m 个校验比特后，生成 n 个编码比特的序列 t，此时码率为 k/n。因为是线性码，码字 t 可以用 u 乘以一个生成矩阵 G^{T} 来表示：

$$t=G^{\mathrm{T}}u \tag{2-5}$$

生成矩阵 G^{T} 包含两部分：

$$G^{\mathrm{T}}=\begin{bmatrix} I_{k\times k} \\ P_{m\times k} \end{bmatrix} \tag{2-6}$$

如果采用硬判决的代数法译码，相应的校验矩阵可以写成

$$A=\begin{bmatrix} P | I_{m\times m} \end{bmatrix} \tag{2-7}$$

当码字在传输中没有错误时，奇偶校验通过，即，$\hat{t} \cdot A^{\mathrm{T}} = 0$，其中，$\hat{t}$ 为 t 的估值。需要指出的是，LDPC 校验矩阵有时不一定写成右边为单位矩阵的形式，尤其当采用概率译码（如软信息的置信度传播）方式。此时需要对校验矩阵做一些线性代数的变换，求出生成矩阵以便编码。

LDPC 的特点在于行数为 m，列数为 n 的校验矩阵 A 具有稀疏性，即多数的元素为 0。矩阵 A 的产生方法有随机生成、结构化设计或者穷举寻找，详细请见后述（第 2.3 节和第 2.5.3 节）。

一个 LDPC 编码后的码块通过 AWGN 信道的框图如图 2-2 所示。

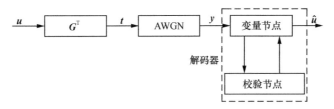

图 2-2　LDPC 经历 AWGN 信道的框图

在图 2-2 中，信息比特流 u 先进行编码。编码后的比特流 t 经过 AWGN

信道，输出为观测到的序列 $\boldsymbol{y}$。LDPC 解码器进行变量节点和校验节点之间的反复迭代交换软信息，若干次迭代后，解码器输出硬判决结果，即解码后的信息比特序列 $\hat{\boldsymbol{u}}$。

LDPC 校验矩阵 $\boldsymbol{A}$ 的稀疏性的必要性在于：

● LDPC 采用的是"加和乘"（Sum-product）的译码算法。该算法只有当二分图（Bipartite）中没有环（Cycle-free），或者没有短环（Short Cycle）时才能达到较好的性能。而稀疏性可以大大降低短环出现的可能性；

● 稀疏性意味着变量节点和校验节点之间的连接密度不高，这样在做"加和乘"的译码时可以减少累加和相乘的运算，降低译码的复杂度；

● 当校验矩阵 $\boldsymbol{A}$ 是稀疏阵时，其相应的生成矩阵 $\boldsymbol{G}^{\mathrm{T}}$ 通常不具有稀疏性，这说明产生的编码序列 $\boldsymbol{t}$ 的编码权重有可能较高，从而具有较好的码矩特性。

2.2.2 规则 LDPC 和非规则 LDPC

LDPC 码可以用二分图的方法表述，根据图 2-3 所示的 LDPC 二分图（Bipartite）。规则 LDPC，每个变量节点（$Y_i, i=1,2,3,\cdots,9$，为列的编号；有 9 个输入变量节点）连接 $q=2$ 个校验节点（$A_i, i=1,2,3,\cdots,6$；行的编号；有 6 行参与校验；q 为列重——这一列中"1"的个数），每个校验节点连接 $r=3$ 个变量节点（r 为行重，即等于这一行中"1"的个数）。

$$\boldsymbol{A} = \begin{bmatrix} 1 & 0 & 0 & 1 & 0 & 0 & 1 & 0 & 0 \\ 0 & 1 & 0 & 0 & 1 & 0 & 0 & 1 & 0 \\ 0 & 0 & 1 & 0 & 0 & 1 & 0 & 0 & 1 \\ 1 & 0 & 0 & 0 & 1 & 0 & 0 & 0 & 1 \\ 0 & 1 & 0 & 0 & 0 & 1 & 1 & 0 & 0 \\ 0 & 0 & 1 & 1 & 0 & 0 & 0 & 1 & 0 \end{bmatrix} \tag{2-8}$$

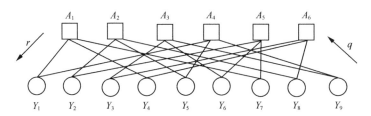

图 2-3　LDPC 二分图（Bipartite）

从图 2-3 中可以看出，节点分成两大类型：变量节点（Variable Nodes）

和校验节点（Check Nodes）。同一类型的节点不能直接彼此相连，不能直接互通信息，但可以通过另一个类型的节点传递信息。这种互联结构体现于网状的连线，也称"边"（Edge），可以完全由校验矩阵决定。

LDPC 可以分为规则（Regular）和非规则（Irregular）[8] 两种。规则的 LDPC 是指同一种类型的节点具有相同的自由度。这里的自由度是与各节点类型的边数目，即对于 LDPC 码来说，相当于校验矩阵中每行或者每列上的非零元素数目。图 2-3 就是一个规则 LDPC 的例子，其中每个校验节点与 3 个变量节点相连，而每个变量节点与 2 个校验节点相连。对应到校验矩阵，即每行有 3 个非零元素，$d_c = 3$。每列有 2 个非零元素，$d_v = 2$。与 6×9 的整个校验矩阵来看，还是比较"稀疏"的。当 LDPC 码非常大时，其稀疏性就更为明显。

非规则 LDPC 的变量节点或者校验节点的自由度可以不一样，只要服从某种分布即可。用一对参数（λ, ρ）式子表示非规则 LDPC，其中

$$\lambda(\boldsymbol{x}) := \sum_{i=2}^{d_v} \lambda_i x^{i-1} \qquad (2\text{-}9)$$

代表了变量节点的自由度分布。而

$$\rho(\boldsymbol{x}) := \sum_{i=2}^{d_c} \rho_i x^{i-1} \qquad (2\text{-}10)$$

代表了校验节点的自由度分布。更精确地讲，系数 λ_i 和 ρ_i 分别表示自由度为 i 的从变量节点和校验节点发出的边数所占的比例。上面两个公式也可以用来描述规则 LDPC，例如，图 2-3 的 LDPC 就可以写成 $\lambda(x) := x^1$ 和 $\rho(x) := x^2$。

相比规则 LDPC 码，非规则 LDPC 具有更大的灵活性和优化空间。无论从理论分析还是仿真验证，非规则 LDPC 的性能更优 [15,19-20]。因此在工程上所考虑的 LDPC 都是非规则的 LDPC。

2.2.3　置信度传播的基本原理及其应用

置信度传播（Belief Propagation）[17]，也被称为信息传送（Message Passing）[18] 是概率论中的一种基本算法，广泛应用在数字通信、人工智能、计算机科学、运筹管理等领域。

我们把图 2-4 一般化为一个因子图（Factor Graph），由变量节点（Variable Nodes）和因子节点（Factor Nodes）组成。

一般地，置信度传播或者信息传送算法的本质就是根据因子图中变量节点与因子节点的连接关系，计算变量节点取值的边缘概率分布。这里有一个基本

假设，即变量节点之间、因子节点之间都是不相关的，它们的联合概率分布可以表示成边缘概率的乘积。边缘概率的求解可以用树状结构图表示。因子图展开成树状图之后（这里假设不存在环状结构），可以更直观地看出迭代译码的过程，如图 2-5 所示。

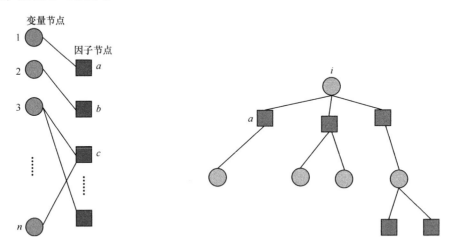

图 2-4　一个因子图（Factor Graph）　图 2-5　一个因子图展成的树状结构图（没有环结构）

从因子节点 a 到变量节点 i 的信息 $m_{a \to i}(x_i)$ 可以解释成因子节点 a 有多大的可能性认为节点 i 会处于状态 x_i。而对于变量节点 i，它处于状态 x_i 的联合置信度正比于与它相连的因子节点认为变量节点会处于状态 x_i 的概率的乘积，即

$$b_i(x_i) \propto \prod_{a \in N(i)} m_{a \to i}(x_i) \tag{2-11}$$

对于任意一个因子节点 A，它的置信度等价于与它相连的所有变量节点的联合置信度。用式（2-12）表示

$$b_A(X_A) = b_L(\boldsymbol{x}_L) \tag{2-12}$$

注意这里的 L 是个集合的概念。那么根据式（2-11），变量节点集合 L 中的每一个节点的置信度都是由正比于与它相连的因子节点认为变量节点会处于状态 x_i 的概率的乘积，因此这个联合概率可以写成：

$$b_L(\boldsymbol{x}_L) \propto \prod_{a \in N(L)} m_{a \to L}(\boldsymbol{x}_L) \propto f_A(X_A) \prod_{k \in N(A)} \prod_{b \in N(k)/A} m_{b \to k}(x_k) \tag{2-13}$$

一个节点上的置信度，也就是边缘概率，就等于除了它自己，对所有相连的因子节点的联合置信度求和，即：

$$b_i(x_i) = \sum_{X_A/x_i} b_A(X_A) \tag{2-14}$$

因此：

$$m_{A \to i}(x_i) \propto \sum_{X_A/x_i} f_A(X_A) \prod_{k \in N(A)/i} m_{k \to A}(x_k) \tag{2-15}$$

其中：

$$m_{k \to A}(x_k) \propto \prod_{b \in N(k)/A} m_{b \to k}(x_k) \tag{2-16}$$

式（2-15）可以写成迭代形式。对于能够展成树形图的结构，而且不存在局部的环状结构，可以证明：置信度传播算法能够在有限的迭代次数内（两倍的树形结构的最大深度）收敛到边缘概率。

在实际的因子图展开当中，局部可能会出现迂回环状结构（Loopy Graph），如图 2-6 所示。当有环结构存在时，置信度传播算法有可能不收敛，或者即使收敛，也不一定收敛到边缘概率分布。解决环结构不收敛的方法有好几种，对环结构的研究具有更多的理论意义，对工程设计的指导有限，这里不再赘述。

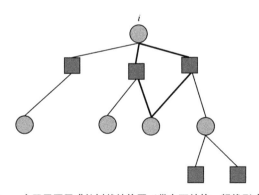

图 2-6　一个因子图展成的树状结构图（带有环结构，粗线形成 4 环）

在信道解码方面，置信度传播被用在多种编码当中。这里我们介绍在 LDPC 中的应用。LDPC 校验矩阵的每一行代表一个奇偶校验，传统的代数译码只考察相对应的比特节点上的值相加之和是否为 0，如果是，奇偶校验通过；反之，校验不通过。在概率译码当中，校验节点，也就是一般的因子图中的因子节点，需要计算的是该校验通过的概率。而这个计算是假定某一个相连的变量比特是 1（或者 0），并且其他变量节点的值符合某种先验的概率分布。变量节点需要计算的是一个比特是 1（或者 0）的概率，这个计算是基于所有相连的

校验节点上的校验通过概率。

用 r_{ij} 代表由校验节点确定的信息概率，更具体的，用 r_{ij}^0 代表当信息比特 t_i 为 0 时，校验节点 j 能够校验通过的概率。同理，用 r_{ij}^1 代表当信息比特 t_i 为 1 时，校验节点 j 能够校验通过的概率。那么，根据置信度传播算法的原理，这两个信息概率可以用式（2-17）来计算：

$$r_{ij}^0 = \frac{1}{2}\left[1 + \prod_{i' \in row[j]/\{i\}} \left(q_{i'j}^0 - q_{i'j}^1\right)\right]$$
$$r_{ij}^1 = \frac{1}{2}\left[1 - \prod_{i' \in row[j]/\{i\}} \left(q_{i'j}^0 - q_{i'j}^1\right)\right] \qquad (2\text{-}17)$$

在式（2-17）中，表达式 $i' \in row[j]/\{i\}$ 表示在第 j 行的所有为 1 的比特索引，除去当前的比特索引 i。概率 q_{ij} 由变量节点来计算。q_{ij}^0 表示在给定所有的校验节点的信息（除去校验节点 j）的条件下，$t_i = 0$ 的概率。同理，q_{ij}^1 表示在给定所有的校验节点的信息（除去校验节点 j）的条件下，$t_i = 1$ 的概率。根据置信度传播的算法原理，概率 q_{ij} 可以表达成：

$$q_{ij}^0 = \alpha_{ij} p_i^0 \prod_{j' \in col[i]/\{j\}} r_{ij'}^0$$
$$q_{ij}^1 = \alpha_{ij} p_i^1 \prod_{j' \in col[i]/\{j\}} r_{ij'}^1 \qquad (2\text{-}18)$$

在式（2-18）中，$j' \in col[i]/\{j\}$ 表示在第 i 列的所有为 1 的校验节点索引，除去当前的校验节点索引 j。系数 α_{ij} 是用来归一化的，以保证 $q_{ij}^0 + q_{ij}^1 = 1$。式子中的 p_i^0 和 p_i^1 是相对于当前一轮迭代译码的第 i 个信息比特的先验概率，由以前的迭代过程得到。外部信息（Extrinsic Information）e_i^0 和 e_i^1 的计算公式为：

$$e_i^0 = \alpha_i \prod_{j' \in col[i]} r_{ij'}^0$$
$$e_i^1 = \alpha_i \prod_{j' \in col[i]} r_{ij'}^1 \qquad (2\text{-}19)$$

表达式 $j' \in col[i]$ 表示在第 i 列的所有为 1 的校验节点索引，系数 α_i 是用来保证 $e_i^0 + e_i^1 = 1$。迭代开始阶段，p_i^0 和 p_i^1 可以根据变量比特的接收观测量来计算，考虑 AWGN 信道，可以逐行逐列进行初始化。例如，$q_{ij}^0 = P(t_i = 0|y_i) = \frac{1}{1 + e^{-2y_i/\sigma^2}}$，$q_{ij}^1 = P(t_i = 1|y_i) = \frac{1}{1 + e^{2y_i/\sigma^2}}$，其中 $\sigma^2/2$ 是高斯噪声的功率。迭代中止的判断是在每一次迭代后做硬判决，如果 $e_i^0 > 0.5$，则判定信息比特 t_i 为 0。如果满足校验，或者达到最大迭代次数，则停止迭代。

2.2.4 实用的解码方法

概率域 BP 算法涉及大量乘法运算，运算量大，并且动态范围大、数值稳定性不好。在实际应用中，通常使用对数域 BP 算法。对数域 BP 算法将使用下面对数似然比（LLR，Log-Likelihood Ratio）：

$$LLR\left(c_n\right) = \log\frac{Pr\left(x_n = +1 \middle| y_n\right)}{Pr\left(x_n = -1 \middle| y_n\right)} \tag{2-20}$$

$$LLR\left(r_{mn}\right) = \log\frac{r_{mn}^0}{r_{mn}^1} \tag{2-21}$$

$$LLR\left(q_{mn}\right) = \log\frac{q_{mn}^0}{q_{mn}^1} \tag{2-22}$$

$$LLR\left(q_n\right) = \log\frac{q_n^0}{q_n^1} \tag{2-23}$$

对数域 BP 算法步骤：

（1）按照下面公式初始化 $LLR\left(q_{mn}\right)$：

For $n = 0, \cdots, N-1$

For $m = 0, \cdots, M-1$

$$LLR\left(q_{mn}\right) = \log\left(q_{mn}^0 / q_{mn}^1\right) = LLR\left(c_n\right) = 2y_n / \sigma^2$$

End

End

（2）校验节点更新，按照下面公式更新 $LLR\left(r_{mn}\right)$：

For $m = 0, \cdots, M-1$

For $n \in N(m)$

$$LLR\left(r_{mn}\right) = \left(\prod_{n' \in N(M)/n} \alpha_{mn'}\right) \Phi\left(\sum_{n' \in N(M)/n} \left(\beta_{mn'}\right)\right)$$

End

End

其中：

$$\alpha_{mn'} = \mathrm{sign}\left[\mathrm{LLR}(q_{mn'})\right]$$

$$\beta_{mn'} = \left|\mathrm{LLR}(q_{mn'})\right|$$

$$\Phi(x) = -\log\left[\tanh(x/2)\right] = \log\frac{\mathrm{e}^x+1}{\mathrm{e}^x-1}$$

（3）变量节点更新，按照下面公式更新 $LLR(q_{mn})$：

For $n = 0, \cdots, N-1$

For $m \in M(n)$

$$\mathrm{LLR}(q_{mn}) = \mathrm{LLR}(c_n) + \sum_{m' \in M(n)/m} \mathrm{LLR}(r_{m'n})$$

End

End

（4）按照下面公式更新 $\mathrm{LLR}(q_n)$：

For $n = 0, \cdots, N-1$

$$\mathrm{LLR}(q_n) = \mathrm{LLR}(c_n) + \sum_{m \in M(n)} \mathrm{LLR}(r_{mn})$$

End

在以上介绍的对数域 BP 译码算法中，$\Phi(x)$ 的计算对于整个译码过程比较关键，其具有如下性质：

① $\Phi(x) = \Phi^{-1}(x) = -\log\left[\tanh(x/2)\right] = \log\frac{\mathrm{e}^x+1}{\mathrm{e}^x-1}$；

② 可以用下面公式对 $\Phi\left(\sum_i \Phi(\beta_i)\right)$ 进行近似，从而减少运算复杂度：

$$\Phi\left(\sum_i \Phi(\beta_i)\right) = \min_i(\beta_i), \quad \beta_i > 0$$

通过对以上 $\Phi(x)$ 的近似计算，可以得到 Min-Sum 算法。该算法直接用信道软信息 y_n 对码字比特的对数似然比进行初始化，不需要信道噪声方差信息 σ^2，也就是不需要估计码字所对应的信道信噪比；Min-Sum 算法估计出来的 $\Phi\left(\sum_i \Phi(\beta_i)\right)$ 是偏大的，为了取得更佳效果可以对结果乘一个小于 1 的常数 A：

$$\Phi\left(\sum_i \Phi(\beta_i)\right) = A \times \min_i(\beta_i), \quad \beta_i > 0, \quad 1 > A > 0 \tag{2-24}$$

其中常数 A 和 LDPC 码的校验矩阵的行重量有关系，可能取值为 0.6~0.9，确切的数值要通过仿真来确定。在 AWGN 条件下，修正 Min-Sum 算法性能要比标准 BP 算法性能大概差 0.1dB。因此，还可以对 Min-Sum 算法得到的最小值进行修正，称为 Offset Min-Sum 算法，如下。

$$\Psi = A \times \min_i \left(\beta_i \right) - \rho, \quad \beta_i > 0, \quad 1 > A > 0, \quad 1 > \rho > 0 \tag{2-25}$$

$$\Phi \left(\sum_i \Phi \left(\beta_i \right) \right) = \begin{cases} \Psi & \text{如果 } \Psi > 0 \\ 0 & \text{否则} \end{cases} \tag{2-26}$$

2.2.5　性能的理论分析

LDPC 码的性能可以用理论分析。如果采用最大似然（Maximum-Likelihood）的译码方法，LDPC 码的性能界能够通过对码字距离的分布进行分析和计算得出。但是 LDPC 码的最大似然译码复杂度极高，实际当中难以使用，一般是用概率方法译码，例如前几节叙述的 BP 算法，所以性能的分析应该考虑 BP 译码的条件。概率方法译码的分析还能反映置信度随迭代次数的增加而发生的变化，对译码收敛情况提供了理论方面的指导。

需要指出的是，这里的性能并不针对某一个给定的校验矩阵，而是在 d_v 和 d_c 给定下的全体码字（Ensemble）的平均性能。分析的方法是基于信息传送（Message Passing Algorithm）的解码算法。为了方便和简化分析，假设在所考虑的迭代次数内，因子图展成的树状结构中不会出现"环"的结构。

Gallager 在其论文中已经对规则（Regular）的 LDPC 码在二元对称信道（BSC，Binary Symmetric Channel）的容量给出了解析表达式[1-2]。用 $p_1^{(l)}$ 和 $p_{-1}^{(l)}$ 表示在第 l 次迭代信息比特为 1 和 −1 的概率，用 $q_1^{(l)}$ 和 $q_{-1}^{(l)}$ 表示在第 l 次迭代时从校验节点传给变量节点关于信息比特为 1 和 −1 的概率。用 Ψ_v 和 Ψ_c 分别表示变量节点和校验节点的映射图，可以得到[1-2]：

$$\left(q_{-1}^{(l)}, q_1^{(l)} \right) = \Psi_c \left[\left(p_{-1}^{(l-1)}, p_1^{(l-1)} \right), \cdots, \left(p_{-1}^{(l)}, p_1^{(l)} \right) \right] = \frac{1}{2} \left[1 - \left(1 - 2 p_{-1}^{(l-1)} \right)^{d_c-1}, 1 + \left(1 - 2 p_{-1}^{(l)} \right)^{d_c-1} \right] \tag{2-27}$$

$$\begin{aligned}
\left(p_{-1}^{(l)}, p_1^{(l)} \right) &= \Psi_v \left[\left(q_{-1}^{(l)}, q_1^{(l)} \right), \cdots, \left(q_{-1}^{(l)}, q_1^{(l)} \right) \right] \\
&= \left(p_1^{(0)} \left(q_{-1}^{(l)} \right)^{d_v-1} + p_{-1}^{(0)} \left[1 - \left(q_1^{(l)} \right)^{d_v-1} \right], p_{-1}^{(0)} \left(q_1^{(l)} \right)^{d_v-1} + p_1^{(0)} \left[1 - \left(q_{-1}^{(l)} \right)^{d_v-1} \right] \right)
\end{aligned} \tag{2-28}$$

所以

$$p_{-1}^{(l)} = p_{-1}^{(0)} - p_{-1}^{(0)} \left[\frac{1 + \left(1 - 2p_{-1}^{(l-1)}\right)^{d_c-1}}{2} \right]^{d_v-1} + \left(1 - p_{-1}^{(0)}\right) \left[\frac{1 - \left(1 - 2p_{-1}^{(l-1)}\right)^{d_c-1}}{2} \right]^{d_v-1} \quad (2\text{-}29)$$

从式（2-29）可以清楚地看出概率随迭代次数的增加而演进（Probability Evolution）。能够想象，存在一个阈值 ε^*：

$$\lim_{l \to \infty} p_{-1}^{(l)} = 0, \quad 当 \ p_{-1}^{(0)} < \varepsilon^* \quad (2\text{-}30)$$

对于 AWGN 信道，其二分图各个节点输出的概率信息是连续的，即概率密度。用来表示变量节点的信息图，它实质上是一个随机变量的和的分布：

$$\Psi_v\left(m_0, m_1, \cdots, m_{d_v-1}\right) := \sum_{i=0}^{d_v-1} m_i \quad (2\text{-}31)$$

也就是卷积运算，

$$*\Psi_v\left(P_0, P_1, \cdots, P_{d_v-1}\right) = P_0 \otimes P_1 \otimes \cdots \otimes P_{d_v-1} \quad (2\text{-}32)$$

可以通过拉普拉斯变换和 Fourier 变换来分析，用 F 表示 Fourier 变换（且 F^{-1} 表示 Fourier 逆变换），则

$$*\Psi_v\left(P_0, P_1, \cdots, P_{d_v-1}\right) = F^{-1}\left[F\left(P_0\right)F\left(P_1\right)\cdots F\left(P_{d_v-1}\right)\right] \quad (2\text{-}33)$$

考察 (d_v, d_c) 的规则 LDPC。用 $P^{(l)}$ 表示在第 l 次迭代时，从变量节点到校验节点的公共概率密度。P_0 代表接收观测量的概率密度。$\tilde{P}^{(l)}$ 代表 $P^{(l)}$ 经过拉普拉斯变换后的密度。则

$$F\left(\tilde{P}\right)(s, 0) = \hat{\tilde{P}}^0(s) + \hat{\tilde{P}}^1(s)$$
$$F\left(\tilde{P}\right)(s, 1) = \hat{\tilde{P}}^0(s) - \hat{\tilde{P}}^1(s) \quad (2\text{-}34)$$

概率密度 $\tilde{Q}^{(l)}$ 可以表示成

$$\hat{\tilde{Q}}^{(l),0} - \hat{\tilde{Q}}^{(l),1} = \left[\hat{\tilde{P}}^{(l-1),0} - \hat{\tilde{P}}^{(l-1),1}\right]^{d_c-1}$$
$$\hat{\tilde{Q}}^{(l),0} + \hat{\tilde{Q}}^{(l),1} = \left[\hat{\tilde{P}}^{(l-1),0} + \hat{\tilde{P}}^{(l-1),1}\right]^{d_c-1} \quad (2\text{-}35)$$

把式（2-34）和式（2-35）结合起来，得到完整的一次迭代：

$$F\left(P^{(l+1)}\right) = F\left(P^{(0)}\right)\left[F\left(Q^{(l)}\right)\right]^{d_v-1} \quad (2\text{-}36)$$

对不同 (d_v, d_c) 和不同码率下的几种规则 LDPC 码在二元 AWGN 信道下的最大允许噪声方差，如表 2-1 所示。

表 2-1　规则 LDPC 码在二元 AWGN 信道下的最大允许噪声方差

d_v	d_c	码率	噪声方差阈值（σ）
3	6	0.5	0.88
4	8	0.5	0.83
5	10	0.5	0.79
3	5	0.4	1.0
4	6	0.333	1.01
3	4	0.25	1.549

非规则 LDPC 性能分析的方法原理与规则 LDPC 的类似，但推导较为烦琐，这里就不赘述。表 2-2 列举了一些 1/2 码率的非规则 LDPC 的比较好的（λ，ρ）和高斯白噪声的最大允许标准差。

表 2-2　1/2 码率的非规则 LDPC 的（λ，ρ）选取和高斯白噪声的最大允许标准差和最低 E_b/N_0

d_v	4	5	6	7	8	9	10	20	50
λ_2	0.3836	0.3465	0.3404	0.3157	0.3017	0.2832	0.2717	0.2326	0.1838
λ_3	0.0424	0.1196	0.2463	0.4167	0.2840	0.2834	0.3094	0.2333	0.2105
λ_4	0.5741	0.1839	0.2202				0.0010	0.0206	0.0027
λ_5		0.3699							
λ_6			0.3111					0.0854	
λ_7				0.4381				0.0654	0.0001
λ_8					0.4159			0.0477	0.1527
λ_9						0.4397		0.0191	0.0923
λ_{10}							0.4385		0.0280
λ_{11}									
λ_{12}									
λ_{15}									0.0121
λ_{19}								0.0806	
λ_{20}								0.2280	
λ_{30}									0.0721
λ_{50}									0.2583
ρ_5	0.2412								
ρ_6	0.7588	0.7856	0.7661	0.4381	0.2292	0.0157			
ρ_7		0.2145	0.2339	0.5619	0.7708	0.8524	0.6368		
ρ_8					0.1319	0.3632	0.6485		
ρ_9						0.3475	0.3362		

续表

d_v	4	5	6	7	8	9	10	20	50
ρ_{10}								0.0040	0.0888
ρ_{11}									0.5750
σ^*	0.9114	0.9194	0.9304	0.9424	0.9497	0.9540	0.9558	0.9649	0.9718
E_b/N_0(dB)	0.8085	0.7299	0.6266	0.5153	0.4483	0.4090	0.3927	0.3104	0.2485

根据香农容量定理，二元 AWGN 信道在 1/2 码率 [QPSK 下达到 1 bit/ (s·Hz)] 条件下，信噪比（E_b/N_0）的极限值是 0.187 dB。而非规则的 LDPC 码可以达到 E_b/N_0 = 0.2485 dB 的水平，离极限值仅有 0.06 dB。根据表 2-2 中的自由度分布设计相应的 LDPC 码，其码长为 10^6 bit。仿真结果表明，在误码率为 10^{-6} 的水平，E_b/N_0 可低达 0.31 dB，离香农极限只有 0.13 dB。这也证明了以上性能的分析方法是有效和准确的。

│2.3 准循环 LDPC 码（QC-LDPC）│

LDPC 码的构造方法大体有两大类：随机生成和结构化生成。随机产生的矩阵没有明显的结构。相对规则 LDPC 码，T. Richardson 提出的非规则码[21] 能明显提升性能。这类构造方法比较适合较长的码块。如上节分析，当码长在百万级别，采用非规则 LDPC 码，这种设计可以很好地逼近香农容量。但是随机生成的矩阵由于没有特别的结构特征，译码实现没有简便算法。这使得其在实际系统中的算法复杂度高、吞吐量低，难以推广。

结构化的体现可以是多种的。当今最为广泛应用的是准循环结构。该种结构最初在规则 LDPC 码中使用。它形成十分规则的形态，可以从理论上分析其性能。之后，该思想被推广到非规则 LDPC 码，其设计的自由度更大，性能优化的空间也有所提高。虽然结构性设计对性能有一定的影响，不一定能十分逼近香农容量，但译码算法得到大量的简化，复杂度降低。另外，准循环结构可以降低译码时延以增加数据吞吐量，所以，它在实际系统中获得广泛应用。

结构化 LDPC 码也被称为准循环（Quasi-Cyclic）LDPC 码。QC-LDPC 码已经广泛应用 IEEE 802.11、IEEE 802.16、DVB-S2 等系列标准，上述标准都采用不同码率的 LDPC 校验矩阵，以保证 LDPC 码具有低复杂度、优异性能和较高吞吐量。例如，在 IEEE 802.11n/ac 中，采用了 12 种校验矩阵，提供 4 种码率、3 种码长的编码方案。在 IEEE 802.11ad 中，采用了 4 种校验矩阵，提供 4 种固定码长但不同码率的编码方案。在 IEEE 802.16e 中，采用了 6 种校验矩阵，硬件上提供 4 种码率、19 种码长的编码方案。

QC-LDPC 码的技术优势在于：

- QC-LDPC 码具有接近香农限的性能；
- QC-LDPC 码的低差错平层（Error Floor）的性能。从而使得它适用于高可靠系统；
- QC-LDPC 码的并行译码特性，使得它适合于高并行度和灵活并行度的系统；
- QC-LDPC 译码速度快，适用于高吞吐量和低时延的系统；
- 固定码长和有限多个码率条件下，QC-LDPC 码译码硬件可以统一，并且简单有效；
- QC-LDPC 码具有码率越高、复杂度越低的特性，有利于提升峰值速率。

2.3.1　扩展矩阵

基于准循环矩阵扩展的思想萌芽始于 LDPC 发明者的论文 [1-2]，但论文中只是讲排列（Permutation），如下所示的矩阵，为一个 20 列 15 行的规则校验矩阵，行重为 4，列重为 3。

$$
\boldsymbol{H}_g = \left[
\begin{array}{cccccccccccccccccccc}
1 & 1 & 1 & 1 & 0 & 0 & 0 & 0 & 0 & 0 & 0 & 0 & 0 & 0 & 0 & 0 & 0 & 0 & 0 & 0 \\
0 & 0 & 0 & 0 & 1 & 1 & 1 & 1 & 0 & 0 & 0 & 0 & 0 & 0 & 0 & 0 & 0 & 0 & 0 & 0 \\
0 & 0 & 0 & 0 & 0 & 0 & 0 & 0 & 1 & 1 & 1 & 1 & 0 & 0 & 0 & 0 & 0 & 0 & 0 & 0 \\
0 & 0 & 0 & 0 & 0 & 0 & 0 & 0 & 0 & 0 & 0 & 0 & 1 & 1 & 1 & 1 & 0 & 0 & 0 & 0 \\
0 & 0 & 0 & 0 & 0 & 0 & 0 & 0 & 0 & 0 & 0 & 0 & 0 & 0 & 0 & 0 & 1 & 1 & 1 & 1 \\
1 & 0 & 0 & 0 & 1 & 0 & 0 & 0 & 1 & 0 & 0 & 0 & 1 & 0 & 0 & 0 & 1 & 0 & 0 & 0 \\
0 & 1 & 0 & 0 & 0 & 1 & 0 & 0 & 0 & 1 & 0 & 0 & 0 & 0 & 0 & 0 & 0 & 1 & 0 & 0 \\
0 & 0 & 1 & 0 & 0 & 0 & 1 & 0 & 0 & 0 & 1 & 0 & 0 & 0 & 1 & 0 & 0 & 0 & 1 & 0 \\
0 & 0 & 0 & 1 & 0 & 0 & 0 & 1 & 0 & 0 & 0 & 1 & 0 & 0 & 1 & 0 & 0 & 0 & 1 & 0 \\
0 & 0 & 0 & 0 & 1 & 0 & 0 & 0 & 1 & 0 & 0 & 0 & 1 & 0 & 0 & 1 & 0 & 0 & 0 & 1 \\
1 & 0 & 0 & 0 & 0 & 1 & 0 & 0 & 0 & 1 & 0 & 0 & 1 & 0 & 0 & 0 & 1 & 0 \\
0 & 1 & 0 & 0 & 0 & 0 & 1 & 0 & 1 & 0 & 0 & 0 & 0 & 1 & 0 & 0 & 0 \\
0 & 0 & 1 & 0 & 0 & 0 & 0 & 1 & 0 & 0 & 1 & 0 & 0 & 1 & 0 \\
0 & 0 & 0 & 1 & 0 & 0 & 1 & 0 & 0 & 0 & 1 & 0 & 0 & 1 & 0 \\
0 & 0 & 0 & 0 & 1 & 0 & 0 & 0 & 1 & 0 & 0 & 0 & 1 & 0 & 0 & 0 & 1 \\
\end{array}
\right]
$$

这个矩阵并没有限定是循环重排（Circulant Permutation）。将矩阵划分成 3 行 4 列的 12 块子矩阵，可以注意到，下面两行重的子块矩阵是 5×5 单位矩阵的移位，移位的方式相对比较任意，只要满足列重和行重的要求即可。

如果奇偶校验矩阵是通过一个基础矩阵（Proto Matrix）进行扩展得到，那么无论码长是多少，描述都很简洁，符合模块化设计的思想。基础矩阵介绍如下。其中，H 为一个扩展矩阵。

$$H = \begin{bmatrix} P^{h_{00}^b} & P^{h_{01}^b} & P^{h_{01}^b} & \cdots & P^{h_{0n_b}^b} \\ P^{h_{10}^b} & P^{h_{11}^b} & P^{h_{12}^b} & \cdots & P^{h_{1n_b}^b} \\ \cdots & \cdots & \cdots & \cdots & \cdots \\ P^{h_{m_b0}^b} & P^{h_{m_b1}^b} & P^{h_{m_b2}^b} & \cdots & P^{h_{n_bn_b}^b} \end{bmatrix} = P^{H_b} \qquad (2\text{-}37)$$

在这里用脚标 i 和 j 分别代表分块矩阵的行和列的索引。如果 $h_{ij}^b = -1$，则定义 $P^{h_{ij}^b} = \mathbf{0}$，即该分块矩阵为全 0 方阵；如果 h_{ij}^b 为非负整数，则定义 $P^{h_{ij}^b} = (P)^{h_{ij}^b}$。其中，$P$ 是一个 $z \times z$ 的标准置换矩阵，也是一个经过循环移位的单位矩阵（非负的幂次代表移位的位数），如 P 所示（幂次为 1）。

$$P = \begin{bmatrix} 0 & 1 & 0 & \cdots & 0 \\ 0 & 0 & 1 & \cdots & 0 \\ \cdots & \cdots & \cdots & \cdots & \cdots \\ 0 & 0 & 0 & \cdots & 1 \\ 1 & 0 & 0 & \cdots & 0 \end{bmatrix}$$

通过这样的幂次 h_{ij}^b（置换因子）就可以唯一标识每一个分块矩阵，单位矩阵的幂次可用 0 表示，零矩阵一般用 −1 或者空值来表示。这样，如果将 H 的每个分块矩阵都用它的幂次代替，就得到一个 $m_b \times n_b$ 的幂次矩阵 H_b。这里，定义 H_b 是 H 的基础矩阵，H 称为 H_b 的扩展矩阵。在实际编码时，$z =$ 码长 / 基础矩阵的列数 n_b，称为提升值（Lifting Size）（提升因子或扩展因子）。

例如，矩阵 H 可以用下面的提升值 $z=3$ 和一个 $m_b \times n_b = 2 \times 4$ 的基础矩阵 H_b 扩展得到：

$$H_b = \begin{bmatrix} 0 & 1 & 0 & -1 \\ 2 & 1 & 2 & 1 \end{bmatrix}$$

这个基础矩阵的 Tanner 图如图 2-7 所示。

图 2-7 基础矩阵的 Tanner 图

　　这里的连线代表基础矩阵中非负的元素，其中，对与校验节点 1 连接的三条线进行了加黑，分别用实线、破折虚线和点虚线圈出。当 $z = 3$，则扩展矩阵如下

$$H = \left[\begin{array}{ccc|ccc|ccc|ccc}
1\ 0\ 0 & 0\ 1\ 0 & 1\ 0\ 0 & 0\ 0\ 0 \\
0\ 1\ 0 & 0\ 0\ 1 & 0\ 1\ 0 & 0\ 0\ 0 \\
0\ 0\ 1 & 1\ 0\ 0 & 0\ 0\ 1 & 0\ 0\ 0 \\
\hline
0\ 0\ 1 & 0\ 1\ 0 & 0\ 0\ 1 & 0\ 1\ 0 \\
1\ 0\ 0 & 0\ 0\ 1 & 1\ 0\ 0 & 0\ 0\ 1 \\
0\ 1\ 0 & 1\ 0\ 0 & 0\ 1\ 0 & 1\ 0\ 0
\end{array}\right]$$

其扩展矩阵的 Tanner 图如图 2-8 所示。

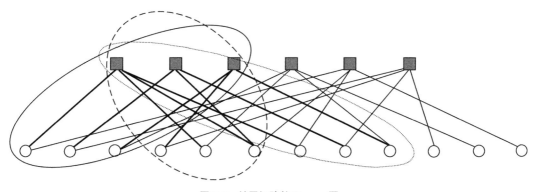

图 2-8　扩展矩阵的 Tanner 图

　　可以看出这个扩展矩阵相当于把基础矩阵中的节点（变量节点和校验节点）拷贝 3 份（包括连线）。当基础矩阵中的元素为 0，循环移位阵是一个单位阵。连线关系保持不变，如实线圈中的部分，以及点虚线中的部分。当基础矩阵中的元素是自然数时，循环移位矩阵中的元素进行相应的移位循环，使得连线循环重排，如破折虚线中的部分。

　　众所周知，循环移位在硬件中十分容易实现。而基础矩阵扩展的构造方法是，将一个适合多个码长的校验矩阵分解成一个固定的部分（基础矩阵）和一个可变的部分（循环移位的分块矩阵）。固定部分的基础矩阵可以相对固化在硬件实现当中，沿用基本的 LDPC 的编码和译码算法，进行软信息的迭代。而相对可调的循环移位分块矩阵只是拷贝这些软信息，再在分块矩阵内做循环重排，即调整软信息的流入 / 流出节点。至少对于每一次迭代，这个处理过程可以分别在各个分块矩阵内进行。如果硬件处理单元足够，可以做到充分的并行处理。根据以上分析可以知道准循环 LDPC 码可以由基础矩阵、提升值和标准置换矩

阵等参数唯一定义。

对于准循环 LDPC 码，扩展矩阵可以由一个循环移位分块矩阵来进行扩展而得到，如上面过程所述。如果所述用于扩展的分块矩阵都是一个单位矩阵的循环移位矩阵，则每个分块矩阵的行重量和列重量都等于 1，我们称这种为单"边"矩阵（Single Edge），但如果某些分块矩阵的行重量或者列重量不等于 1，则被称为多边（Multi-Edge）矩阵。所述的多边矩阵可以看成是由多个不同的分块矩阵叠加而成，每个分块矩阵都是单位矩阵的循环移位矩阵，只不过该多个分块矩阵的循环移位值不同。多边基础矩阵如图 2-9 和图 2-10[22] 所示。特别是图 2-10 中，在某些地方出现了两个不同的移位值。

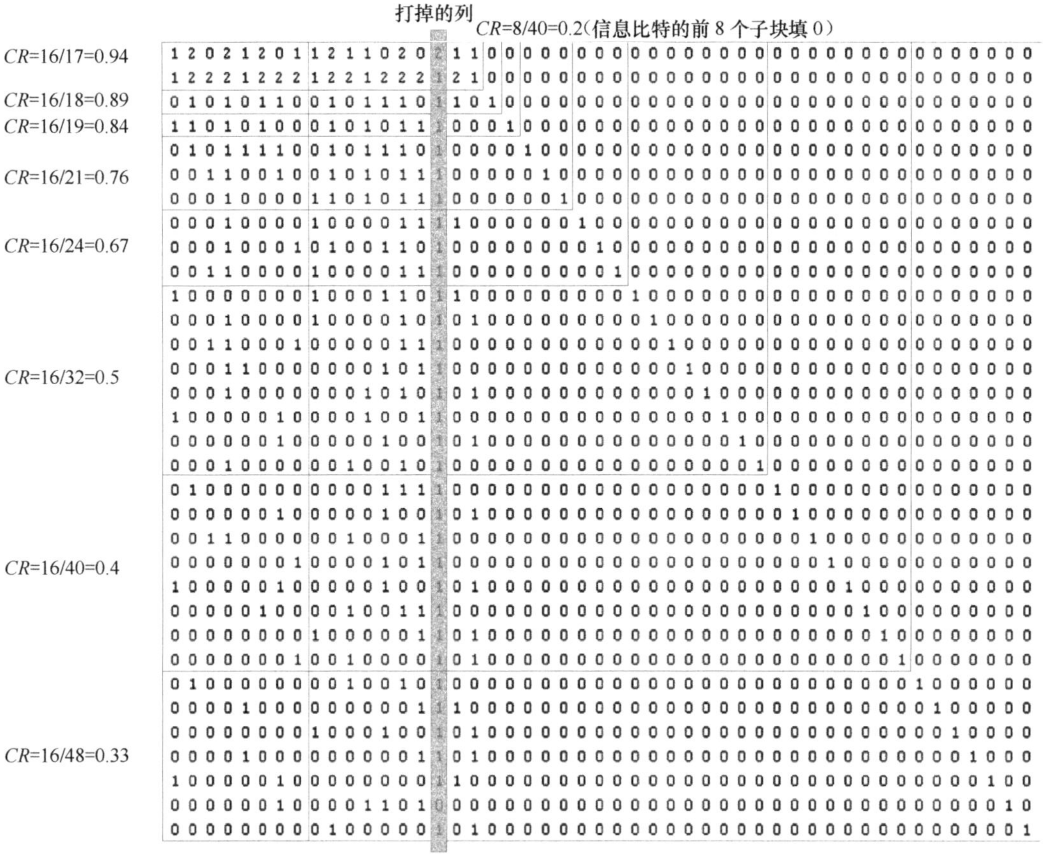

打掉的列

CR=8/40=0.2（信息比特的前 8 个子块填 0）

CR=16/17=0.94	
CR=16/18=0.89	
CR=16/19=0.84	
CR=16/21=0.76	
CR=16/24=0.67	
CR=16/32=0.5	
CR=16/40=0.4	
CR=16/48=0.33	

图 2-9　多边 LDPC 基础矩阵图[22]

94	259,100	−1	369,191	164	218,026	−1	309	338	61,251	120	233	−1	145,233	−1	21,226	256	0
382	109,14	219,2	243,150	267	292,083	306,93	312,244	183	244,216	43,168	35	20,264	267,280	28,17	22	61,49	0

```
 -1 317  -1  46  -1 284  75  -1  -1 374  -1 257 309   4  -1 285 276  -1  -1 -1 -1 -1 -1 -1 -1 -1 -1 -1 -1 -1 -1 -1 -1 -1
 25 359  -1 133  -1 256  -1  -1 153  -1  19  -1  48 231  -1   0  -1  -1   0  -1 -1 -1 -1 -1 -1 -1 -1 -1 -1 -1 -1 -1 -1 -1
 -1 143  -1 244 122  99   8  -1  -1 277  -1 378   1  78  -1 257  -1  -1  -1   0  0 -1 -1 -1 -1 -1 -1 -1 -1 -1 -1 -1 -1 -1
 -1  -1 145 313  -1  -1 358  -1  -1 242  -1  -1   0 122 201 288  -1  -1  -1  -1  0  0 -1 -1 -1 -1 -1 -1 -1 -1 -1 -1 -1 -1
 -1  -1  -1 377  -1  -1  -1  -1 185 105  -1 255  -1 188  99 334  -1  -1  -1  -1 -1  0  0 -1 -1 -1 -1 -1 -1 -1 -1 -1 -1 -1
 -1  -1 255  -1  -1  -1  -1 372  -1  -1  -1 265  19  50 224  -1  -1  -1  -1  0 -1 -1  0  0 -1 -1 -1 -1 -1 -1 -1 -1 -1 -1
 -1 361  -1  -1 110  -1  34  -1  -1 280 148  -1 332  -1  -1  -1  -1  -1  -1  -1 -1 -1 -1  0  0 -1 -1 -1 -1 -1 -1 -1 -1 -1
 -1  26  24  -1  -1  -1 189  -1  -1  -1 194   7 181  -1  -1  -1  -1  -1  -1  -1 -1 -1 -1 -1  0  0 -1 -1 -1 -1 -1 -1 -1 -1
221  -1  -1 171  -1  -1  -1 221  -1  -1  -1 327 382  -1 117 127  -1  -1  -1  -1 -1 -1 -1 -1 -1  0  0 -1 -1 -1 -1 -1 -1 -1
 -1  -1  -1  -1  -1  -1  -1  47  -1  -1  81  -1 368  -1 214  -1  -1  -1  -1  -1 -1 -1 -1 -1 -1 -1  0  0 -1 -1 -1 -1 -1 -1
 -1 311  68  -1  -1 106  -1  -1 257 279 193  -1  -1   1  -1  -1  -1  -1  -1  -1 -1 -1 -1 -1 -1 -1 -1  0  0 -1 -1 -1 -1 -1
 -1 155 341  -1  -1  -1  -1  76  -1 143 299  -1  -1  -1  -1  -1  -1  0  -1  -1 -1 -1 -1 -1 -1 -1 -1 -1  0  0 -1 -1 -1 -1
 -1  -1 222  -1  -1  -1  -1  16  -1 350  -1  55  -1 294  -1  -1  -1  -1  0  -1 -1 -1 -1 -1 -1 -1 -1 -1 -1  0  0 -1 -1 -1
151  -1  -1  -1  -1 216  -1  -1  -1 264  -1  -1  64  40  -1  -1  -1   0  -1  -1  0 -1 -1 -1 -1 -1 -1 -1 -1 -1  0  0 -1 -1
 -1  -1  -1  -1  -1 201  -1  -1  -1 210  -1  -1 234 103  -1  -1  -1  -1  -1  -1 -1  0 -1 -1 -1 -1 -1 -1 -1 -1 -1  0  0 -1
 -1 132  -1  -1  77  -1  -1  -1  -1 370  -1 171  -1  39  -1  -1  -1  -1  -1  -1 -1  0  0 -1 -1 -1 -1 -1 -1 -1 -1 -1  0  0
 -1  -1  -1  -1  73  -1  -1  -1  -1  37  -1  -1   5 211  -1  -1  -1  -1  -1  -1 -1 -1  0  0 -1 -1 -1 -1 -1 -1 -1 -1 -1  0
 -1 231 143  -1  -1  -1  -1 182  -1  -1 276  44  -1  -1  -1  -1  -1  -1  -1   0 -1 -1 -1  0  0 -1 -1 -1 -1 -1 -1 -1 -1 -1
123  -1  -1  -1 171  -1  -1  -1 148  -1  -1  90  -1 192  -1  -1  -1  -1  -1  -1 -1 -1 -1 -1  0  0 -1 -1 -1 -1 -1 -1 -1 -1
 -1  -1  -1 110  -1  -1  29  -1  37  -1 116 364 203  -1  -1  -1  -1  -1  -1  -1 -1 -1 -1 -1 -1  0  0 -1 -1 -1 -1 -1 -1 -1
 50  -1  -1  -1  -1 169  -1  -1 140  -1  -1  93  -1 160  -1  -1  -1  -1  -1  -1 -1 -1 -1 -1 -1 -1  0  0 -1 -1 -1 -1 -1 -1
 -1  50  -1 362  -1  -1  -1 180  -1  -1 371  -1  47  89  -1  -1  -1  -1  -1  -1 -1 -1 -1 -1 -1 -1 -1  0  0 -1 -1 -1 -1 -1
 -1  -1  -1 272  -1  -1  -1  -1  -1  -1  -1 264 204 124  -1  -1  -1  -1  -1  -1 -1 -1 -1 -1 -1 -1 -1 -1  0  0 -1 -1 -1 -1
183  -1  -1  -1  -1  -1  -1 264  -1  -1 351 247  -1 124  -1  -1  -1  -1  -1  -1 -1 -1 -1 -1 -1 -1 -1 -1 -1  0  0 -1 -1 -1
 -1  -1  -1  -1  -1 270  -1  -1 146  40  -1  79  -1  -1  -1  -1  -1  -1  -1  -1 -1 -1 -1 -1 -1 -1 -1 -1 -1 -1  0  0 -1 -1
 -1  -1  -1  -1  -1  -1  -1 158  -1  -1  -1 188  -1 254  -1  -1  -1  -1  -1  -1 -1 -1 -1 -1 -1 -1 -1 -1 -1 -1 -1  0  0  0
```

图 2-10　多边 LDPC 基础移位系数矩阵示例[22]

　　多边构造法的优势在于给准循环 LDPC 码的设计带来更大的灵活度。例如，当码率比较高的时候，基础矩阵的行数和列数都比较小。通过多边构造的方法，可以对基础矩阵中的个别列（移位值）增加列重量，从而可以提高性能。从图 2-11 中[23]可以看出，在 BLER = 1% 时，多边 LDPC 码比单边 LDPC 码约好 0.15 dB。

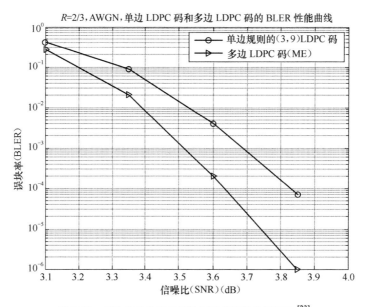

图 2-11　多边 LDPC 码与单边 LDPC 码的性能对比[23]

多边结构虽然可以优化 LDPC 码的性能，但是也会带来译码器实现上的问题。从存储中读写数据的时候，因为地址冲突，多边矩阵不能一次将数据读出或写入存储器，必须增加额外的控制逻辑，这会增加译码器的复杂度和时延。也是基于这种考虑，5G-NR eMBB 的 LDPC 最终没有采用多边结构。

2.3.2 基础矩阵的基本结构

准循环 LDPC 母码码率的基础校验矩阵 H_b 可以分成两部分（系统位部分和校验位部分），H_b^{system} 和 H_b^{parity}。

$$H_b = \left[H_b^{\text{system}} \middle| H_b^{\text{parity}} \right] \tag{2-38}$$

5G-NR eMBB 的 LDPC 采用了所谓的 "Raptor-like" 的结构，其奇偶校验矩阵可以通过一个高码率的核心矩阵（Kernel Matrix）逐步扩展到低码率。这样可以灵活地支持各种码率的编码。其奇偶校验矩阵具有如图 2-12 所示的结构：

其中，A 和 B 共同组成了高码心矩阵，A 对应于待编码的信息比特，B 是一个方阵，并且 B 矩阵具有双对角结构，对应于高码率的校验比特。C 是一个全零

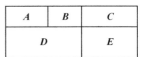

图 2-12 LDPC 奇偶校验矩阵的结构

矩阵。E 是一个单位阵，对应于低扩展码率的校验比特。D 和 E 共同构成了单奇偶校验关系。截至目前，3GPP RAN1 规定了在 eMBB 场景下采用长 × 宽分别为 46×68 和 42×52 的两种基础矩阵分别支持大码长高码率和中低码长低码率的编码。

在 5G-NR eMBB 数据信道中使用的基础矩阵的一部分如图 2-13 所示。$k_{b\max}$ 是最大系统位列数，m_b 是校验位部分的列数（或者行数）。n_b 是基础矩阵的总列数。其中，图中颜色深的点在系统位部分代表矩阵的非负元素，0 元素代表对应的循环移位矩阵为单位矩阵。

图 2-13 左上角实线围成的部分是基础校验矩阵的核心矩阵（Kernel Matrix），对应的是最高码率。它的校验位部分（B 矩阵）包含了一种被称为双对角（Dual-diagonal）的特殊结构，在双对角结构的前面还有一列的列重为 3，这种设计可以降低编码的复杂度，避免在编码的时候用到矩阵求逆等复杂的运算。对于中低码率，采用的是单奇偶校验（Single Parity Check）的方式降低码率，即只要是最高码率的码字生成之后，只需要根据简单的奇偶校验关系就能求得低码率部分的校验比特。

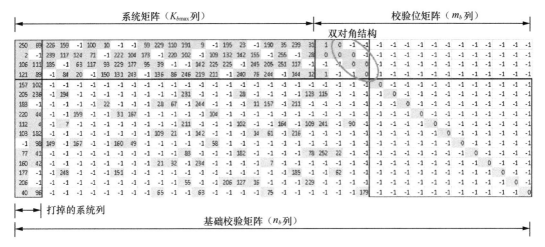

图 2-13　由基础矩阵扩展成校验矩阵示意图

可以看出，系统位矩阵的最左边列的列重很大，目的是保证校验节点通过与前几个变量节点的充分连接，来达到校验节点彼此之间的软信息的顺畅流通。图 2-14 是对应于图 2-13 中的系统位矩阵的 Tanner 图。可以明显地看出，前两个变量节点与大多数的校验节点相连。大量分析和仿真证明，如果不传输左边列重很大的变量节点所对应的系统比特，准循环 LDPC 码的性能可以进一步提高。注意，这里尽管开头的两个系统比特被打掉，但是它们与校验节点的连接仍然存在，在译码时，可以利用这两个变量节点来传递软信息。

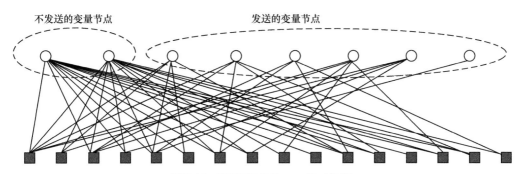

图 2-14　扩展矩阵的 Tanner 图（部分）

2.3.3　编码算法

编码的大体过程如下。

（1）利用 Kernel 矩阵（**A**+**B**）对信息比特进行编码。由于 **B** 矩阵具有双对角结构，因而可以快速编码。

（2）如果目标码率高于 Kernel 矩阵的码率，则对校验比特进行打孔；如果目标码率低于 Kernel 矩阵的码率，则利用 $D+E$ 矩阵的单奇偶校验关系得到低码率的校验比特。

另外，为了保证首次传输的性能，通常 A 矩阵的最前面 2 列对应的信息比特也被打孔。

1. Kernel 矩阵的编码

由于 LDPC 码是由奇偶校验矩阵定义，以及 LDPC 码基本都是系统码，所以，在 LDPC 编码的过程中可以不需要获取 LDPC 码的生成矩阵，而是直接根据奇偶校验矩阵进行编码。而准循环 LDPC 码是根据基础矩阵、提升值和置换矩阵唯一定义，具有结构化特性，所以在准循环 LDPC 编码的过程中，可以只根据这 3 个变量进行编码。准循环 LDPC 编码的计算原理是基于奇偶校验矩阵与码字 C 的乘积等于 0，即

$$P^{H_b} \times C^{\mathrm{T}} = 0 \tag{2-39}$$

其中，P^{H_b} 是准循环 LDPC 码的奇偶校验矩阵，P 是大小等于提升值的标准置换矩阵（单位阵向右循环移位 1 位），H_b 是基础矩阵，C 是准循环 LDPC 码字，0 是大小等于奇偶校验矩阵行数的全零矢量。编码后的码字 C 可以写成 $C = [u, v]$，其中 u 是码字的系统位，v 是码字的校验位，并且将 u 和 v 分别乘以 z（提升值）为单位的多个分组，其中，$u(i)$ 或 $v(i)$ 表示第 i 个长度为 z 的分组；同理，可以将奇偶校验矩阵写成两部分 $[H_{\mathrm{system}}, H_{\mathrm{parity}}] = [P^{H_b^{\mathrm{system}}}, P^{H_b^{\mathrm{parity}}}]$，其中，$H_{\mathrm{system}}$ 是奇偶校验矩阵的系统部分；H_{parity} 是奇偶校验矩阵的校验部分。由于 LDPC 码是系统码，所以可以看出 LDPC 编码其实就是计算校验位的过程。进而，可以将式（2-39）表示成式（2-40）

$$[H_{\mathrm{system}}, H_{\mathrm{parity}}] \times [u, v]^{\mathrm{T}} = 0 \tag{2-40}$$

由于是二进制码，则有

$$P^{H_b^{\mathrm{system}}} \times u^{\mathrm{T}} = P^{H_b^{\mathrm{parity}}} \times v^{\mathrm{T}} \tag{2-41}$$

计算伴随矩阵 λ，即系统位部分（式（2-41）的左边部分）的计算，并写成矩阵和向量运算的形式如式（2-42）：

$$\lambda(i) = \sum_{j=0}^{k_b-1} P^{H_b^{(i,j)}} \cdot u(j) \quad i = 0, 1, \cdots, m_b - 1 \tag{2-42}$$

可以看出 $\lambda(0)$ 实际是码字的系统位同 H_b^{system} 的矩阵第一行扩展后相点乘的结果，由于这里都是二元域的计算，所以在此所有的"+"和"−"运算都是异或。表达式 $P^{H_b^{(i,j)}} \cdot u(j)$ 的具体含义为对向量 $u(j)$ 进行左循环移位 $H_b^{(i,j)}$ 值。以此类推，

$\boldsymbol{\lambda}(1)$ 是码字的系统位同 $\boldsymbol{H}_b^{\text{system}}$ 的扩展矩阵第二行相点乘的结果，$\boldsymbol{\lambda}(2)$ 是码字的系统位同 $\boldsymbol{H}_b^{\text{system}}$ 的扩展矩阵第三行相点乘的结果，后面以此类推。

注意到 $\boldsymbol{H}_b^{\text{parity}}$ 具有双对角结构，式（2-42）按每一行展开来写有：

$$
\begin{aligned}
&\boldsymbol{\lambda}(0) = \boldsymbol{v}(0) + \boldsymbol{v}(1); \\
&\boldsymbol{\lambda}(0) = \boldsymbol{v}(1) + \boldsymbol{v}(2); \\
&\quad\vdots \\
&\boldsymbol{\lambda}(x) = \boldsymbol{P}^{H_b^{(x,k\text{max})}} \boldsymbol{v}(0) + \boldsymbol{v}(x) + \boldsymbol{v}(x+1); \\
&\boldsymbol{\lambda}(m_b-1) = \boldsymbol{v}(0) + \boldsymbol{v}(m_b'-1).
\end{aligned}
\tag{2-43}
$$

其中，m_b' 是 Kernel 矩阵的校验列的数目，把式（2-43）相加，x 是 Kernel 矩阵的校验部分列重为 3 的第 2 个非 −1 元素值所在的行索引，有：

$$
\boldsymbol{P}^{H_b^{(x,k\text{max})}} \cdot \boldsymbol{v}(0) = \sum_{i=0}^{m_b'-1} \boldsymbol{\lambda}(i)
\tag{2-44}
$$

于是可以求得 $\boldsymbol{v}(0)$。

$$
\boldsymbol{v}(0) = \boldsymbol{P}^{\left(z - H_b^{(x,k\text{max})}\right) \bmod z} \sum_{i=0}^{m_b'-1} \boldsymbol{\lambda}(i)
\tag{2-45}
$$

可以采用递推的方式计算之后的校验位 $\boldsymbol{v}(i)$

因为

$$
\boldsymbol{\lambda}(0) = \boldsymbol{v}(0) + \boldsymbol{v}(1);
\tag{2-46}
$$

所以可以求得 $\boldsymbol{v}(1)$。以此类推

$$
\boldsymbol{v}(i+1) = \boldsymbol{v}(i) + \boldsymbol{\lambda}(i)
\tag{2-47}
$$

采用双向递推，从前往后和从后往前都可以。从前往后是指由 $\boldsymbol{v}(0)$ 到 $\boldsymbol{v}(1)$ 再到 $\boldsymbol{v}(2)$ 等的过程，如前所述。从后往前是指从 $\boldsymbol{v}(m_b'-1)$ 到 $\boldsymbol{v}(m_b'-2)$ 再到 $\boldsymbol{v}(m_b'-3)$ 的过程。

因为

$$
\boldsymbol{\lambda}(m_b'-1) = \boldsymbol{v}(0) + \boldsymbol{v}(m_b'-1)
\tag{2-48}
$$

因此可以求得 $\boldsymbol{v}(m_b'-1)$，同理

$$
\boldsymbol{\lambda}(m_b'-2) = \boldsymbol{v}(m_b'-2) + \boldsymbol{v}(m_b'-1)
\tag{2-49}
$$

于是可以得到 $\boldsymbol{v}(m_b'-2)$，双向进行，进而加快编码的速度。根据以上的计算步骤，可以获得 Kernel 矩阵进行编码的码字 $\boldsymbol{c}' = [\boldsymbol{u}, \boldsymbol{v}]$。

2. 低码率的编码

由于基础矩阵的扩展码率部分是单奇偶校验结构，所以很容易就可以计算出低码率的校验比特，见式（2-50）。

$$c(i) = \sum_{j=0}^{i-1} \boldsymbol{P}^{H_b^{(i,j)}} \times c(j) \tag{2-50}$$

其中，$i = m_b', m_b' + 1, m_b$，码字 $\boldsymbol{c}$ 中的前 m_b' 个向量等于 Kernel 矩阵计算出的 $\boldsymbol{c}'$。

2.3.4 准循环 LDPC 码的多码长设计

依据准循环 LDPC 码原理可知，LDPC 是可以由基础矩阵、提升值和置换矩阵唯一确定。而准循环 LDPC 码所支持的信息长度可以依据基础矩阵的系统列数 k_b 和提升值 z 确定，即 $\boldsymbol{K} = k_b \times z$。那么，可以通过调整这两个变量，使得准循环 LDPC 码可以支持灵活码长：① 调整系统列数目 k_b；② 调整提升值 z。如果准循环 LDPC 码的系统列数目不变，提升值任意变化，可以看出准循环 LDPC 码的码长颗粒度最小可以达到 k_b bit；而如果结合采用填充比特（Filler Bits）方法[39,53-55]，那么准循环 LDPC 码可以支持达到 1 bit 颗粒度的码长。

在 3GPP 5G-NR 的设计中，eMBB 业务确定了两个基础矩阵并且基于每个基础矩阵各自确定了 8 个基础校验矩阵，其中，基础矩阵 1 支持的最大码块长度设为 8448 bit（比 LTE 的 6144 bit 略大），最大的系统列数设为 $k_{b\max} = 22$ 列；基础矩阵 2 支持的最大码块长度为 3840 bit，最大的系统列数设为 $k_{b\max} = 10$ 列。故提升值的最大值为 8448/22 = 384。从理论上讲，提升值 z 的取值可以是小于 384 的任意自然数。但是过分灵活的提升值对增加硬件实现的复杂度，尤其是连线和管脚设计。提升值与 LDPC 译码器的并行度有关。当并行度为 2 的幂时，LDPC 译码器移位网络（Shifting Network）可以采用 Banyan 连线器（Banyan Switch），操作简单灵活以及复杂度低。

Banyan 连线器呈"蝶形结构"，是各类移位网络中常用的一种连线方式。一个 Banyan 连线器包含 $J = \log_2(PM)$ 级，每级有 $K = PM/2$ 个小的"2-2 开关"，其中每个"2-2 开关"又由两个"2-1 MUX"单元（即阀门）组成。所以一共有 PM × log₂（PM）个"2-1 MUX"单元。这里 PM 表示最大并行度，等于 Banyan 连接线的输入端口数目。如图 2-15 所示，阀门开关控制为 0（Bar 状态）时，输出上管脚的"2-1 MUX"单元的输出连接输入上管脚，输出下管脚的"2-1 MUX"单元的输出连接输入下管脚；否则（Cross 状态）输出上管脚的"2-1

MUX"单元的输出连接输入下管脚，输出下管脚的"2-1 MUX"单元的输出连接输入上管脚。

如图 2-15 所示为一个最大并行度是 8 的 Banyan 连线器，每个"2-2 开关"$S_{k,j}$,（$k=1,2,\cdots,K$, $j=1,2,\cdots,J$）都可通过控制信号，使得其选择工作在"Cross"或者"Bar"两种状态之一。

对照 8×8 的标准置换矩阵（准循环矩阵），当基础矩阵中相对应的元素值为 1 时，准循环矩阵为单位矩阵右移一位，8 个输入与 8 个输出的对应关系应该为：01234567 → 12345670。$S_{2,1}$, $S_{4,1}$, $S_{1,2}$, $S_{3,2}$, $S_{1,4}$ 需设置为"Cross"状态，剩下的 2-2 开关需设置为"Bar"状态。

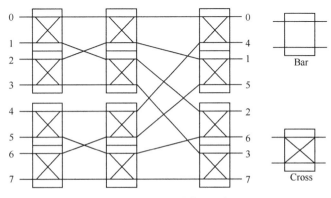

图 2-15　Banyan 连线器示意图

Banyan 连线器对于并行度为 2 的幂时比较有效，但是当提升值不等于 2 的时候，需要用到其他的移位网络，如 QSN 连线器。QSN 连线器可以支持任意的提升值和移位值。但是 QSN 连线器的复杂度要高于 Banyan 连线器，一个 QSN 连线器包括 $\log_2(P_M)+1$ 级，以及一共 $P_M \times [2 \times \log_2(P_M)-1]+1 \approx 2 \times P_M \times \log_2(P_M)$ 个"2-1 MUX"单元。图 2-16 给出了 QSN 连线器的总体结构，是由一个左移位网络、一个右移位网络和一个合并网络共同构成。

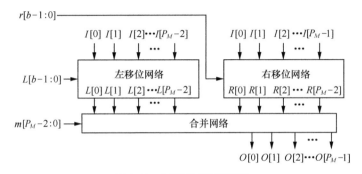

图 2-16　QSN 连线器示意图

由于在 LDPC 译码器复杂度中移位网络所占的比重较大，提升值设计需要尽量考虑让 LDPC 译码器中移位网络可以采用 Banyan 网络实现，以降低译码器的复杂度。

其中，依据信息长度可以获取当前准循环 LDPC 编码所采用的提升值 Z_c，依据所述提升值 Z_c 所在如表 2-3 所示的 i_{LS} 索引，从而可以根据所述 i_{LS} 索引获取 LDPC 码所采用的移位值矩阵；然后，根据获取的移位值矩阵和提升值 Z_c 按照式（2-51）获取准循环 LDPC 编码的基础矩阵对应于第 i 行第 j 列的元素值：

$$P_{i,j} = \begin{cases} -1, & V_{i,j} = -1 \\ \mathrm{mod}\left(V_{i,j}, Z_c\right), & \text{其他} \end{cases} \tag{2-51}$$

其中，$V_{i,j}$ 和 $P_{i,j}$ 分别是修正前和修正后的移位值，$V_{i,j}$ 如表 2-3 所示。

表 2-3 针对 BG1 的 $V_{i,j}$ 取值表

行索引 i	列索引 j	设置索引 i_{LS}							
---	---	0	1	2	3	4	5	6	7
0	0	250	307	73	223	211	294	0	135
	⋮	⋮	⋮	⋮	⋮	⋮	⋮	⋮	⋮
	23	0	0	0	0	0	0	0	0
1	0	2	76	303	141	179	77	22	96
	⋮	⋮	⋮	⋮	⋮	⋮	⋮	⋮	⋮
	24	0	0	0	0	0	0	0	0
⋮									
45	1	149	135	101	184	168	82	181	177
	6	151	149	228	121	0	67	45	114
	10	167	15	126	29	144	235	153	93
	67	0	0	0	0	0	0	0	0

由于计算得到的 LDPC 码系统比特数目 $K = k_b \times z$，不一定能等于编码块大小 CBS，则需要填充 K － CBS 个填充比特（Filler Bits）。如图 2-17 所示，将填充的比特集中放置在信息比特尾部，并且填充比特并不参与实际的传输。结合调整提升值 z 和填充比特两种方法共用，准循环 LDPC 码可以支持任意长度的码长。

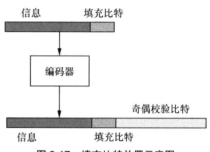

图 2-17 填充比特放置示意图

2.3.5　基于 QC–LDPC 码的多码率设计

从理论上讲，如果对于每一种码率都设计一个基础校验矩阵，性能肯定更优。但这会大大增加硬件复杂度和标准化的难度，尤其这些基础矩阵之间没有任何嵌套关系时。基于某个基础校验矩阵，可以通过下面两种方法，来调整其码率[39,53-55]。在这一节中的多码率主要是指高于母码码率的情形，而低于母码码率的将在后面的小节中介绍。

如图 2-18 所示，该基础矩阵的系统部分有 k_b 列，校验部分有 m_b 列，总共是 $n_b = k_b + m_b$ 列，不传输的系统列数目为 p_b；可以知道，母码码率是 $k_b/n_b = k_b/(k_b+m_b)$，而如果考虑不传输系统列，母码码率为 $k_b/(k_b-p_b+m_b)$。码率的增加可以通过只取基础矩阵中的前面 m_b'' 行，即校验部分只取前面 m_b'' 列，这部分矩阵所对应的码率为 $k_b/(k_b-p_b+m_b'')$。随着码率的不断提高，当超过 $k_b/(k_b-p_b+m_b')$ 时，则采用进一步打掉传输比特的方法来增加码率，直到设计的最高码率，此时编码和译码都采用 Kernel 矩阵。

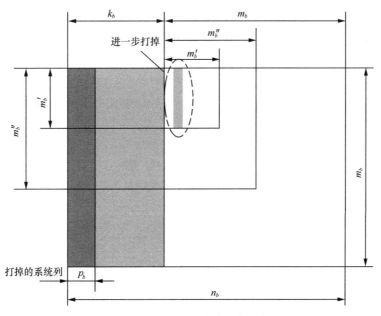

图 2-18　QC-LDPC 码的多码率示意图

除了对基础矩阵的行列进行缩减和打掉（相当于以提升值为单位进行打孔），当通过扩展矩阵以后，还可以小范围内地根据调制符号个数等，打掉个别的码字，更精细地调整码率。

2.3.6　基于 QC-LDPC 码的精细码率调整

如上节所述，通过选取基础校验矩阵的不同子集，可以生成不同的码率。随着码率的降低，编码器产生更多的校验比特，即冗余信息。因此基于准循环 LDPC 码能够很自然地支持基于增量冗余（IR, Incremental Redundancy）的 HARQ 重传，直到当码率降到母码码率。准循环 LDPC 码可以打孔的比特数目能精确到 1 bit 为单位，所以此时其码率可以非常精确地获取想要的任意大的母码码率，即打孔的比特数目不为提升值的整数倍。

与 Turbo 码不同，LDPC 码的减少冗余度不是简单地打掉校验比特，而是反映在奇偶校验矩阵中所对应的打掉的校验比特不参与校验码了，从而在 LDPC 译码器中，直接可以不进行对应这些校验比特的外信息更新，从而可以减少译码时延，提高译码吞吐量。在数据重传中，LDPC 译码器在每次 HARQ 传输只需要取已经传输的校验比特，无需尝试解码所有的校验比特。从这点上讲，LDPC 所支持的增量冗余 HARQ 时的解码时延比 Turbo 码要短，吞吐量比 Turbo 码要高，其中，这也是 5G-NR 采用 LDPC 码作为数据信道编码方案的原因之一。对于更详细的 HARQ 操作，请参见第 2.5.4 节。

2.3.7　一般 LDPC 码的短圈特性

图 2-19 为二分图中长度为 4 短圈（Girth）的示意图。其中，粗实线表示信息比特 x_1、x_2 和校验比特 c_1、c_2 构成了一个长度为 4 的圈。

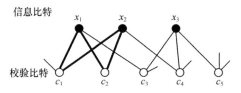

图 2-19　短圈为 4 的示意图

图 2-20 为二分图中长度为 6 短圈的示意图。其中，粗实线表示信息比特 x_1、x_2、x_3 和校验比特 c_1、c_2、c_4 构成了一个长度为 6 的圈。

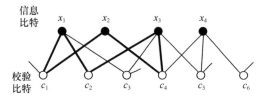

图 2-20　短圈为 6 的示意图

环（Girth，圈）的概念用来定量描述二分图中的短圈。在图论中，二分图的 Girth 是指一个图中最短圈的圈长，例如，某个二分图有长度为 6、8、10、12 和长度更长的圈，则该二分图的 Girth 为 6。在二分图中，某个节点 u 的 Girth 是指经过节点 u 的最短圈的圈长，例如，经过节点 u 有长度为 8、10、12 和长度更长的圈，则该节点 u 的 Girth 为 8。在二分图中，某条边 e 的 Girth 是指经过此边 e 的最短圈的圈长，例如，经过边 e 有长度为 8、10、12 和长度更长的圈，则此边 e 的短圈为 8。

　　一个变量节点的短圈是指最短路径的长度，它等同于从这个节点出来的信息传递回该节点本身的最小迭代次数。在实际迭代次数达到这个最小迭代次数之前，与这个节点联系的信息可以最优地传递给二分图的剩余部分。如果某个变量节点的短圈越大，那么该变量节点发出的信息被传递给自身的正反馈信息将越小，则译码性能也越好。所以，使变量节点的短圈尽量大，从而提高码性能。

　　二分图中短圈破坏了 LDPC 码的性能。LDPC 码校验矩阵的图形表示形式是二分图，二分图和校验矩阵之间具有一一对应的关系，一个 $M×N$ 的奇偶校验矩阵 H 定义了每个具有 N 比特的码字满足 M 个奇偶校验集的约束。一个二分图包括 N 个变量节点，每个节点对应 H 中的一个比特位；还包括 M 个奇偶校验节点，每个节点对应一个 H 中的奇偶校验。校验节点连到将要进行校验的变量节点上；具体地，当第 m 个校验涉及第 n 个比特位，即 $H_{m,n}=1$ 的时候，将有一根连线连接校验节点 m 和比特节点 n。二分图名称的由来就是它包括两类节点，即变量节点和校验节点。二分图中的总边数和校验矩阵中非零元素的个数相等。

　　图 2-19 说明了 x_1、x_2 通过长度为 4 的短圈相互联系。图 2-20 说明了 x_1、x_2、x_3 通过长度为 6 的短圈相互联系，而 LDPC 码的信息传递译码算法假定变量节点是相互独立的，短圈的存在必然破坏了独立性的假设，使得译码性能明显下降。事实上，长度为 4、6 的短圈的存在使得变量节点在迭代译码的过程中频繁地给自身传递正反馈信息，这对于迭代译码而言是不希望出现的。例如，Turbo 码也是迭代译码的，它正是使用交织器来减少这种正反馈效应。对于没有圈（Cycle Free）的 Tanner 图，信息传递算法会导致最优解码，而短圈的存在使得信息传递算法是一种次优（Sub-optimality）的迭代译码算法，事实上，最短圈长度越长，信息传递算法越接近最优算法。

　　图 2-21 为奇偶校验矩阵中长度为 4 短圈在 LDPC 码奇偶校验矩阵中出现的一般形式的示意图。

　　图 2-22 为校验矩阵中长度为 6 短圈在 LDPC 码奇偶校验矩阵中出现的一般形式的示意图。

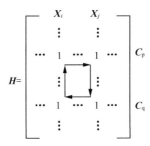

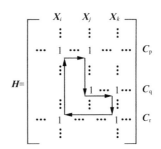

图 2-21　短圈为 4 的奇偶校验矩阵示意图　　　　图 2-22　短圈为 6 的奇偶校验矩阵示意图

可见，LDPC 码二分图中的短圈将恶化 LDPC 码的性能，所以无论对于正则码，还是对于非正则码，找到消除短圈的算法是至关重要的。

综上所述，构造短圈尽量少的 LDPC 码原则如下：首先，被选择的码的最短圈的长度 Girth 应该尽量大；其次，对于具有同样大小短圈的码，被选择的码的最短圈的数目应该尽量少。

2.3.8　QC-LDPC 码的短圈特性

图 2-23 为 4 个单位矩阵的基础矩阵在 H 中构成长度为 4 的短圈的示意图。

根据 QC-LDPC 码的基础矩阵定义，其基础矩阵和对应的奇偶校验矩阵在本质上是一样的。基础矩阵仅仅是奇偶校验矩阵的压缩形式，在给定提升值的条件下定义 QC-LDPC 码的基础矩阵的短圈就是它的扩展矩阵的短圈，基础矩阵的短圈是一个省略的说法。

如图 2-23 所示，分析奇偶校验矩阵和二分图的拓扑结构，当基础矩阵 H_b 中出现长度为 4 的短圈时，H_b 的扩展矩阵 H 才可能出现长度为 4 或者更大的短圈。

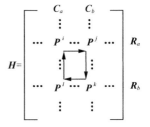

图 2-23　基础矩阵在 H 中构成长度为 4 的短圈的示意图

在基础矩阵中，由列索引为 $\{C_a, C_b\}$ 和行索引 $\{R_a, R_b\}$ 所确定的 4 个 $z \times z$ 的分块矩阵 P^i、P^j、P^k、P^l 都不是全零矩阵，则 4 个幂次元素 i、j、k、l 在基础矩阵 H_b 中构成了长度为 4 的短圈；若 $\mod(i-j+k-l,\ z)=0$，则 P^i、P^j、P^k、P^l 在奇偶校验矩阵 H 中构成了长度为 4 的短圈；当 z 为偶数时，若 $\mod(G-j+k-l,\ z/2)=0$，则 P^i、P^j、P^k、P^l 在奇偶校验矩阵 H 中构成了长度为 8 的短圈。其他情况下，P_i、P_j、P_k、P_l 在 H 中构成了长度为 12 的短圈或者不构成短圈。

图 2-24 为 6 个单位矩阵的基础矩阵在 H 中构成长度为 6 的短圈的示意

图。分析奇偶校验矩阵和二分图的拓扑结构，当基础矩阵 H_b 中出现长度为 6 的短圈时，H_b 的扩展矩阵 H 才可能出现长度为 6 或者更大的短圈。

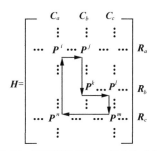

图 2-24　循环移位矩阵在 H 中构成长度为 6 的短圈的示意图

在基础矩阵中，由列索引为 $\{C_a, C_b, C_c\}$ 和行索引为 $\{R_a, R_b, R_c\}$ 所确定的 6 个 $z \times z$ 的分块矩阵 P_i、P_j、P_k、P_l、P_m、P_n 都不是全零矩阵，则 6 个幂次元素 i、j、k、l、m、n 在基础矩阵 H_b 中构成了长度为 6 的短圈；若 $\mathrm{mod}(i-j+k-l+m-n, z) = 0$，则 P_i、P_j、P_k、P_l、P_m、P_n 在奇偶校验矩阵 H 中构成了长度为 6 的短圈；当 z 为偶数时，若 $\mathrm{mod}(i-j+k-l+m-n, z/2) = 0$，则 P_i、P_j、P_k、P_l、P_m、P_n 在奇偶校验矩阵 H 中构成了长度为 10 的短圈。

图 2-25 所示为 8 个单位矩阵的基础矩阵在 H 中构成长度为 8 的短圈，包含分析校验矩阵和二分图的拓扑结构，当基础矩阵 H_b 中出现长度为 8 的短圈时，H_b 的扩展矩阵 H 才可能出现长度为 8 或者更大的短圈。

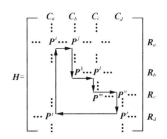

图 2-25　循环移位矩阵在 H 中构成长度为 8 的短圈的示意图

在基础矩阵中，由列索引为 $\{C_a, C_b, C_c, C_d\}$ 和行索引为 $\{R_a, R_b, R_c, R_d\}$ 所确定的 8 个 $z \times z$ 的分块矩阵 P_i、P_j、P_k、P_l、P_m、P_n、P_s、P_t 都不是全零矩阵，则 8 个幂次元素 i、j、k、l、m、n、s、t 在基础矩阵 H_b 中构成了长度为 8 的短圈；若 $\mathrm{mod}(i-j+k-l+m-n+s-t, z) = 0$，则 P_i、P_j、P_k、P_l、P_m、P_n、P_s、P_t 在奇偶校验矩阵 H 中构成了长度为 8 的短圈；当 z 为偶数时，若 $\mathrm{mod}(i-j+k-l+m-n+s-t, z/2) = 0$，则 P_i、P_j、P_k、P_l、P_m、P_n、P_s、P_t 在奇偶校验矩阵 H 中构成了长度为 12 的短圈。

在实际应用中，扩展矩阵是由基本矩阵扩展得到的，标准置换矩阵的维数 z 一般都是偶数。通过分析校验矩阵的拓扑可知，扩展矩阵中 $z \times z$ 的分块矩阵和基础矩阵的元素是唯一对应的。如果基础矩阵中某些元素不构成短圈，那么这些元素对应的分块矩阵在扩展矩阵中也将不构成短圈。所以，为了研究扩展矩阵的短圈，仅需要考虑当基础矩阵中出现短圈的情况。

根据上述结构，可以得到不同短圈条件下 LDPC 校验矩阵 H 应具有的矩阵结构。设提升值 z 为偶数，则有以下结论。

（1）LDPC 奇偶校验矩阵 Girth $\geqslant 6$ 的充分必要条件为：在基础矩阵中，对于所有按逆时针（顺时针效果等同）方向构成了长度为 4 的短圈的任意元素 i，

j, k, l, 总有 mod($i-j+k-l$, z) $\neq$ 0。

（2）LDPC 奇偶校验矩阵 Girth $\geqslant$ 8 的充分必要条件为：在基础矩阵中，对于所有按逆时针方向构成了长度为 4 的短圈的任意元素 i, j, k, l, 总有 mod($i-j+k-l$, z) $\neq$ 0；且对于所有按逆时针方向构成了长度为 6 的短圈的任意元素 i, j, k, l, m, n, 总有 mod($i-j+k-l+m-n$, z) $\neq$ 0。

（3）LDPC 奇偶校验矩阵 Girth $\geqslant$ 10 的充分必要条件为：在基础矩阵中，对于所有按逆时针构成了长度为 4 的短圈的任意元素 i, j, k, l, 总有 mod($i-j+k-l$, $z/2$) $\neq$ 0；对于所有按逆时针构成了长度为 6 的短圈的任意元素 i, j, k, l, m, n, 总有 mod($i-j+k-l+m-n$, z) $\neq$ 0；且对于所有按逆时针构成了长度为 8 的短圈的任意元素 i, j, k, l, m, n, s, t, 总有 mod($i-j+k-l+m-n+s-t$, z) $\neq$ 0。

（4）当 Girth $\geqslant$ 10 时，提高 Girth 对译码器的性能，所以只需要考虑消除长度为 4、6 和 8 的短圈。

满足以上特性的 LDPC 码被称为高 Girth 的 LDPC 码，文献 [42] 的 3/4 码率的高 Girth 的 LDPC 码矩阵和文献 [43] 的 5/6 码率的高 Girth 的 LDPC 码在 WiMAX 标准中得到应用。

|2.4 QC-LDPC 码的译码结构|

文献 [31] 给出了 LDPC 译码器中的总体架构，如图 2-26~图 2-28 所示。核心处理单元是校验节点单元（CNU）和变量节点单元（VNU）。其中，CNU 主要进行校验节点的更新，主要的译码算法，比如前面介绍过的 Min-Sum 算法都是通过 CNU 的逻辑电路实现。VNU 主要进行变量节点的更新，VNU 可以通过更新存储在 Memory 中的软信息来实现其功能，所以在一些译码器的架构图中，VNU 也并不以具体的模块形式出现。在译码的过程中，软信息（Soft Information）在 CNU 和 VNU 之间以并行度为 P 的水平传播。

LDPC 译码的调度方式大体有两种：泛滥式（Flooding）和分层式（Layered）。泛滥式的特点是在每一次译码迭代，先计算从变量节点到校验节点的所有软信息，然后计算从校验节点到变量节点的所有软信息。泛滥式的调度比较适合下面介绍的全并行结构，通常用于计算机模拟仿真。

分层式的特点是在计算每层的软信息时，会更新此次迭代中的相关的节点信息，用于下一层的软信息计算。分层式的调度适合下面介绍的行并行和块并行结构，可以降低所需的迭代次数。相比泛滥式一般能节省一半的迭代次数。

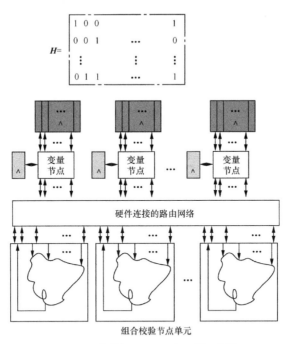

图 2-26　全并行 LDPC 码译码器示意图

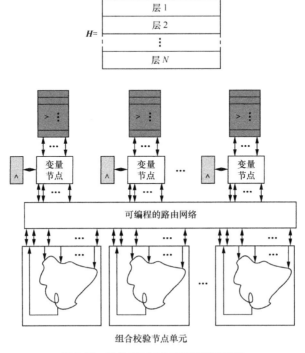

图 2-27　行并行 LDPC 码译码器示意图

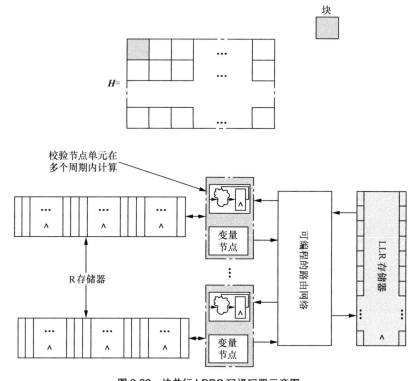

图 2-28　块并行 LDPC 码译码器示意图

2.4.1　全并行译码（Full-parallel）

　　LDPC 译码器中的每个基础执行单元负责完成 LDPC 码中的校验方程基本运行的各个过程，包括数据读取、变量更新、校验更新、数据写入。LDPC 译码中的 BP 算法本质上是并行的。这也是 LDPC 在高码率、大码块长度时相对 Turbo 码的优势。它能够利用并行运算的特点，提高链路的数据吞吐。BP 算法十分适合大带宽、高信噪比的传输环境。因此，如果译码器的硬件复杂度不是瓶颈，即基础执行单元的数量没有严格的限制，那么则可采用全并行译码器结构。图 2-29 是全并行 LDPC 译码器的 Tannar 图中信息更新流动示意图，该图的上面部分说明所有变量节点同时更新并提供给所有校验节点，该图的下面部分说明所有校验节点同时更新并提供给所有变量节点。图 2-26 画出了全并行译码结构的硬件结构。可以看出，其所需的硬件资源非常多。

　　全并行译码，意味着 LDPC 码中的所有奇偶校验方程（基础执行单元）同时运行，如基础校验矩阵的母码为 1/3 码率，基础矩阵是 m_b = 16 行，n_b = 24 列，提升值 z = 500，则一共有 16×500 = 8000 个校验方程，即在全并行译码中有 8000 个基础执行单元同时运行，运行完算 1 次迭代。设最大迭代次数为 *ITER*，则译码器总共需要时钟数目为 *Clk* = $a \times$ *ITER*。其中，a 为一次迭代所需要的时钟数目，那么吞吐量计算可以表示为式（2-52）。

$$\text{Throughput} = f \times K/Clk = f \times K/(a \times ITER) \qquad (2\text{-}52)$$

其中，f 是工作频率，K 是编码块大小，K = 4000。设 f = 200 MHz，最大迭代次数为 20 次，基础执行单元需要时钟数为 8，则吞吐量等于 5 Gbit/s。但是，在全并行译码情况下，需要 8000 个基础执行单元同时运行，那么需要的硬件资源是非常高的。因此全并行的 LDPC 译码结构在工程实际中很少应用。

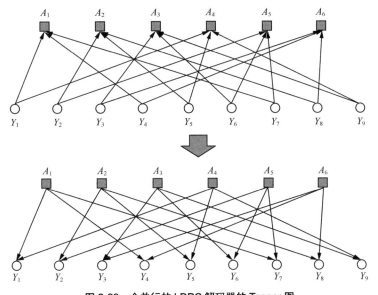

图 2-29　全并行的 LDPC 解码器的 Tanner 图

以上所述的全并行译码结构都是基于必须为所有校验节点提供硬件资源，这样不仅仅带来硬件资源的大量浪费，而且特别是在支持任意码长和码率的 LDPC 译码时该情况更为严重。其实可以采用部分并行（类似下面所介绍的分层译码结构，将所有奇偶校验方程分为多个分组分别进行更新）执行方式实现，其中各个校验节点更新可以采用相同的校验节点单元以及流水线（Pipeline）方式实现，可以大大节省资源，并提高吞吐量，由于其还是全并行译码思想，所以迭代次数并不能降低。

2.4.2 行并行译码（Row-parallel）

行并行译码经常与分层式的译码调度结合，它和全并行译码的区别在于在迭代中，将校验节点分成若干组，在每轮迭代中首先更新校验矩阵中的一组校验节点信息，接着更新所有和该组校验节点相邻的变量节点，然后再更新下一组校验节点信息和与这组校验节点相邻的变量节点信息，直至最后一组。如图2-30 和图 2-31 所示，在译码过程中，前面已经更新的变量节点信息能应用到本轮迭代后面校验节点信息的更新过程中，使迭代收敛速度加快，一般情况下，行并行译码和比全并行译码收敛更快，可以节约迭代次数以提高吞吐量，在较好的情况下可以节约一半左右的迭代次数。

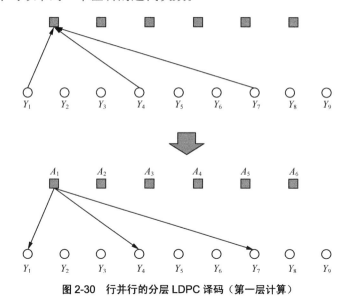

图 2-30　行并行的分层 LDPC 译码（第一层计算）

行并行译码器的结构如图 2-32 所示，其中包括存储器（Memory）、路由网络（Route Network）、移位网络（Shifting Network）、校验节点单元（CNU）、控制器（Controller）等。校验节点单元的输入管脚数等于基础校验矩阵最大的行重，存储分片（Memory Slice）的数目近似等于基础矩阵的核矩阵的列数。对于 5G-NR eMBB 的 LDPC 矩阵，其存储分片的数目等于基础矩阵——Kernel 矩阵的列数加一。

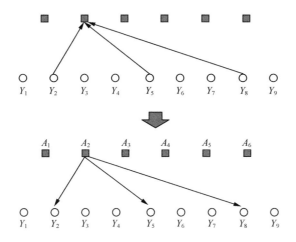

图 2-31　行并行的分层 LDPC 译码（第二层计算）

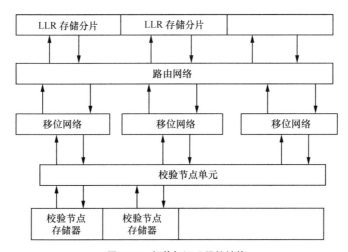

图 2-32　行并行译码器的结构

以 Scale Min-Sum 译码算法为例，校验节点单元包含比较（Comparison）、选择（Selection）、加（Addition）、缩放（Scaling）等基本单元，适合行并行译码的校验节点的内部结构如图 2-33 所示。其中，校验节点单元的输入管脚数目至少要等于基础校验矩阵最大的行重。从图中可以看出，其复杂度与校验节点单元的输入管脚数目关系很大。校验节点单元的输入管脚数越多，复杂度就越高。

如图 2-34 所示，路由网络的功能是将存储分片中经过循环移位后的数据输入到校验节点单元的管脚，校验节点单元通过读取不同组的管脚上的数据来实现分层译码的功能。这种连接的目的是实现基础矩阵中变量节点和校验节点

之间的连接。采用路由网络的优点是可以减少校验节点单元的输入管脚的数量，但是当基础矩阵比较大时，路由网络的复杂度也会急剧增加，尤其单个译码器要支持多个基础矩阵，其路由网络十分复杂。

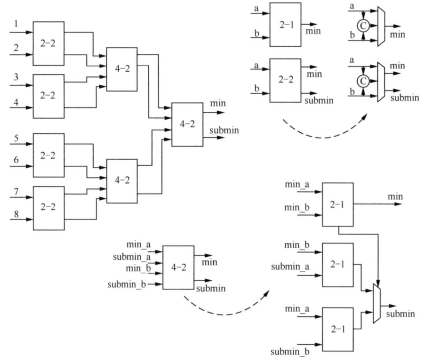

图 2-33　校验节点的内部结构

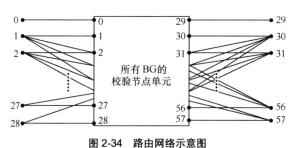

图 2-34　路由网络示意图

图 2-34 中的路由网络支持两个基础矩阵 K_b 分别为 32 和 10。

如果基础矩阵比较小，则路由网络的复杂度可以大大降低，甚至可以将每个存储分片和校验节点单元的管脚数进行一一对应的连接，如图 2-35 所示。这里的基础校验矩阵的 K_b 为 16。

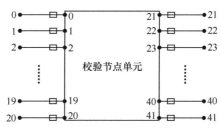

图 2-35 简化的路由网络示意图

移位网络在前面已经提及，常用 Banyan 网络，主要作用是针对不同的提升值，支持并行处理，复杂度也与基础矩阵的大小有关，当基础矩阵的系统列数目越大，需要的移位网络的数量就越多。

存储器包括对数似然比（LLR）的存储和校验节点的存储，存储器的容量等于最大的编码后的长度。其复杂度还与存储分片的数量有关。当信息块长度越大，码率越小时，所需的存储器容量也越大。在相同的信息长度下，存储分片的数量越多，复杂度越高。

2.4.3 块并行译码（Block-parallel）

基础矩阵每一行或者层内还可以分为多个循环（块）的执行，如图 2-36 所示，包含存储器（Memory）、移位网络（Shift Network），校验节点单元（CNU）、控制器（Controller）以及之间的连线。块并行译码的并行度小于行并行。其吞吐量逊于行并行。由于基础矩阵中的每个基础执行单元的存储是不冲突的，所以每个基础执行单元可以采用并行方式进行。

相比行并行，块并行中的移位网络的数目要少得多，一般只要两个移位网络就可以了，一个负责从 LLR 存储器中读取，另一个负责向 LLR 存储器写入。因此，移位网络的复杂度与存储器的数目和基础矩阵的行重基本无关。但是需要指出的是，如果需要让块并行译码与行并行译码的吞吐量相近，则块并行的最大并行度会成倍增加，这会增加移位网络的总体复杂度。

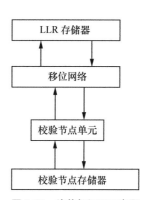

图 2-36 块并行译码示意图

为了提高块并行的处理速度，也可以采用多个块同时处理，这时增加路由网络和更多的移位网络，只不过当同时处理的块的数量比较少时，路由网络和移位网络相比于行并行时可以简单一些。两个块同时处理的路由网络和移位网

络如图 2-37 所示。

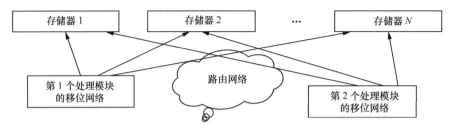

图 2-37 两个块同时处理的路由网络和移位网络

块并行的校验节点单元的内部结构如图 2-38 所示，包括 3 个 2 选 1 的运算线路和 2 个比较的运算线路。相比行并行，块并行的校验节点存储器的复杂度较低，对存储器分片的读写过程更类似串行处理。此时校验节点存储器的复杂度与存储器条的个数或者基础矩阵的行重没有关系，只与 CNU 最大支持的并行度有关。

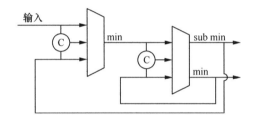

图 2-38 块并行的校验节点单元的内部结构示意图

当两个块同时处理时，校验节点单元变为如图 2-39 所示的形式。

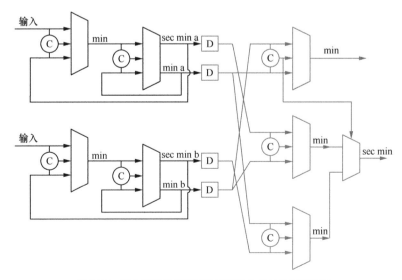

图 2-39 两个块同时处理时的校验节点单元的内部结构

与行并行的情形相同，块并行的存储器的容量取决于最大的编码块的长度。

2.5　LDPC 在 5G-NR 中的标准进展

2.5.1　提升值设计

由前面提到，Banyan 网络相比于 QSN 网络具有一定的复杂度优势。为了使得准循环 LDPC 译码器尽量可以采用 Banyan 网络，在进行准循环 LDPC 码的提升值设计时，其提升值尽量等于 2 的正整数次幂或者是 2 的正整数次幂再乘以一个正整数[33-34]。如表 2-4 所示的 5G-NR 的 LDPC 码的提升值设计，所有提升值都满足 $a \times 2^j$，其中 a 等于集合 {2、3、5、7、9、11、13、15} 中的元素，j 等于集合 {0、1、2、3、4、5、6、7} 的元素。其中，i_{LS} 等于 0 时，$a=2$；i_{LS} 等于 1 时，$a=3$；i_{LS} 等于 2 时，$a=5$；i_{LS} 等于 3 时，$a=7$；i_{LS} 等于 4 时，$a=9$；i_{LS} 等于 5 时，$a=11$；i_{LS} 等于 6 时，$a=13$；i_{LS} 等于 7 时，$a=15$。5G-NR 标准为每个 i_{LS} 分别定义了一个基础矩阵。

表 2-4　提升因子（Z）的取值表

i_{LS}	提升因子（Z）
0	{2, 4, 8, 16, 32, 64, 128, 256}
1	{3, 6, 12, 24, 48, 96, 192, 384}
2	{5, 10, 20, 40, 80, 160, 320}
3	{7, 14, 28, 56, 112, 224}
4	{9, 18, 36, 72, 144, 288}
5	{11, 22, 44, 88, 176, 352}
6	{13, 26, 52, 104, 208}
7	{15, 30, 60, 120, 240}

根据表 2-4 所列出的提升值，5G-NR eMBB 的 LDPC 码的提升值最大为 384。例如，当待编码的信息长度为 8448 bit 对应的提升值为 384 时，译码器可以以 384 的并行度进行译码（384 个 CNU），从而获得极高的吞吐量。大并行度的译码器可以提升译码速度，但同时也会极大地增加译码器的复杂度和成

本。不同成本的译码器应该可以采用不同的最大并行度进行译码，相应的也会获得不同的吞吐量。译码器的最大并行度可以视为译码器的一种能力，但是这种能力并不需要告知编码器，也就是说编码器并不需要根据译码器的最大并行度来选择编码所采用的提升值。对于前面说的长度为 8448 bit 的码块，最大并行度为 384 的译码器可以对它译码，最大并行度为 128 或者 64，甚至 8 的译码器也能进行译码，即 LDPC 编码应该是译码友好型（Friendly Decoding）。要具备这样的特点，需要在提升值的设计上进行考虑。

如表 2-4 所示的提升值具有 $a \times 2^j$ 的形式，这种提升值就是一种并行度友好的提升值。此时，对于最大并行度为 $PM = 2^i$ 的译码器，即使所述指数 i 小于 j，也可以对采用上述提升值编码的 LDPC 码字进行译码，无需改动任何电路。因为编码时采用的提升值是 z，译码时需要通过移位网络将 z 个软信息从内存中读取出来，经过 CNU 处理后再写入内容。当译码并行度 PM 小于 z 时，就涉及一个问题：如何用大小为 PM 的循环移位网络来实现大小为 z 的循环移位。

假设 $X = \{x_i\}_{z \times 1} = [x_1, x_2, \cdots, x_z]$ 表示一个包含 z 个变量的向量，并且 z 可以被 q 整除。X 可以分解为 q 个子向量，表示为 $X = [u(0), u(1), u(2), \cdots, u(q-1)]$ 其中，每个子向量包括 $l = z / q$ 个元素（l 相当于译码并行度 PM），其中 $u(k) = [x_k, x_{q+k}, x_{2q+k}, \cdots, x_{(l-1)q+k}]^T$。

假设 $Y = [y_1, y_2, \cdots, y_z]$ 表示对 X 的循环左移 s 位后的向量，即 $Y = P^s \cdot X$，其中 P 表示 $z \times z$ 的标准置换矩阵，z 是提升值，s 是循环移位值。Y 也可被分解为 q 个子向量 $Y = [v(0), v(1), v(2), \cdots, v(q-1)]$，其中 $v(k) = [y_k, y_{q+k}, y_{2q+k}, \cdots, y_{(l-1)q+k}]^T$ $k = 0, 1, \cdots, q-1$。

令 $s' = [s/q]$ 和 $n_0 = \mathrm{mod}(s, q)$，则 $v(k)$ 等于 $u(k)$ 的 s' 或者 $s'+1$ 次循环左移，如下：

$$\begin{cases} v(k) = Q^{s'} u(k+n_0) & k = 0, 1, \cdots, q - n_0 - 1 \\ v(k) = Q^{s'+1} u(k - (q - n_0)) & k = q - n_0, q - n_0 + 1, \cdots, q - 1 \end{cases}$$

其中，Q 是一个 $q \times q$ 的标准置换矩阵。

需要注意的是如果 z 不能被 q 整除，则这种循环移位的分解操作就不能成立了。

下面以一个例子来加以说明如何将一个提升值为 $z = 42$ 的循环移位分解为 3 个 $z' = 14$ 的循环移位。假设 $Y = [x_{29}, x_{30}, \cdots x_{41}, x_0, x_1, \cdots, x_{26}, x_{27}, x_{28}]$ 表示对一个数据向量 $X = [x_0, x_1, x_2, \cdots, x_{41}]$ 左移 29 位的结果，这里的提升值 $z = 42$。首先通过均匀采样的方式将 X 分解为 3 个长度分别为 $z' = 14$ 的子向量 $u(0)$，$u(1)$，$u(2)$，如图 2-40 所示。

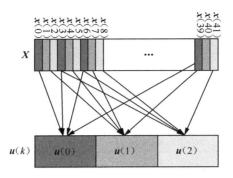

图 2-40   向量 X 分解为 3 个子向量 $u(k)$，$k = 0, 1, 2$

接下来在每个子向量内分别做循环左移，循环移位值分别为 10、10、9；然后 3 个子向量直接再做一次循环左移 2 位；进行交错后就得到 Y。整个过程如图 2-41 所示。

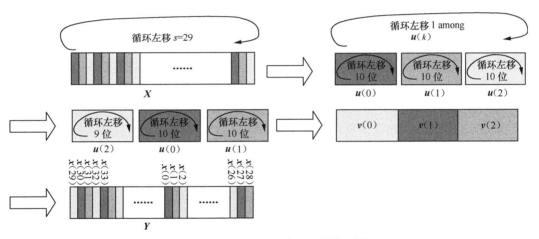

图 2-41   大的循环移位分解为小的循环移位

通过上面的例子我们可以看到，一个大的循环移位分解为多个小的循环移位的过程包括：各个子向量内部的循环移位和各个子向量之间的循环移位。对于 5G-NR eMBB LDPC 的 $z = a \times 2^j$ 的提升值，各个子向量的长度可以设计为 2 的幂次，这样子向量内部的循环移位就可以通过复杂度较低的 Banyan 网络来实现，而子向量间的循环移位则可以通过 QSN 网络来实现。由于子向量的数量相对较少，因此，QSN 网络的复杂度也可以比较低。通过这种 Banyan+QSN 的混合移位网络就可以通过较低的复杂度实现任意码字的译码，即达到并行度友好的设计需要。

表 2-5 给出了在各个并行度条件下的 QSN 移位网络和 Banyan + QSN 混合网络所包含的 2-1 MUX 单元的数量的对比，这个对比也能反映出两种不同网络的复杂度。

表 2-5　不同网络的复杂度比较

并行度	纯 QSN	QSN + Banyan 混合网络	复杂度减少的比例
8	48	48	0
16	128	$2 \times [2 \times 8 \times \log_2(8)] + 8 \times [2 \times \log_2(2)] = 112$	12.5%
32	320	$4 \times [2 \times 8 \times \log_2(8)] + 8 \times [4 \times \log_2(4)] = 256$	20%
64	768	$8 \times [2 \times 8 \times \log_2(8)] + 8 \times [8 \times \log_2(8)] = 576$	25%
128	1792	$16 \times [2 \times 8 \times \log_2(8)] + 8 \times [16 \times \log_2(16)] = 1280$	28.6%
256	4096	$32 \times [2 \times 8 \times \log_2(8)] + 8 \times [32 \times \log_2(32)] = 2816$	31.25%
512	9216	$64 \times [2 \times 8 \times \log_2(8)] + 8 \times [64 \times \log_2(64)] = 6144$	33.33%

2.5.2　紧凑型基本图设计

准循环 LDPC 的编码复杂度和解码吞吐量都与基础矩阵的大小非常相关。大的基础矩阵会带来复杂度的增加（如存储复杂度和计算复杂度等），以及译码时延依然会比较大，从而导致译码吞吐量的降低。对于一些非常成熟的标准协议（如表 2-6 所示），其目标吞吐量都达到 Gbit/s。从表 2-6 可以发现，其基本图大小都是比较小的（例如，系统列数目都小于或等于 20）。如果要达到比较大的吞吐量和低复杂度的要求，则应该设计一个相对比较小的基本图（如文献 [35] 中所提出的紧凑型基础矩阵设计）。这可以满足 NR 系统的需求（比如系统列数目小于或等于 26）。系统列数目小于或等于 26 的基本图被认为是紧凑型矩阵，更具体地，系统列数目为以下整数之一 {6、8、10、12、16、20、22、24、26}。

表 2-6　IEEE 802.16e 和 802.11ad 的基本图大小

标准协议	码率	基本图大小
IEEE 802.16e/11n/11ac	1/2	$k_b = 12, m_b = 12, n_b = 24$
	2/3	$k_b = 16, m_b = 8, n_b = 24$
	3/4	$k_b = 18, m_b = 6, n_b = 24$
	5/6	$k_b = 20, m_b = 4, n_b = 24$
IEEE 802.11ad	1/2	$k_b = 8, m_b = 8, n_b = 16$
	5/8	$k_b = 10, m_b = 6, n_b = 16$
	3/4	$k_b = 12, m_b = 4, n_b = 16$
	13/16	$k_b = 13, m_b = 3, n_b = 16$

相对于非紧凑型基本图设计，紧凑型基本图具有如下优点。

① 由于紧凑型基本图具有更少矩阵行数目、更少的行重量以及基本图中整体非空置换子矩阵数目更少，所以其 CNU 复杂度、移位网络和路由网络复杂度更低。

② 在相同信息长度的情况下，紧凑型基本图具有更大的提升值设计，可以采用更大的译码并行度设计，所以其吞吐量更大。在峰值速率下，一般是在最大信息长度时获取的，此时紧凑型基本图的最大提升值要大于非紧凑型基本图，可以采用更大的译码并行度，这等于最大提升值，所以，紧凑型基本图更容易满足 5G 移动通信的 20 Gbit/s 峰值吞吐量需求。

③ 在仿真性能对比中，可以发现紧凑型基本图的性能与非紧凑型基本图相当。

④ 紧凑型基本图设计已经应用在一些吞吐量要求达到 Gbit/s 以上的通信系统中，技术非常成熟，而且完全满足要求，如表 2-6 所示的一些标准协议中的基本图大小定义；而非紧凑型基本图的使用非常少，所以，其吞吐量是否能达到 20 Gbit/s 是个问题。

⑤ 根据准循环 LDPC 码所支持的信息长度等于系统列数目乘以提升值，由于紧凑型基本图的系统列数目比较小，所以其所支持的信息长度颗粒度会比较小，即码长灵活性比较高。

⑥ 非紧凑型基本图只有在比较高的码率（如 8/9 等）下的峰值吞吐量才能达到 20 Gbit/s，而紧凑型基本图在较低码率就能达到。所以紧凑型基本图具有在更宽码率范围内达到峰值吞吐量。也就是说，在实际系统中，可以支持的峰值吞吐量的 MCS 等级更多。

⑦ 在基础矩阵参数的存储模块中，由于紧凑型基本图中的非空置换子矩阵元素比较少，所以其存储占用会少很多。

针对以上所述的优点，在 NR 标准讨论的过程中，确认采用紧凑型基本图设计，即采用系统列数目为 22 和 10 的两个基本图，基本满足 5G 的 eMBB 获得 20 Gbit/s 的吞吐量要求。

2.5.3　基本图

在设计的过程中，5G LDPC 码基本图矩阵遵循了以下基本原则。

① Kernel 矩阵的行重接近于系统列数目，如 BG1 的前 4 行的行重都等于 k_b-3，BG2 的前 4 行的行重都等于 k_b-2。

② Kernel 矩阵的校验部分类似于 IEEE 802.16 和 IEEE 802.11 协议中矩阵的校验部分。

③ 前两列的列重明显大于其他列的列重。

④ 从总体上看，随着行索引的增加，矩阵行重逐步增加，并且，随着列索引的增加，矩阵列重逐步增加。

⑤ 从 K_b+5 列到最后一列，矩阵的列重都是1。

文献 [41-43] 给出具有上述特征的 LDPC 的设计，具有这些特征的矩阵就是 Raptor-like 矩阵结构的雏形。BG 矩阵的设计可以采用比特填充法[41]。另外，可以用性能估计工具或者参数来选择填充位置。性能估计工具可以是概率密度演进算法和 EXIT 图分析工具[44]；性能参数可以是最小的汉明距离。另外，BG 矩阵的设计还可以考虑规避短圈和减少陷阱集合。

LDPC 基础矩阵的设计需要考虑性能和吞吐量。较小的基础矩阵可以支持更大的译码并行度，从而提高链路的吞吐量，达到峰值速率的要求。但是，较小矩阵中的元素数目有限，设计的自由度受到一定的限制，在性能方面的提高和优化难度较大。相反地，较大的基础矩阵有更多的元素，设计上的自由度更大，性能优化的潜力较大。但是，其译码并行度降低。在硬件复杂度一定的条件下，吞吐量不如较小的基础矩阵，达到峰值速率要求的挑战性较大。

基础矩阵设计的第二个考量因素是矩阵的数目。较多的矩阵对性能的优化有好处，但使得硬件成本增高，标准协议的复杂度提高；较少的矩阵可以降低硬件成本、简化标准协议，但性能上的优化难度较大。

第3个设计因素是，对于较长的码块，不需要过低的母码码率。首先，在系统对资源进行调度时，较长码块所对应的用户的信道条件较好，适合高的速率传输，此时的码率也较高；其次，较长码块如果采用很低的母码码率，其所需的硬件存储量很大，译码实现的难度较大；最后，过低码率的设计会使得基础矩阵较大和译码算法的复杂度增加。

在综合考虑以上的各个因素之后，3GPP 达成如下的共识[32]。基础矩阵以紧凑型基本图为设计基础，支持两个基本图矩阵。第一个基本图（BG1）矩阵较大，系统列数目 K_b 最大为 22，最低母码码率为 1/3， 核矩阵的码率在 22/24 左右，支持的最大码块长度为 8448 bit；第二个基本图（BG2）矩阵稍小，系统列数目 K_b 最大为 10，最低母码码率为 1/5，核矩阵的码率为 5/6，支持的最大码块长度为 3840 bit。尽管基本图矩阵 1 的 K_b 值明显大于基本图矩阵 2 的 K_b 值，但由于基本图矩阵 1 支持的最低母码码率明显高于基本图矩阵 2 的，因此两个矩阵总的大小差别不大，相比许多其他候选基本图矩阵，矩阵 1 和矩阵 2 的紧凑特性还是十分明显的。基本图矩阵 1 和基本图矩阵 2 的适用范围如图 2-42 所示。其中，采用 BG2 进行 LDPC 编码需要至少满足以下 3 个条件之一：

① 传输块不大于 292 bit；

② 传输块的大小在 292 bit 到 3824 bit 之间，且首次传输的码率不高于 2/3；

③ 传输块首次传输的码率不大于 1/4。

其他情况下都采用 BG1 编码。

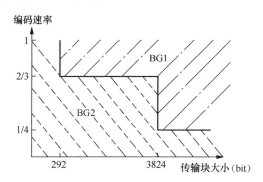

图 2-42　首次传输时的基本图矩阵适用范围

1. BG1

图 2-43 表示了 BG1 的基本结构，一共有 46 行 68 列。顶部的 4 行 22 列被称为核心矩阵（Kernel Matrix），具有较高的行重（非 0 元素较多），对高码率时的性能影响较大。中间的 16 行为准正交的设计，即行与行之间存在一定的正交关系，但不很严格。下面的 26 行遵守严格的行正交设计。

这种设计综合了性能和复杂度的双重考虑：核心矩阵采用较高的行重，可以保证高码率时的性能。虽然 Kernel 矩阵中非零元素的密度较高，但由于 Kernel 矩阵的行数和列数都较少，其中，非零元素的数量也不多，所以整体的译码时延并不高。同时，因为 LDPC 矩阵的低码率的扩展性，任何码率的 LDPC 矩阵都会包含 Kernel 矩阵，因此 Kernel 矩阵对低码率的性能影响也较大。

准正交的设计是指除了矩阵的最前面两列的元素之外，其他元素都是分组行正交的。所谓分组行正交是指矩阵中一部分的行是互相正交的。例如，BG1 的第 5 行至第 8 行为一组，该组内的三行是准正交，即该组内的三行除了前两列的元素不正交外，各行的其他元素都是行正交的。再比如，BG1 的第 9~11 行也是准正交的，但是任意两组之间并不是准正交的。准正交是一种兼顾了性能和吞吐量的设计。一个分组内的各行，只有前两列因为不正交的缘故，CNU 从存储中读写数据时会发生地址冲突，因而不能并行译码，需要增加额外的等待时间。各行的其他元素都不存在地址冲突的问题，可以并行译码。这样可以大大地提高译码的速度，增大译码器的吞吐量。同时由于前两列的非正交性，在矩阵设计上提供了一定的自由度，可以获得相比于正交设计更好的性能。

因此，准正交设计适用于 LDPC 中等码率的矩阵。

正交设计是指矩阵的行是分组正交的。例如，从 BG1 的第 21 行至最后一行，任意相邻的两行之间都是行正交的。行正交可以提升译码的速度，因为正交的两行可以使得各自的 CNU 在读写存储器分片的数据时都不会产生地址冲突，不管采用行并行（Row Parallel）或是块并行（Block Parallel）的译码器结构，都可以提高并行度。基本矩阵的低码率部分采用行正交的设计可以提高低码率时的吞吐量。

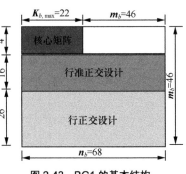

图 2-43　BG1 的基本结构

行正交的意义是，降低行并行译码的复杂度，增加数据吞吐量。当然，行正交的特性也增加了基础矩阵的设计限制，例如非零元素的数目、分布等。

基于图 2-43 中的结构，经过大量的仿真和搜索，以及对各个码长和码率进行性能优化，3GPP 最终确定 BG1 的非零元素的具体位置（如图 2-44 所示）。其中的非零元素一共有 316 个，相对于整个矩阵（$46 \times 68 = 3128$），BG 本身就具有稀疏特性。

图 2-44　BG1 的非零元素位置

　　BG 只给出了基础矩阵中非 "–1" 元素的位置，但并没有给出具体的数值，每一个具体的数值代表了用于对单位矩阵进行循环移位的提升值（Lifting Size），具有这样具体数字的矩阵被称为基础矩阵或基础校验矩阵。BG 不能直接用于 LDPC 编译码，而需要用基础矩阵进行编译码。基础矩阵设计可以通过计算机搜索产生，也可以从计算机随机产生的大量矩阵中筛选出短圈（Short Girth）数量较少和诱捕集（Trapping Set）数量较少的矩阵，并进行进一步的仿真验证，从仿真结果中尽量选择差错平层（Error Floor）较低以及码长和码率的一致性较好的矩阵作为确定的基础矩阵。参与 3GPP 5G-NR 标准制定的各家公司，经过激烈的商讨，最终确定了 BG1 和 BG2 分别对应的 8 个不同的基础矩阵。表 2-7 给出了 BG1 及其对应的 8 个基础校验矩阵。

表 2-7　BG1 的校验矩阵 $(V_{i,j})$

行索引 i	列索引 j	设置索引 i_{LS}							
		0	1	2	3	4	5	6	7
0	0	250	307	73	223	211	294	0	135
	⋮	⋮	⋮	⋮	⋮	⋮	⋮	⋮	⋮
	23	0	0	0	0	0	0	0	0
⋮	⋮				⋮				
45	1	149	135	101	184	168	82	181	177
	6	151	149	228	121	0	67	45	114
	10	167	15	126	29	144	235	153	93
	67	0	0	0	0	0	0	0	0

2. BG2

　　图 2-45 表示了 BG2 的基本结构，一共有 42 行 52 列。顶部的 4 行 10 列被称为核心矩阵（Kernel Matrix），具有较高的行重（非 0 元素较多），对高码率时的性能影响较大。最下面的 22 行是正交设计。与 BG1 不同的是，BG2 的中间 16 行没有采用类似 BG1 的准正交设计，即 BG2 的中间 16 行除了最前面两列的元素外，剩余的部分也不是分组行正交的。这样的设计能够使得中、低码率的矩阵具有更好的性能。这对于扩展 BG2 的应用场景有较大的好处，比如未来可能将 BG2 应用于某些对可靠性要求较高

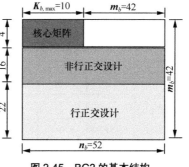

图 2-45　BG2 的基本结构

的场景。

基于 BG2 的基本结构，经过大量的仿真和搜索，对各个码长和码率进行性能优化，最终确定 BG2 非零元素的具体位置，如图 2-46 所示。

图 2-46　BG2 非零元素的位置

表 2-8 给出了 BG2 及其对应的 8 个基础校验矩阵。

表 2-8　BG2 的校验矩阵

行索引 i	列索引 j	设置索引 i_{LS}							
		0	**1**	**2**	**3**	**4**	**5**	**6**	**7**
	0	9	174	0	72	3	156	143	145
0	⋮	⋮	⋮	⋮	⋮	⋮	⋮	⋮	⋮
	11	0	0	0	0	0	0	0	0
⋮		⋮				⋮			
	1	129	147	0	120	48	132	191	53
41	⋮	⋮	⋮	⋮	⋮	⋮	⋮	⋮	⋮
	51	0	0	0	0	0	0	0	0

2.5.4 速率匹配

已知，原始信息 u 经过线性分组码 G 编码之后的码字为 $x = u \times G$。如果生成矩阵 G 已转化为 $G = [Q, I]$ 或 $G = [I, Q]$ 的形式，那么编码之后的码字 x 可分成两部分：系统比特 s 和校验比特 p。即，$x = [s, p]$，如图 2-47 所示。

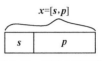

图 2-47　线性分组码的码字 x 的组成

LDPC 码也是线性分组码。不失一般性，LDPC 码的编码之后的码字 x 也可表示成 $x = [s, p]$ 的形式。速率匹配是指，编码之后的比特数与（无线）资源所能承载的比特数可能不一致。例如，资源较多，该选择哪些比特去传；如果资源较少，又应该去掉哪些比特。HARQ 是指，发射端先发射一个能够自解码的版本。如果接收端不能解码出来，那么，发射端再发射一个能够自解码或不能自解码的版本。2 次发射的比特内容可以相同或不同（即使是自解码的，也可以是内容不同的版本）。其中，一般传输数据中如果包含较多系统比特，则其一般会具有自解码功能特性，这里的自解码功能特性是指将该传输的数据作为首传接收数据来处理依然能进行正确译码。

基于 QC-LDPC 码的速率匹配和 HARQ 采用环形缓冲区的方式，如图 2-50 所示[40]。编码出的系统比特和校验比特先放到一个环形缓冲器。对于每一次 HARQ 传输，数据在缓冲器中根据冗余版本号（RV）来顺序读出。例如，按照 RV0 → RV2 → RV3 → RV1 的顺序来。冗余版本（RV）实际上定义了每个 HARQ 子包在缓冲器中的起始位置。

应注意，首传必须是能自解码的（包含系统比特）。各个冗余版本（RV）的起点是不等间隔的（非均匀）。非均匀间隔可以提高解码性能[27]。根据文献[26]，如果接收端不使用有限缓冲区速率匹配（LBRM）[28]，那么，对于 BG1（编码后的比特长度为 66Z；Z 为提升值[14]），RV0、RV1、RV2、RV3 对应的起点分别为 0、17Z、33Z、56Z；对于 BG2（编码后的比特长度为 50Z），RV0、RV1、RV2、RV3 对应的起点分别为 0、13Z、25Z、43Z。其中，可以发现 RV0 和 RV3 具有自解码功能，在准循环 LDPC 码设计过程中主要是以首传性能为基准进行设计，所以首传数据优选采用 RV0 进行传输；当在不确定接收端是否接收到首传数据的情况下，首次重传数据优选 RV3 进行传输（原因在于 RV3 不仅具有自译码能力而且还具有一定的增量冗余的编码性能增益），否则优选量冗余的编码性能最好的 RV2。在参考文献[36] 中提出了关于具有自译码功能的 RV3 设计，可以很好地解决了在载波聚合场景下 NACK 和 DTX 不区分时所带来的好处，并且该 RV3 设计方法被 NR 标准会议采纳。如图 2-48 所示的信息长度

为 1024,冗余版本为 RV3 的 BLER = 1% 所需要信噪比性能数据,可以看出其在有效码率范围内都是可以解码的;以及,如图 2-49 所示的首传冗余版本为 RV0,重传冗余版本分别为 RV0 和 RV3 下的性能对比,可以发现重传冗余版本为 RV3 的软信息合并后的性能优于重传冗余版本 RV0,具体性能数据可以见参考文献 [36]。

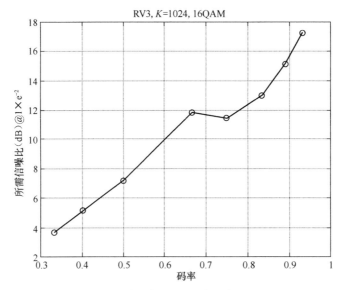

图 2-48　冗余版本为 RV3 的数据自译码功能

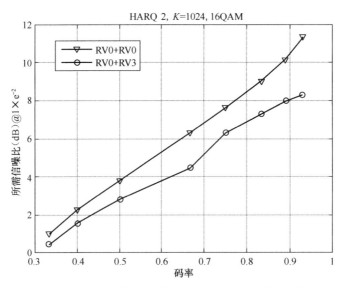

图 2-49　首传为 RV0,重传冗余版本为 RV0 和 RV3 的软信息合并性能对比

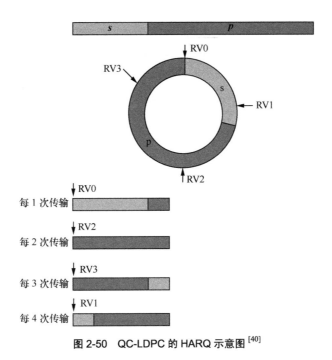

图 2-50　QC-LDPC 的 HARQ 示意图[40]

2.5.5　交织

交织是将速率匹配之后的比特顺序打乱，目的是为了对抗突发干扰。在交织之后，原来成片的突发干扰便成了随机的单个干扰，这有利于解码。在使用高阶正交幅度调制的调制方式下（如 16QAM、64QAM、256QAM），交织的作用更为明显。根据参考文献 [29]，交织是对各个码块分别进行的。也就是说，如果有多个码块的话，不会有一个跨越多个码块的交织器，目的是为了减少接收侧的时延。5G-NR eMBB 最终确定了采用一个行列交织器来对速配匹配后的各个码块分别进行交织。在文献 [53-55] 中提出了一种对 LDPC 码字进行比特级交织方法，以及在文献 [37-39] 中提出了将所述 LDPC 交织方法应用于 5G-NR 标准中，所述交织方法介绍如下。

行列交织器如图 2-51 所示，交织器的行数为 $R_{subblock}$，而 $R_{subblock}$ 等于调制阶数（例如，对于 16QAM，调制阶数为 4；对于 64QAM，调制阶数为 6；对于 256QAM，调制阶数为 8）。交织器按照行写入列读出的顺序对数据进行重排序。

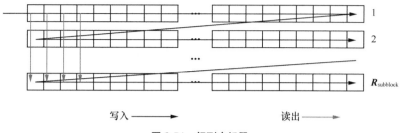

写入 ⟶   读出 ⟶

图 2-51　行列交织器

图 2-51 所示的行列交织器作用于所有冗余版本的传输数据包，对于冗余版本为 RV0 的传输数据包来说，相当于进行系统比特优先映射交织。如图 2-52[30] 所示，以 256QAM 为例，系统比特映射在每个 256QAM 调制符号最前面的比特上。由于在高阶 QAM 调制符号中，各比特的可靠性是不同的。例如，一个 256QAM 调制符号对应了 8 个比特，其中最前面的 2 比特可靠性最高；第 3 和第 4 比特的可靠性次之；第 5 和第 6 比特可靠性再差一些；最后面的两个比特可靠性最低。将系统比特映射到前面的可靠性高比特上可以使得系统比特得到更高优先级的保护，根据大量仿真结果可以发现，准循环 LDPC 码的性能可以提高。由于首次传输时通常使用 RV0 的 HARQ 子包，因此采用如图 2-51 所示的行列交织器可以提高首传的性能。

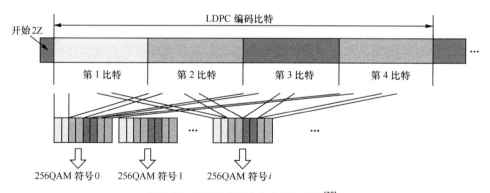

图 2-52　系统比特优先的交织示意图[30]

使用了上述系统比特优先的交织方案之后，相对不使用交织器，在 10% 的目标 BLER 下，衰落信道下最大可获得约 0.5 dB 的性能增益，如图 2-53 所示。所述交织在高阶调制（16QAM、64QAM、256QAM）下具有较优的性能优势，所以获得了 NR 会议的认可。

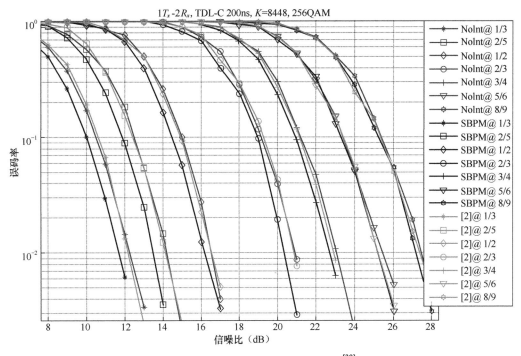

图 2-53　系统比特优先的交织性能图[30]

2.5.6　分段

在描述分段之前，先描述一下分段在编码链路中的位置及整个编码流程，如图 2-54 所示。物理层在接收到媒体接入控制层（MAC）的一个传输块之后，先给它添加一个（16 或 24 比特）的 CRC。在添加 CRC 之后，如果它包含的比特数超过一定值，则需要把它分成长度相同的两个或多个码块；各个码块再各自添加 CRC；然后，各个加了 CRC 的码块独立地进行 LDPC 编码；再然后，各个编码后的码块分别进行速率匹配、混合自动重传请求（HARQ）处理和交织。有了上述概念之后，我们就可以看看分段操作了。

图 2-54　发射端的编码流程图

虽然 LDPC 的码长越长，性能越好，但是考虑到在实际应用中受编译码器硬件资源的限制，需要将一个长的码块分割成若干个短的小码块，这就是分段的目的；并且，多个码块可以进行并行解码，从而可以减少时延。

分段时需要考虑对性能的影响，如图 2-55[24] 所示。当码块长度达到一定水平时，其性能增益就不太明显了，因此分段的阈值不需太大，但是也不能太小，因为这会导致码块数量的增加，如果要保持整个传输块的性能不变，则对每个码块的误码块率的要求则会增加，从而也会带来资源开销以及延迟方面的问题。

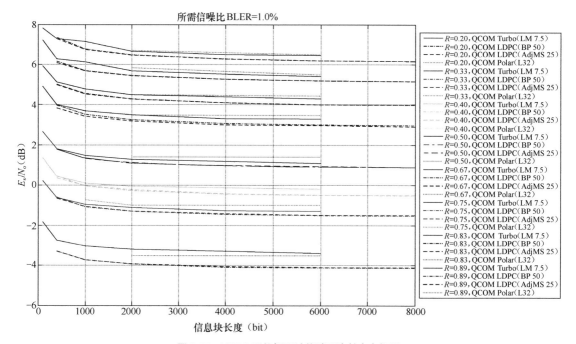

图 2-55　LDPC 码的解码性能随码块长度变化图

在 LTE 中，最大的传输块大小为 391 656 bit[25]。在 5G-NR 中，最大的传输块大小将更大，有可能会超过 10^6 bit。根据参考文献 [14]，对于 BG1，可以支持的最大码块长度（包括 24 bit 的传输块 CRC）为 8448 bit。超过 8448 − 24 = 8424 bit 的传输块将会被分割成多个码块；而对于 BG2，可以支持的最大码块长度（包含 16 bit 的传输块 CRC）为 3840 bit。超过 3840 − 16 = 3824 bit 的传输块将会被分割成多个码块。

与 LTE 不同的是，根据文献 [26] 的工作假定，在 5G-NR eMBB 中，如果新传（初次传输，第一次发射）的码率 $Rinit$ > 1/4，当传输块大小（不包括 CRC）大于 3824 bit 时，要使用 BG1 编码；如果新传的码率 $Rinit$ ≤ 1/4，则使用 BG2；即码块分割不但与传输块的大小有关，还与初次传输的码率有关。

综上所述，如果使用 BG1，则最大的码块长度为 8448 bit；如果使用 BG2，则最大的码块长度为 3840 bit。

2.5.7 信道质量指示（CQI）表格和编码调制方案（MCS）表格

信道质量指示（CQI）是指，终端根据基站发射的下行参考信号（CSI-RS）的接收质量（SINR），来向基站报告的下行信道状况。编码调制方案（MCS）是指，基站告诉终端，基站发射的 PDSCH 信道使用什么样的调制方式和编码速率（MCS 和 PRB 数目结合起来可得到传输块的大小），或者终端在发射 PUSCH 信道时应使用什么样的调制方式和编码速率。

目前的 5G-NR 协议仅包含 eMBB 部分，不包括 URLLC 部分。URLLC 将在 5G-NR 的第二阶段研究（2018 年）。因此，目前的 CQI 表和 MCS 表仅针对 eMBB。即，它们目前是针对 LDPC 码设计的。考虑到 3GPP 要尽可能减少标准化的工作量，URLLC 的数据信道（PDSCH/PUSCH）使用 LDPC 码的可能性非常大。即目前的 CQI 表和 MCS 表可以直接作用到 URLLC 上；或者，它们可经过简单的修改来适配到 URLLC 上。

1. CQI 表

目前 5G-NR 标准下行数据支持的调制方式包括 QPSK、16QAM、64QAM 和 256QAM。终端通过检测 CSI-RS 信号并估计信道质量后，需要向网络侧上报信道质量指示 CQI 信息，该信息包含有调制方式信息和编码率信息。为了兼顾减少 CQI 信息的开销和更细粒度的 CQI 信息指示，5G-NR 标准 eMBB 场景设计采用 2 个 CQI 表，即最高调制方式是 64QAM 的 CQI 表和最高调制方式是 256QAM 的 CQI 表，这两个表都采用 4 bit 开销来定义 CQI 索引含义。网络侧通过 RRC 信令的 CQI-table 参数来指示终端选择哪个 CQI 表来上报信道质量指示。

表 2-9 和表 2-10 分别为 64QAM CQI 表和 256QAM CQI 表。表的第 1 列为 CQI 索引，包含的值为 0,1,…,15，表示 16 种情况，可以使用 4 bit 来指示。第 2 列为调制阶数，第 3 列为编码速率，第 4 列为根据调制方式和编码率计算出来的传输效率。

表 2-9 最高调制阶数为 64QAM 的 CQI 表

CQI 索引	调制阶数	编码速率 x	传输效率
0	范围之外		
1	QPSK	78	0.1523
⋮	⋮	⋮	⋮
15	64QAM	948	5.5547

表 2-10 最高调制阶数为 256QAM 的 CQI 表

CQI 索引	调制阶数	编码速率 x	传输效率
0	范围之外		
1	QPSK	78	0.1523
⋮	⋮	⋮	⋮
15	256QAM	948	7.4063

在 5G–NR 标准中，在一个载波的信道带宽下，还细分出许多的子带。对于子带的信道质量指示 CQI 信息（称之为子带 CQI），上面的 2 个表的 CQI 就称之为宽带 CQI。由于一个宽带信道下可能包含有许多子带，为了减少开销，子带 CQI 采用差分 CQI 表，用 2 bit 进行指示。

表 2-11 是子带差分 CQI 表。表中第 1 列是差分 CQI 值，包含 0，1，2，3 四种情况，使用 2 bit 进行指示。第 2 列为对应的子带差分量（Sub-band offset level），该子带差分量定义为：

Sub-band Offset level = wideband CQI index – sub-band CQI index

表 2-11 子带差分 CQI 表

差分 CQI 值	子带差分量
0	0
1	1
2	≥ 2
3	≤ −1

2. MCS 表

（1）下行 MCS 表

目前，5G–NR 标准下行数据支持的调制方式包括 QPSK、16QAM、64QAM 和 256QAM。网络侧在 DCI 信令中告诉终端 PDSCH 传输数据所采用的 MCS 信息。该信息包含有调制阶数信息和编码速率信息。为了兼顾减少 DCI 信令中 MCS 信息的开销和更细粒度的 MCS 信息指示，5G–NR 标准 eMBB 场景设计采用两个下行

MCS 表，即：最高调制方式是 64QAM 的 MCS 表和最高调制方式是 256QAM 的 MCS 表，以下分别简称为表 64QAM MCS 和表 256QAM MCS，都采用 5 bit 开销来定义 MCS 索引。网络侧通过 RRC 信令的 MCS-Table-PDSCH 参数来告诉终端 DCI 信令中 MCS 索引是对应哪张 MCS 表的 MCS 信息。

　　表 2-12 和表 2-13 分别为下行用于 PDSCH 的 64QAM MCS 表和 256QAM MCS 表。表的第 1 列为 MCS 索引，包含的值为 0，1，…，31，32 种情况，可以使用 5 bit 来指示。第 2 列为调制阶数，其中，2 代表 QPSK、4 代表 16QAM、6 代表 64QAM、8 代表 256QAM。第 3 列为编码速率，第 4 列为根据调制阶数和编码速率计算出来的传输效率。在表 64QAM MCS 中，MCS 索引为 29、30 和 31 时，为 PDSCH 数据重传时的调制阶数指示。在表 256QAM MCS 中，MCS 索引为 28、29、30 和 31 时，为 PDSCH 数据重传时的调制阶数指示。在重传时，可以通过选择不同的调制阶数来选择不同的传输效率，增加了重传时数据编码调制方式的灵活性，有利于数据的成功解调。

　　MCS 索引使用 5 bit 来指示，比 CQI 索引的 4 bit 指示要多 1 bit，说明实际 PDSCH 采用的传输效率的颗粒度比终端反馈的 CQI 指示的颗粒度要更精细。

表 2-12　最高调制方式为 64QAM 的 MCS 表

MCS 索引 I_{MCS}	调制阶数 Q_m	编码速率 x [1024] R	传输效率
0	2	120	0.2344
⋮	⋮	⋮	⋮
28	6	948	5.5547
29	2	保留	
30	4	保留	
31	6	保留	

表 2-13　最高调制方式为 256QAM 的 MCS 表

MCS 索引 I_{MCS}	调制阶数 Q_m	编码速率 x [1024] R	传输效率
0	2	120	0.2344
⋮	⋮	⋮	⋮
27	8	948	7.4063
28	2	保留	
29	4	保留	
30	6	保留	
31	8	保留	

（2）上行 MCS 表

目前，5G-NR 标准在 PUSCH 传输的上行数据支持的调制方式包括 $\pi/2$-BPSK（$p_i/2$-BPSK）、QPSK、16QAM、64QAM 和 256QAM。$\pi/2$-BPSK 调制方式只有在 DFT-s-OFDM 波形下并且终端支持 $\pi/2$-BPSK 调制方式下才会使用。在 DFT-s-OFDM 波形下结合使用 $\pi/2$-BPSK 调制方式，可以更好的降低信号的 PAPR，因此 $\pi/2$-BPSK 调制方式主要是为了增强上行信道覆盖。在需要使用 $\pi/2$-BPSK 调制方式的无线信道环境下，就不会使用 256QAM，因此在 256QAM MCS 表里就可以不需要 $\pi/2$-BPSK 的调制方式。

为了减少 MCS 信令开销和在不同场景下使用更细粒度的 MCS，5G-NR 标准 eMBB 场景设计采用 3 个上行 MCS 表。当不使用 $\pi/2$-BPSK 调制方式时，使用两个MCS表，即：最高调制方式是64QAM的MCS表和256QAM的MCS表，以下分别简称 64QAM MCS 表和 256QAM MCS 表。这两个表都采用 5 bit 开销来定义 MCS 索引含义。系统通过 RRC 信令的 MCS-Table-PUSCH 来选择使用哪张表。这两个上行的 64QAM MCS 表和 256QAM MCS 表与下行的 MCS 表是相同的，即表 2-12 和表 2-13。当需要使用 $\pi/2$-BPSK 调制方式时，使用 1 个MCS 表，即：最高调制阶数是 64QAM 的 MCS 表。这个表也是采用 5 bit 开销来定义 MCS 索引。表 2-14 为上行用于 PUSCH 并支持 $\pi/2$-BPSK 的 64QAM MCS 表。

表 2-14　上行最高调制方式为 64QAM 的 MCS 表（支持 $\pi/2$-BPSK）

MCS 索引 I_{MCS}	调制阶数 Q_m	编码速率 x [1024] R	传输效率
0	1	240	0.2344
⋮	⋮	⋮	⋮
27	6	948	5.5547
28	1	保留	
29	2	保留	
30	4	保留	
31	6	保留	

2.5.8　传输块大小（TBS，Transport Block Size）的确定

物理层上行和下行数据共享信道是以传输块（TB，Transmission Block）为基本单位进行传输数据的。在 LTE 中，TBS 可以用给定的物理资源块（PRB，

Physical Resource Block）的数目 N_{PRB} 以及 TBS 的索引 I_{TBS} 通过查表的方式得到。在 5G-NR 标准化过程中，有的公司提出采用公式计算和查表分别量化不同大小区间的 TBS 的方式来确定 TBS，以实现更大的调度灵活性。

1. PDSCH 确定 TBS 流程介绍

对于物理下行共享信道（PDSCH，Physical Downlink Shared Channel），由物理下行控制信道（PDCCH，Physical Downlink Control Channel）通过小区无线网络临时识别符（C-RNTI，Cell-Radio Network Temporary Identity）进行 CRC 加扰，并分配下行控制信息格式（DCI format，Downlink Control Information format）1_0/1_1。文献 [40] 提出了采用表格形式获取对应的实际 TBS 值。在 NR 的会议讨论过程中和较短的 TBS 时，相比于用公式来表达 TBS 的方法，该方法具有较大优势。所以其设计方法被 NR 标准会议采纳。

若高层设置 256QAM MCS Table PDSCH，且可配置的 MCS 索引为 0~27；未设置 256QAM MCS Table PDSCH，且可配置的 MCS 索引为 0~28。UE 确定 TBS 的步骤如下：

（1）根据当前 DCI 分配的参数确定一个中间值信息比特，计算公式为 $N_{info} = N_{RE} \cdot R \cdot Q_m \cdot v$。这些参数的具体含义为：$v$ 是传输的层数；Q_m 是调制阶数，可根据 MCS 的索引获取；R 是码率，可根据 MCS 的索引获取；N_{RE} 是资源单元（RE，Resource Element）的总数，$N_{RE} = N'_{RE} \times n_{PRB}$，其中，$n_{PRB}$ 是分配到的物理资源块（PRB，Physical Resource Block）的个数，N'_{RE} 是每个 PRB 中可用的 RE 数。对 N'_{RE} 的量化步骤如下：

① PDSCH 分配得到的每个 PRB 中可用 RE 数为 $N'_{RE} = N_{sc}^{RB} \times N_{symb}^{sh} - N_{DMRS}^{PRB} - N_{oh}^{PRB}$，其中，$N_{sc}^{RB} = 12$ 表示一个 PRB 在频域包含的子载波个数；N_{symb}^{sh} 表示一个时隙（Slot）内可调度的 OFDM 符号个数；N_{DMRS}^{PRB} 表示在可调度的持续时间内，每个 PRB 中 DM-RS 占用的 RE 个数 [包括由 DCI format 1_0/1_1 指示的 DMRS CDM groups 的开销（Overhead）]；N_{oh}^{PRB} 表示高层配置参数 Xoh-PDSCH 的 Overhead，若没有配置 Xoh-PDSCH（其值为 {0, 6, 12, 18} 中之一），则 Xoh-PDSCH 设置为 0。

② 根据计算得到的每个 PRB 中可用的 RE 数 N'_{RE}，按照 $N_{RE} = \min(156, N'_{RE}) \times n_{PRB}$ 计算得到 RE 总数。

例如，当分配符号数 $N_{symb}^{sh} = 3 \sim 14$，$N_{DMRS}^{PRB}$ 为 {4, 6, 8, 12, 16, 18, 24, 32, 36, 48} 中的某一值，N_{oh}^{PRB} 为 {0, 6, 12, 18} 中的某一值时，可按照步骤 ① 和 ② 计算得到可能的 N'_{RE} 值，计算得到的 N'_{RE} 值如表 2-15 所示。

表 2-15　一个 PRB 内分配给 PDSCH 的 RE 数目

索引	N'_{RE}	索引	N'_{RE}	索引	N'_{RE}	索引	N'_{RE}	索引	N'_{RE}	索引	N'_{RE}
1	6	11	36	21	66	31	90	41	114	51	138
2	8	12	40	22	68	32	92	42	116	52	140
3	12	13	42	23	70	33	94	43	118	53	144
4	16	14	44	24	72	34	96	44	120	54	148
5	18	15	48	25	76	35	100	45	124	55	150
6	20	16	52	26	78	36	102	46	126	56	152
7	24	17	54	27	80	37	104	47	128	57	156
8	28	18	56	28	82	38	106	48	130	58	
9	30	19	60	29	84	39	108	49	132	59	
10	32	20	64	30	88	40	112	50	136	60	

（2）对计算得到 N_{info} 进行如下量化，确定最终的 TBS。量化步骤如下：

If $N_{info} \leqslant 3824$

$$N'_{info} = \max\left(24, 2^n \times \left\lfloor \frac{N_{info}}{2^n} \right\rfloor\right)，\text{其中}\, n = \max\left(3, \left\lfloor \log_2(N_{info}) \right\rfloor - 6\right);$$

从表 2-16 中找到一个不小于且最接近 N'_{info} 的 TBS 作为最终传输的 TBS。

else

$$N'_{info} = \max\left[3840, 2^n \times \text{round}\left(\frac{N_{info} - 24}{2^n}\right)\right]，\text{其中}\, n = \left\lfloor \log_2(N_{info} - 24) \right\rfloor - 5，$$

且 round($\cdot$) 指四舍五入取整；

if $R \leqslant 1/4$

$$TBS = 8 \times C \times \left\lceil \frac{N'_{info} + 24}{8 \times C} \right\rceil - 24，$$

where $C = \left\lceil \dfrac{N'_{info} + 24}{3816} \right\rceil$

else

if $N'_{info} > 8424$

$$TBS = 8 \times C \times \left\lceil \frac{N'_{info} + 24}{8 \times C} \right\rceil - 24$$

where $C = \left\lceil \dfrac{N'_{info} + 24}{8424} \right\rceil$

else

$$TBS = 8 \times \left\lceil \frac{N'_{info} + 24}{8} \right\rceil - 24$$

end

end

end

表 2-16　$N_{\text{info}} \leqslant 3824$ 时的 *TBS*

索引	*TBS*	索引	*TBS*	索引	*TBS*	索引	*TBS*
1	24	31	336	61	1288	91	3624
⋮	⋮	⋮	⋮	⋮	⋮	⋮	⋮
30	320	60	1256	90	3496		

2. 调度灵活性

调度灵活性是在初传和重传时，得到相同 *TBS* 所要求分配的资源参数（包括 PRB、OFDM 符号数和 MCS 级数）的最大取值范围，如果取值范围越大说明灵活性越大。例如，初传时，利用表格确定的 *TBS* 可以最低支持 18 个不同的 MCS 级数，这样完全可以满足灵活调度资源参数的需求。调度灵活性是评估确定 TBS 方法好坏的重要性能参数之一。

3. MAC 层开销比

开销比（Overhead Ratio）的定义是：Overhead Ratio = [TBS_j−(TBS_j−1−8)]/TBS_j。一般情况下，为了不造成性能的损失，应约束其值不大于某一百分比。例如，在 eMBB 中，要求其值不大于 5%。Overhead Ratio 是评估确定 *TBS* 方法的重要参数之一。

4. 获取 *TBS* 表格

在第 2.5.8 节中介绍的确定 *TBS* 的流程中，当 $N'_{\text{info}} \leqslant 3824$ 时，利用 *TBS* 表格进行查找确定最终传输的 *TBS*，本小节对 *TBS* 表格的获取方法和其性能优势进行详细介绍。

在通信系统中，*TBS* 需要进行编码后再发送，这就需要 *TBS* 值必须符合信道编码的要求。在 5G-NR 中，物理共享信道利用 LDPC 对 *TBS* 进行编码，其要求如下：

① *TBS* 字节对齐，即能被 8 整除；

② *TBS* 满足 BG1 或 BG2 分割后无 Padding，即能被分割的码块个数 *C* 整除；

③ *TBS* 分割后的码块大小（CBS，Code Block Size）字节对齐，即能被 8*C* 整除。

④ 确定最终传输的 *TBS* 必须保证初传和重传时一致。

根据以上 4 个条件，搜索符合条件的 *TBS* 表格的步骤如下：

（1）遍历 LTE TBS 表格中的 *TBS*，将所有不同的 *TBS* 按照从小到大的顺序排列，记为集合 A；遍历所有能被 8 整除的正整数，根据码块分割规则选出符合条件 2 和 3 的整数按照从小到大的顺序排列，记为集合 B。将 A 中的每个元素 *TBS*^A 与 B 中的元素进行比较，并选取集合 B 中小于等于 *TBS*^A 的最大值替换 A 中的元素，得到一个新

的 TBS 集合，记为集合 C。

（2）将集合 C 中不满足以下条件（开销比不高于 4%）的 TBS_j 与集合 B 中的元素进行比较，并选取集合 B 中小于等于 TBS_j 且满足不等式约束条件的最大值替换集合 C 中的 TBS_j，得到一个新的 TBS 集合，记为集合 D。

$$(TBS_j - (TBS_j - 1 - 8))/TBS_j \leqslant 0.04$$

（3）根据调度灵活性仿真结果，对集合 D 中调度灵活性低的 TBS 进行删减或修改，最终得到 3824 以内的 TBS 如表 2-16 所示。

注：最终的 TBS 表格中每个 TBS 的开销小于等于 5%。

利用 TBS 表格确定最终传输的 TBS 的方法为：首先，对 N_{info} 做一次量化，即 $N'_{info} = \max\left(24, 2^n \times \left\lfloor \dfrac{N_{info}}{2^n} \right\rfloor\right)$，其中 $n = \max\left(3, \left\lfloor \log_2\left(N_{info}\right) \right\rfloor - 6\right)$；然后，从 TBS 表格中找到一个不小于且最接近 N'_{info} 的 TBS 作为最终传输的 TBS。对 PDSCH 64QAM MCS table 和 256QAM MCS 表格分别进行仿真，仿真的 RE 数为表 2-15 中所示的所有值，层数为 1~4，Qm 为 PDSCH MCS 表格中 MCS 级数对应的调制阶数，PRB 为 1~275。将初传和重传时 TBS 表格确定的 TBS 可支持的 MCS 级数与公式计算确定的 TBS 可支持的 MCS 级数进行比较如图 2-56 和图 2-57 所示（初传组和重传组）。从图中可以看出，当 TBS 小于 3824 时，初传和重传利用公式计算确定 TBS 的方法，对于计算得到的只支持 BG2 分割或 BG1 分割的 TBS，它们支持的 MCS 级数较少，使得调度灵活性受限，而利用 TBS 表格确定的 TBS 则不会出现这种问题，因此在 TBS 小于等于 3824 时，选择使用 TBS 表格来确定最终传输的 TBS。

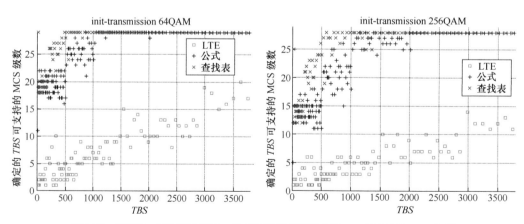

图 2-56 初传时，LTE TBS 表格、公式和 TBS 表格确定的 TBS 可支持的 MCS 级数

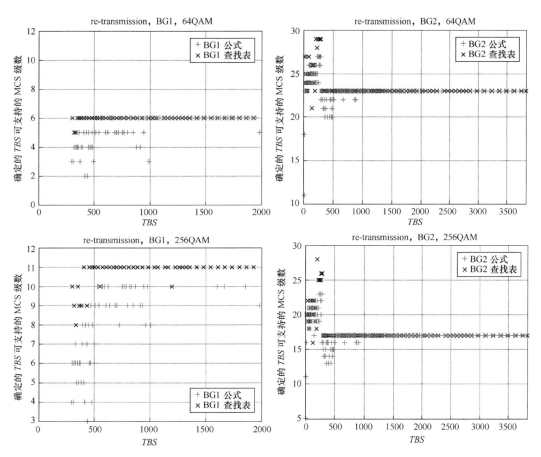

图 2-57　重传时，公式和 *TBS* 表格确定的 TBS 可支持的 MCS 级数

|2.6　复杂度、吞吐量和解码时延|

2.6.1　复杂度

存储复杂度分析。根据文献 [45]，在信息长度 K = 8000 bit、编码后的比特长度为 N= 40 000 bit、LDPC 码的迭代次数 LDPC 用 7 bit 来存储信道 LLR、LDPC 用 5 bit 来存储内部 LLR、Turbo 码用 6 bit 来存储信道 LLR、Turbo 码用 9 bit 来存储路径度量值、Turbo 码用 8 bit 来存储路径外部信息 LLR、Turbo 码的 2 个卷积码使用 3 个移位寄存器来编码的条件下，LDPC 码

的存储量是 1.14 MB，而 Turbo 码的存储量是 1.8 MB。即，LDPC 码的存储量需求为 Turbo 码的 2/3。

计算复杂度分析。根据文献 [45]，在信息长度 K = 8000 bit、编码后的比特长度为 N = 40 000 bit、LDPC 码的并行度为 256 bit、LDPC 码的 Z_{max} = 384 bit、Turbo 码使用 8 个滑动窗口来解码、Turbo 码的 2 个卷积码使用 3 个移位寄存器来编码的条件下，LDPC 码的加减法运算量（3072）与 Turbo 码的加减法运算量（4385）基本相当。即，LDPC 码的复杂度与 Turbo 码相近。

2.6.2 吞吐量

1. QC-LDPC 的行并行译码结构的吞吐量

在行并行译码（Row-parallel）中，校验节点单元（CNU）的更新是逐行串行处理，吞吐量的计算公式如下。

$$T_{\text{row-parallel}} = \frac{f \cdot K}{L \cdot I} \tag{2-53}$$

其中，I 表示迭代次数；K 表示信息码块长度，包含 CRC；f 是工作频率；L 是层数。

2. 块并行译码的吞吐量

块并行译码（Block-parallel）的吞吐量可以用式（2-54）的公式估算。

$$T_{\text{block-parallel}} = \frac{f \cdot K}{I \cdot C_y} \tag{2-54}$$

其中，I 表示迭代次数；K 表示信息码块长度，包含 CRC；f 是时钟频率；C_y 表示每次迭代所需要的时钟。

根据文献 [45]，在信息长度 K = 8000 bit、编码后的比特长度为 N = 9000 bit、LDPC 码的迭代次数 I_{LDPC} = 7、Z_{max} = 384、W = 8、Turbo 码的迭代次数 I_{Turbo} = 5.5 的条件下，LDPC 码的吞吐量是 12.2f bit/s（如果芯片的工作频率为 1 GHz，则其吞吐量为 12.2 Gbit/s）；而 Turbo 码的吞吐量仅为 1.45f bit/s（如果芯片的工作频率为 1 GHz，则其吞吐量为 1.45 Gbit/s）。即，LDPC 码的吞吐量为 Turbo 码的 8.4 倍。

2.6.3 解码时延

根据文献 [45]，在信息长度 K = 8000 bit、编码后的比特长度为 N = 9000 bit、

LDPC 码的迭代次数 $I_{LDPC} = 7$、$Z_{max} = 384$、$W = 8$、Turbo 码的迭代次数 $I_{Turbo} = 5.5$ 的条件下，LDPC 码需要的解码时间为 658 个 Cycle（如果芯片的工作频率为 1 GHz，则时延为 0.658 μs）；而 Turbo 码需要 5500 个 Cycle（如果芯片的工作频率为 1 GHz，则时延为 5.5 μs）。即，LDPC 码的解码时延约为 Turbo 码的 1/8，能做到如此小的原因是，它能做到很高的并行度（384 并行）。

低解码时延对 5G-NR 的自包含结构（Self-contained）是非常重要的。接收端可以及时地向发射端反馈解码情况，从而可以帮助基站及时地重传或新传数据块。

| 2.7　链路性能 |

链路性能的评估以 AWGN 信道为基本的信道和调制方式以 QPSK 为主。LDPC 的译码方式是 BP 算法、浮点数运算，最多迭代次数为 50 次。

2.7.1　短码

从图 2-58 可知，相对 Turbo 码，在高码率（5/6）和短码块（128 bit）下，LDPC 码有比较明显的优势。

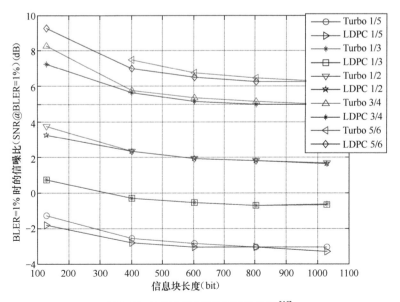

图 2-58　LDPC 码在短码块下的性能 [46]

2.7.2　中长码

图 2-59 是 BG1 和 BG2 在不同的码长和码率下，要达到 BLER $= 10^{-2}$ 所需的 SNR。从该图可知，在高码率（2/3、3/4）和小信息块（小于 300 bit）（在图的左上角）下，BG2（浅色线）比 BG1（深色线）具有明显的优势，其他情况下差别不大。

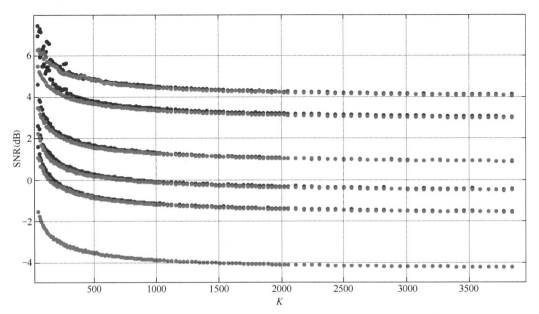

图 2-59　BG1 和 BG2 在各个码长和码率的情况下，要达到 BLER $= 10^{-2}$ 所需的 SNR[47]（QPSK 调制）

2.7.3　长码

从图 2-60[48] 可知，在高码率的时候，LDPC 码比 Turbo 码的性能好 0.1 ~ 0.4dB。

综上所述，由于 LDPC 码的较低的复杂度、很高的吞吐量、低解码的时延和优越的链路性能，3GPP 最终选择 LDPC 码作为增强移动宽带（eMBB）的数据信道（PDSCH、PUSCH）的编码方案。

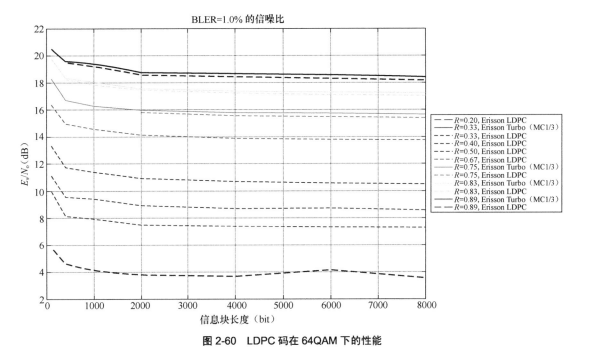

图 2-60　LDPC 码在 64QAM 下的性能

| 2.8　LDPC 码在 3GPP 中的应用 |

目前，LDPC 码已广泛应用到诸多通信系统中，例如，全球微波互联接入（WiMAX）（IEEE 802.16e）、Wi-Fi（IEEE 802.11n）[10]、DVB-S2[12] 等。

在 3GPP 讨论 LTE 方案的早期，LDPC 码也是 4G 信道编码的候选方案[49]。但考虑到实现复杂度，3GPP 最终选择 Turbo 码作为 3G 和 4G 信道编码的方案而没有选择 LDPC 码。经过学术界和工业界的努力研究，LDPC 码最终进入要求严格的 3GPP 5G-NR 标准[13]。见表 2-17，LDPC 码在 3GPP 中是如何应用的[14]。

表 2-17　3GPP 协议中的 LDPC 码

3GPP 协议 [14]	说明

5.2　Code block segmentation and code block CRC attachment
 	
5.2.2　Low density parity check coding
 	
The input bit sequence to the code block segmentation is denoted by $b_0, b_1, b_2, b_3, \cdots, b_{B-1}$, where $B>0$. If B is larger than the maximum code block size K_{cb}, segmentation of the input bit sequence is performed and an additional CRC sequence of $L = 24$ bits is attached to each code block.
 	
For LDPC base graph 1, the maximum code block size is:
 	
　-　　$K_{cb} = 8448$;
 	
For LDPC base graph 2, the maximum code block size is:
 	
　-　　$K_{cb} = 3840$;
 	
Total number of code blocks C is determined by:
 	
if $B \leqslant K_{cb}$
　　　$L = 0$
　　　Number of code blocks: $C = 1$
　　　$B' = B$
else
　　　$L = 24$
　　　Number of code blocks: $C = \lceil B/(K_{cb} - L) \rceil$.
　　　$B' = B + C \cdot L$
end if
 	
The bits output from code block segmentation are denoted by $c_{r0}, c_{r1}, c_{r2}, c_{r3}, \cdots, c_{r(K_r-1)}$, where $0 \leqslant r < C$ is the code block number, and K_r is the number of bits for the code block number r.
 	
Number of bits in each code block:
 	
　　　$K' = B'/C$;
　　　For LDPC base graph 1,
　　　　　$K_b = 22$.
　　　For LDPC base graph 2,
　　　　　if $B > 640$
　　　　　　$K_b = 10$;
　　　　　elseif B>560
　　　　　　$K_b = 9$;
　　　　　elseif $B > 192$
　　　　　　$K_b = 8$;
　　　　　else
　　　　　　$K_b = 6$;
　　　　　end if
　　　find the minimum value of Z in all sets of lifting sizes in Table 5.3.2-1, denoted as Z_c, such that $K_b \cdot Z_c \geqslant K'$, and denote $K = 22Z_c$ for LDPC base graph 1 and $K = 10Z_c$ for LDPC base graph 2;
　　　$s = 0$;
　　　for $r = 0$ to $C - 1$
　　　　for $k = 0$ to $K' - L - 1$
	LDPC 码块分段
	
	分段之后，每段都加上 24 比特的 CRC
	
	对于 BG1，一个码块最大是 8448 bit（而 LTE 的 Turbo 码是 6144 bit）；
	
	对于 BG2，一个码块最大是 3840 bit
	
	码块数量的确定
	
	BG1 的 K_b（内核矩阵的列数）
	
	BG2 的 K_b（内核矩阵的列数）
	
	Z 为提升值

3GPP 协议 [14]	说明

$c_{rk} = b_s$;
 	
$s = s+1$;
end for
if $C > 1$
　　The sequence $c_{r0}, c_{r1}, c_{r2}, c_{r3}, \cdots, c_{r(K'-L-1)}$ is used to calculate the
　　CRC parity bits $p_{r0}, p_{r1}, p_{r2}, \cdots, P_{r(L-1)}$ according to section 5.1
　　with the generator polynomial $g_{CRC24B}(D)$.
　　for $k = K'-L$ to $K'-1$
　　　　$c_{rk} = P_{r(k+L-K')}$;
　　end for
end if
for $k = K'$ to $K-1$　　　　-- Insertion of filler bits
　　$c_{rk} =< NULL >$;
end for
end for
	在信息比特后面添加填充比特

5.3.2　Low density parity check coding

The bit sequence input for a given code block to channel coding is denoted by $c_0, c_1, c_2, c_3, \cdots, c_{K-1}$ where K is the number of bits to encode as defined in Section 5.2.1. After encoding the bits are denoted by $d_0, d_1, d_2, \cdots, d_{N-1}$, where $N = 66Z_c$ for LDPC base graph 1 and $N = 50Z_c$ for LDPC base graph 2, and the value of Z_c is given in Section 5.2.1.

For a code block encoded by LDPC, the following encoding procedure applies:

（1）Find the set index i_{LS} in Table 5.3.2-1 which contains Z_c .

（2）for $k = 2Z_c$ to $K-1$

　　if $c_k \neq< NULL >$

　　　　$d_{k-2Z_c} = c_k$;

　　else

　　　　$c_k = 0$;

　　　　$d_{k-2Z_c} =< NULL >$

　　end if

　end for

（3）Generate $N + 2Z_c - K$ parity bits $w = \left[w_0, w_1, w_2, \cdots, w_{N+2Z_c-K-1} \right]^T$ such that $H \times \begin{bmatrix} c \\ w \end{bmatrix} = 0$, where $c = \left[c_0, c_1, c_2, \cdots, c_{K-1} \right]^T$; $\mathbf{0}$ is a column vector of all elements equal to 0. The encoding is performed in GF(2).

For LDPC base graph 1, a matrix of H_{BG} has 46 rows with row indices i=0,1,2,$\cdots$,45 and 68 columns with column indices j=0,1,2,$\cdots$,67. For LDPC base graph 2, a matrix of H_{BG} has 42 rows with row indices i=0,1,2, $\cdots$,41and 52 columns with column indices j=0,1,2,$\cdots$,51. The elements in H_{BG} with row and column indices given in Table 5.3.2-2 (for LDPC base graph 1) and Table 5.3.2-3 (for LDPC base graph 2) are of value 1, and all other elements in H_{BG} are of value 0.

The matrix H is obtained by replacing each element of H_{BG} with a $Z_c \times Z_c$ matrix, according to the following:

右栏说明：

LDPC 的编码

编码之后的长度为 N（为 Z_c 的倍数）

Z_c 为提升值集合中的最小值

c 为系统比特
w 为校验比特
$H \cdot x = 0$, H 为校验矩阵

基础校验矩阵的设计

续表

3GPP 协议 [14]	说明
① Each element of value 0 in H_{BG} is replaced by an all zero matrix 0 of size $Z_c \times Z_c$;	基础校验矩阵中"0"的含义
② Each element of value 1 in H_{BG} is replaced by a circular permutation matrix $I(P_{i,j})$ of size $Z_c \times Z_c$, where i and j are the row and column indices of the element, and $I(P_{i,j})$ is obtained by circularly shifting the identity matrix I of size $Z_c \times Z_c$ to the right $P_{i,j}$ times. The value of $P_{i,j}$ is given by $P_{i,j} = \mathrm{mod}(V_{i,j}, Z_c)$. The value of $V_{i,j}$ is given by Tables 5.3.2-2 and 5.3.2-3 according to the set index i_{LS} and base graph. （4）for $k = K$ to $N + 2Z_c - 1$ $\quad d_{k-2Z_c} = w_{k-K}$; end for	基础校验矩阵中"1"的含义 准循环 LDPC 码的 H 的构造

Table 5.3.2-1　Sets of LDPC lifting size Z

Set index (i_{LS})	Set of lifting sizes (Z)
0	{2, 4, 8, 16, 32, 64, 128, 256}
⋮	⋮
7	{15, 30, 60, 120, 240}

提升因子（提升值）

Table 5.3.2-2　LDPC base graph 1 (H_{BG}) and its parity check matrices ($V_{i,j}$)

Row index i	Column index j	Set index i_{LS}							
		0	1	2	3	4	5	6	7
0	0	250	307	73	223	211	294	0	135
	⋮	⋮	⋮	⋮	⋮	⋮	⋮	⋮	⋮
	23	0	0	0	0	0	0	0	0
⋮	⋮								
45	1	149	135	101	184	168	82	181	177
	6	151	149	228	121	0	67	45	114
	10	167	15	126	29	144	235	153	93
	67	0	0	0	0	0	0	0	0

BG1 校验矩阵表格

Table 5.3.2-3　LDPC base graph 2 (H_{BG}) and its parity check matrices ($V_{i,j}$)

Row index i	Column index j	Set index i_{LS}							
		0	1	2	3	4	5	6	7
0	0	9	174	0	72	3	156	143	145
	⋮	⋮	⋮	⋮	⋮	⋮	⋮	⋮	⋮
	11	0	0	0	0	0	0	0	0
⋮	⋮	⋮							
41	1	129	147	0	120	48	132	191	53
	⋮	⋮	⋮	⋮	⋮	⋮	⋮	⋮	⋮
	51	0	0	0	0	0	0	0	0

BG2 校验矩阵表格

3GPP 协议 [14]	说明
5.4.2　Rate matching for LDPC code The rate matching for LDPC code is defined per coded block and consists of bit selection and bit interleaving. The input bit sequence to rate matching is $d_0, d_1, d_2, \cdots, d_{N-1}$. The output bit sequence after rate matching is denoted as $f_0, f_1, f_2, \cdots, f_{E-1}$.	速率匹配：每个码块的速率匹配方式都一样
5.4.2.1　Bit selection The bit sequence after encoding $d_0, d_1, d_2, \cdots, d_{N-1}$ from Section 5.3.2 is written into a circular buffer of length N for the r-th coded block, where N is defined in Section 5.3.2. For the r-th code block, let $N_{cb} = N$ if $I_{LBRM} = 0$ and $N_{cb} = \min(N, N_{ref})$ otherwise, where $N_{ref} = \left\lfloor \dfrac{TBS_{LBRM}}{C \cdot R_{LBRM}} \right\rfloor$, $R_{LBRM} = 2/3$, TBS_{LBRM} is determined according to section $X.X$ in [6, TS38.214] assuming the following: ① maximum number of layers supported by the UE for the serving cell; ② maximum modulation order configured for the serving cell; ③ maximum coding rate of 948/1024; ④ $\overline{N'}_{RE} = 156$; ⑤ $n_{PRB} = n_{PRB,LBRM}$ is given by Table 5.4.2.1-1. C is the number of code blocks of the transport block determined according to Section 5.2.2.	使用循环缓冲区来做速率匹配 最大码率为 0.9258

Table 5.4.2.1-1　Value of $n_{PRB,LBRM}$

Maximum number of *PRBs* across all configured *BWPs* of a carrier	$n_{PRB,LBRM}$
Less than 33	32
33 to 66	66
67 to 107	107
108 to 135	135
136 to 162	162
163 to 217	217
Larger than 217	273

Denoting by E_r the rate matching output sequence length for the r-th coded block, where the value of E_r is determined as follows:

　　　　Set $j = 0$
　　　　for $r = 0$ to $C - 1$
　　　　　　　　if the r-th coded block is not for transmission as indicated by CBGTI according to Section $X.X$ in [6, TS38.214]
　　　　$E_r = 0$;
　　　else
　　　　if $j \leqslant C' - \mathrm{mod}\big(G/(N_L \cdot Q_m), C'\big) - 1$

续表

3GPP 协议[14]	说明

$$E_r = N_L \cdot Q_m \cdot \left\lfloor \frac{G}{N_L \cdot Q_m \cdot C'} \right\rfloor;$$
 	
 else
 	
 $$E_r = N_L \cdot Q_m \cdot \left\lceil \frac{G}{N_L \cdot Q_m \cdot C'} \right\rceil;$$
 	
     end if
     $j = j + 1;$
    end if
   end for
 where
 ① N_L is the number of transmission layers that the transport block is mapped onto;
 ② Q_m is the modulation order;
 ③ G is the total number of coded bits available for transmission of the transport block;
 ④ $C' = C$ if CBGTI is not present in the DCI scheduling the transport block and C' is the number of scheduled code blocks of the transport block if CBGTI is present in the DCI scheduling the transport block.
 Denote by rv_{id} the redundancy version number for this transmission (rv_{id}= 0, 1, 2 or 3), the rate matching output bit sequence e_k, $k = 0,1,2,\cdots,E-1$, is generated as follows, where k_0 is given by Table 5.4.2.1-2 according to the value of rv_{id}:
     $k = 0;$
     $j = 0;$
 while $k < E$
     if $d_{(k_0+j) \bmod N_{cb}} \neq <NULL>$
       $e_k = d_{(k_0+j) \bmod N_{cb}};$
       $k = k + 1;$
    end if
     $j = j + 1;$
 end while
	定义了 4 个 RV 版本
	
	 mod 操作表示取数据取到尾部之后，需要重新绕回到头部去取

Table 5.4.2.1-2　Starting position of different redundancy versions, k_0

rv_{id}	k_0		
	Base graph 1	Base graph 2	
0	0	0	
1	$\left\lfloor \dfrac{17N_{cb}}{66Z_c} \right\rfloor Z_c$	$\left\lfloor \dfrac{13N_{cb}}{50Z_c} \right\rfloor Z_c$	HARQ：根据不同的 RV 版本从不同的起始位置来选择待发射的比特
2	$\left\lfloor \dfrac{33N_{cb}}{66Z_c} \right\rfloor Z_c$	$\left\lfloor \dfrac{25N_{cb}}{50Z_c} \right\rfloor Z_c$	
3	$\left\lfloor \dfrac{56N_{cb}}{66Z_c} \right\rfloor Z_c$	$\left\lfloor \dfrac{43N_{cb}}{50Z_c} \right\rfloor Z_c$	

3GPP 协议 [14]	说明
5.4.2.2 Bit interleaving The bit sequence $e_0, e_1, e_2, \cdots, e_{E-1}$ is interleaved to bit sequence $f_0, f_1, f_2, \cdots, f_{E-1}$, according to the following, where the value of Q is given by Table 5.4.2.2-1. 　for $j=0$ to $E/Q-1$ 　　for $i=0$ to $Q-1$ 　　　$f_{i+jQ} = e_{i\cdot E/Q+j}$ 　　end for 　end for	比特交织 每 E/Q 个比特取一个比特，然后连续放置这些比特。例如，假设 16QAM 调制下有 20 个比特，输入顺序是 0、1、2、3、4 …18、19，那么输出顺序是 0、5、10、15、1、6、11、16、2、7、12、17、3、8、13、18、4、9、14、19。 交织之后，进行调制、影射到符号

Table 5.4.2.2-1　Modulation and number of coded bits per QAM symbol

Modulation	Q
$\pi/2$-BPSK, BPSK	1
QPSK	2
16QAM	4
64QAM	6
256QAM	8

3GPP 协议 [14]	说明
6.2　Uplink shared channel **6.2.2　LDPC base graph selection** For initial transmission of a transport block with coding rate R indicated by the MCS according to Section $X.X$ in [6, TS38.214] and subsequent re-transmission of the same transport block, each code block of the transport block is encoded with either LDPC base graph 1 or 2 according to the following: ① if $A \leqslant 292$, or if $A \leqslant 3824$ and $R \leqslant 0.67$, or if $R \leqslant 0.25$, LDPC base graph 2 is used; ② otherwise, LDPC base graph 1 is used, where A is the payload size as described in Section 6.2.1.	PUSCH 的 BG 选择 BG2 用于小码块、中低码率；BG1 用于大码块、高码率；可参阅第 2.5.3 节
7.2　Downlink shared channel and paging channel **7.2.1　Transport block CRC attachment** Error detection is provided on each transport block through a Cyclic Redundancy Check (CRC). The entire transport block is used to calculate the CRC parity bits. Denote the bits in a transport block delivered to layer 1 by $a_0, a_1, a_2, a_3, \cdots, a_{A-1}$, and the parity bits by $p_0, p_1, p_2, p_3, \cdots, p_{L-1}$, where A is the payload size and L is the number of parity bits. The lowest order information bit a_0 is mapped to the most significant bit of the transport block as defined in Section x.x of [TS38.321]. The parity bits are computed and attached to the DL-SCH transport block according to section 5.1, by setting L to 24 bits and using the generator polynomial $g_{CRC24A}(D)$ if $A > 3824$; and by setting L to 16 bits and using the generator polynomial $g_{CRC16}(D)$ otherwise. The bits after CRC attachment are denoted by $b_0, b_1, b_2, b_3, \cdots, b_{B-1}$, where $B = A + L$.	PDSCH 的 CRC 添加 大于 3824 bit 时，使用 24 bit 的 CRC。小于等于 3824 bit 时，使用 16 bit 的 CRC

续表

3GPP 协议 [14]	说明

7.2.2 LDPC base graph selection
For initial transmission of a transport block with coding rate *R* indicated by the MCS according to Section *X.X* in [6, TS38.214] and subsequent re-transmission of the same transport block, each code block of the transport block is encoded with either LDPC base graph 1 or 2 according to the following:
  ① if *A* ≤ 292, or if *A* ≤ 3824 and *R* ≤ 0.67, or if *R* ≤ 0.25, LDPC base graph 2 is used;
  ② otherwise, LDPC base graph 1 is used,
where *A* is the payload size in section 7.2.1.
	PDSCH 的 BG 选择与 PUSCH 一样
	
	BG2 用于小码块、中低码率；BG1 用于大码块、高码率；可参阅第 2.5.3 节

|2.9　未来发展|

将来，LDPC 码将进一步发展。作者认为，其可能的方向如下。

（1）对短码更好的支持（优化出新的 BG3、BG4）。在物联网（IoT）和机器类通信（MTC）中，常常需要发送小的数据块，而 IoT 和 MTC 又需要十分节能，不能消耗过多的电量，这就需要性能好的基础矩阵。

（2）多边 LDPC 码[23] 具有更低的误码平台，这有利于对误码严格要求的业务（URLLC）。

（3）类似于 Turbo 码的并行级联 Gallager 码（PCGC，Turbo 码的内部编码器是 LDPC 码）[50]。目前，PCGC 在码率 *R* = 0.3367 时，离香农限约 0.4 dB[50]。

（4）使用阶梯码（Staircase Code）[51] 形式的 LDPC 码[52]。阶梯码的好处是，可以做到很低的误码平台。

|2.10　小结|

这一章主要描述了 LDPC 码的产生和发展、基本原理、准循环 LDPC 码、QC-LDPC 译码结构、LDPC 码在 5G-NR 标准中的进展、复杂度、吞吐量、链路性能以及 LDPC 码在 3GPP 中的应用、未来发展等。总的来说，LDPC 码的性能非常优越、复杂度较低、吞吐量高，可以进行并行解码，解码时延小。当然，LDPC 码也具有构造复杂、不适合短码等缺点。相信随着编码研究人员的深入研究，LDPC 将有更为广泛的应用。

| 参考文献 |

[1] R. G. Gallager. Low-density parity-check codes, IRE Trans. Inform. Theory, vol. 8, Jan. 1962, pp. 21‐28.

[2] R. G. Gallager. Low_Density Parity-Check Codes, MIT, 1963.

[3] C. E. Shannon. A mathematical theory of communication, Bell System Tech. J., vol. 27, Issue 3, July. 1948, pp. 379‐423.

[4] R. W. Hamming. Error detecting and Error correcting codes, Bell System Technology Journar. Volume 29, Issue 2, April 1950, pp. 147‐160.

[5] Eugene Prange. Cyclic Error-Correcting Codes in Two Symbols, AFCRC-TN-57, Air Force Cambridge Researh Center, 1957.9.

[6] R. M. Tanner. A recursive approach to low complexity codes, IEEE Transactions on Information Theory, 27 (5), 1981.9, pp. 533-547.

[7] C.Berrou. Near Shannon Limit Error-Correcting Coding and Decoding: Turbo Codes, Proc. IEEE Intl. Conf. Communication (ICC 93), May 1993, pp. 1064 ‐ 1070.

[8] D.J.C.MacKay. Near Shannon limit performance of low density parity check codes, Electronic Letter, Vol. 3, No. 6, March, 1997, pp. 457 ‐ 458.

[9] IEEE. 802.16e.

[10] IEEE. 802.11a.

[11] S. Y. Chung. On the design of low-density parity-check codes within 0.0045 dB of the Shannon limit, IEEE Communications Letters, vol. 5, num. 2, 2001, pp. 58-60.

[12] ETSI. EN 302 307 V1.3.1 ‐Digital Video Broadcasting (DVB) Second generation framing structure, channel coding and modulation systems for Broadcasting, Interactive Services, News Gathering and other broadband satellite applications (DVB-S2), 2013.03.

[13] 3GPP, Draft_Minutes_report_RAN1#86b_v100, October 2016.

[14] 3GPP, TS38.212 -NR Multiplexing and channel coding (Release 15), http://www.3gpp.org/ftp/Specs/archive/38_series/38.212/.

[15] Shu Lin(美) 著. 晏坚, 译, 差错控制编码（第 2 版）[M], 北京：机械工业出版社, 2007.6.

[16] F.R. Kschischang. Factor graphs and the sum-product algorithm, IEEE Transactions on Information Theory, Volume: 47, Issue:2, Feb 2001, pp. 498 – 519.

[17] A.I.V. Casado. Informed Dynamic Scheduling for Belief-Propagation Decoding of LDPC Codes, ICC '07. IEEE International Conference on Communications, 2007., arXiv:cs/0702111.

[18] Hua Xiao. Graph-based message-passing schedules for decoding LDPC codes, IEEE Transactions on Communications, 2004, 52(12), pp. 2098-2105.

[19] M.G. Luby. Efficient erasure correcting codes, IEEE Transactions on Information Theory, 2001, 47(2), pp. 569-584.

[20] D.J.C. Mackay. Good Error-Correcting Codes based on Very Sparse Matrices, IEEE Transactions on Information Theory, 1999, 45(2), pp. 399-431.

[21] T. J. Richardson. Design of capacity-approaching irregular low-density parity-check codes, IEEE Transactions on Information Theory, vol.47, num.2, pp.619-637.

[22] 3GPP, R1-167532, Discussion on LDPC coding scheme of code structure, granularity and HARQ-IR, MediaTek, RAN1#86, August 2016.

[23] T.J. Richardson. Multi-edge type LDPC codes, submitted IEEE IT, EPFL, LTHC-REPORT-2004-001, 2004.

[24] 3GPP, R1-1610600, Updated Summary of Channel Coding Simulation Data Sharing for eMBB Data Channel, InterDigital, RAN1#86bis, October 2016.

[25] 3GPP, TS36.213 V14.4.0 -E-UTRA Physical layer procedures (Release 14), 2017.09.

[26] 3GPP, Draft Report of 3GPP TSG RAN WG1 #AH_NR3 v0.1.0, September 2017.

[27] 3GPP, R1-1715732, Redundancy Version for HARQ of LDPC Codes,

Ericsson, RAN1 Meeting NR#3, September 2017.

[28] 3GPP, R1-1700384, LDPC HARQ design, Intel, RAN1 Ad hoc, January 2017.

[29] 3GPP, Draft Report of 3GPP TSG RAN WG1 #90 v0.1.0, August 2017.

[30] 3GPP, R1-1715663, On bit level interleaving for LDPC code, ZTE, RAN1 NR Ad-Hoc#3, September 2017.

[31] C.Roth. Area, Throughput, and Energy-Efficiency Trade-offs in the VLSI Implementation of LDPC Decoders, IEEE International Symposium on Circuits & Systems, 2011, 19 (5), pp. 1772-1775.

[32] 3GPP, Draft Report of 3GPP TSG RAN WG1 #90 v0.1.0, August 2017.

[33] 3GPP, R1-1608971, Consideration on Flexibility of LDPC Codes for NR, ZTE, RAN1#86bis, October 2016.

[34] 3GPP, R1-1611111, Consideration on Flexibility of LDPC Codes for NR, ZTE, RAN1#87, November 2016.

[35] 3GPP, R1-1700247, Compact LDPC design for eMBB, ZTE, RAN1#AH_NR Meeting, January 2017.

[36] 3GPP, R1-1715664, On rate matching for LDPC code, ZTE, RAN1#AH3, September 2017.

[37] 3GPP, R1-1715663, On bit level interleaving for LDPC code, ZTE, RAN1#AH3, September 2017.

[38] 3GPP, R1-1713230, On interleaving for LDPC code, ZTE, RAN1#90, August 2017.

[39] Jin Xu, Jun Xu. Structured LDPC Applied in IMT-Advanced System, International Conference on Wireless Communication, 2008, pp. 1-4.

[40] 3GPP, R1-1719525, Remaining details of LDPC coding, ZTE, RAN1#91, November, 2017.

[41] 徐俊. LDPC 码及其在第四代移动通信系统中应用. 南京邮电学院硕士论文, 2003.

[42] IEEE, High girth LDPC coding for OFDMAPHY, ZTE, IEEE C802.16e-05/ 031rl, 2005.1.25.

[43] IEEE, Rate=5/6 LDPC coding for OFDMA PHY, ZTE, IEEE C802.16e-05/126rl, 2005.03.09.

[44] 文红，符初生，周亮. LDPC 码原理与应用 [M]. 北京：电子科技出版社，2006.01.

[45] 3GPP，R1-166372，Performance and implementation comparison for EMBB channel coding, Qualcomm, RAN1#86, August 2016.

[46] 3GPP，R1-1612276，Coding performance for short block eMBB data, Nokia, RAN1 #87, November, 2016.

[47] 3GPP，R1-1714555，Remaining issues for LDPC code design, ZTE, RAN1#90, August 2017.

[48] 3GPP，R1-1610423，Summary of channel coding simulation data sharing, InterDigital, RAN1#86bis, Oct.2016.

[49] 3GPP，TR25.814 – V710 – Physical layer aspects for E-UTRA，2006.9.

[50] 王芳. LDPC 码在未来移动通信系统中的应用研究. 东南大学博士论文，2007.11.08.

[51] B. P. Smith. Staircase Codes: FEC for 100 Gb/s OTN, IEEE/OSA Journal of Lightwave Technology, vol. 30, no. 1, Jan. 2012, pp. 110 – 117.

[52] IETF，Simple Low-Density Parity Check (LDPC) Staircase: Forward Error Correction (FEC) Scheme for FECFRAME, Internet Engineering Task Force, Request for Comments: 6816, Category: Standards Track, ISSN: 2070-1721.

[53] 中兴通讯股份有限公司，LDPC 技术方案，中国 IMT-Advanced 关键技术研究白皮书，2009.10.

[54] IMT-A_STD_LTE+_07061 LDPC coding for PHY of LTE+ air interface.

[55] 3GPP，R1-061019，Structured LDPC coding with rate matching，ZTE, RAN1#44bis, March 2006.

第3章

极 化 码

极化码（Polar Code）是由土耳其 Bilkent 大学的 Erdal Arikan 教授于 2008 年发明的一种信道编码方法[1]。Polar 码是目前唯一的一种能够达到香农极限（Shannon Limit）的编码方法，而其他编码方法都只是接近香农极限。由于编码和解码的复杂度较高，Polar 码在提出以后，并未立即得到广泛的重视。

2011 年，美国加利福尼亚大学圣地亚哥分校（UCSD，University of California at San Diego）的 Alexander Vardy 教授在 Polar 码解码算法上取得了突破性进展[2]，使 Polar 码实用化成为可能。本章的结构如图 3-1 所示。

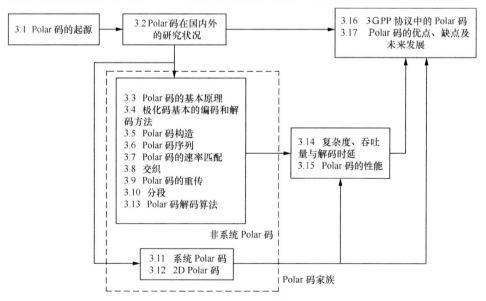

图 3-1　本章内容结构

| 3.1　Polar 码的起源 |

本节主要描述 Polar 码最初是怎么产生的 [3]。据 Erdal Arikan 教授的描述，Polar 码的发明是他多年来在信道编码方面潜心研究的结晶。

在随机编码和最大似然（ML，Maximum Likelihood）条件下，信道截止速率（Cut-off Rate）R_0 决定了相应的码块的错误概率 $P_e = 2^{-N \cdot R_0}$。其中，N 为码块长度。当实际的信道传输速率 R 小于 R_0、使用随机编码和 ML 解码时，信道的平均错误概率 $\overline{P_e} = 2^{-N(R_0-R)}$。Polar 码的最初出发点是为了提升截止速率。

在序列译码（Sequential Decoding）的条件下，R_0 是作为计算上的截止速率，但这对卷积码来说是不可能计算出来的（从本质上来说，R_0 是指香农限下的信道速率。即使用随机编码和最大似然解码时所能达到的信道速率）。Arikan 的早期工作（1985 年的博士论文）研究了多址信道的序列解码 [4]。1985—1988 年，他研究了序列解码下信道截止速率的上边界 [5]。序列解码是一种树状码的路径搜索算法。序列解码最大的问题是，它的计算量（计算复杂度）是一个随机变量。当信噪比很低时，序列解码被认为是不切实际的。使用序列解码来计算得到的信道速率标记为 R_{Comp}。Arikan 的研究证明了实际可实现的信道截止速率 $R_0 \leqslant R_{Comp}$。序列解码实际上是接收机以一定的概率去猜测发射机发射了哪一个编码字。1994—1996 年，他研究了序列解码下猜测的数量和信道截止速率 [5]。

2004—2006 年，Arikan 尝试了使用信道合并与分离来提升信道截止速率的方法 [6]。对一个离散无记忆信道（DMC，Discrete Memoryless Channel）W 分离成的两个相关的子信道 W_1 和 W_2，有 $C(W_1) + C(W_2) \leqslant C(W)$ 同时有 $R_0(W_1) + R_0(W_2) > R_0(W)$。其中，$C(*)$ 为信道容量，$R_0(*)$ 为信道截止速率。即两个子信道的信道容量不超过原来的总信道容量，但通过信道分离使总信道截止速率提高了 [7]。信道分离和信道合并如图 3-2 [6] 和图 3-3 所示。最初，Arikan 引进信道合并与分离的方法是作为内码来工作的（图 3-2 中的 W）。如果没有外码（图 3-2 中的编码器），仅仅有信道合并与分离，能否像 LDPC 或 Turbo 码那样工作？

2009 年，Arikan 给出了肯定的答复，而且性能较 Turbo 更好。这个内码就是 Polar 码。Polar 码是目前唯一被证明的在二进制删除信道（BEC，Binary Erasure Channel）和二进制离散无记忆信道（B-DMC）下能够达到香农极限的编码方法。

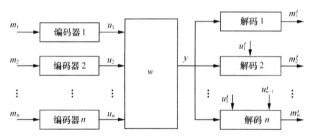

图 3-2　信道分离及串行消去解码示意

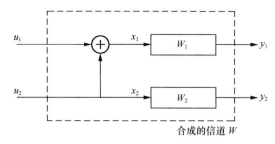

图 3-3　信道合并示意

| 3.2　Polar 码在国内外的研究状况 |

　　由于译码复杂度较高，Polar 码在发表之后并未立即得到广泛关注，但相关的研究一直在进行。2009 年，黎巴嫩的贝鲁特美国大学的 N.Hussami 研究了 Polar 码的性能[8]。他给出了若干提升性能的方法，例如，选择不同的冻结比特，其部分仿真结果如图 3-4 所示。从该图可知，使用 RM 规则（码的汉明距离最大化）来选择子信道可以降低误块率，即提高传输速率。

　　2009 年，日本京都大学的 R.Mori 使用密度演进的方法研究了 Polar 码的性能[9]。2010 年，美国麻州大学（University of Massachusetts）的 A.Eslami 研究了 Polar 码的 BER 性能[10]。在母码长度 $N = 8192$，码率 $R = 1/2$ 条件下的 BER 性能如图 3-5 所示[10]。从该图可以看出，使用其猜测方法之后，在 BER = 10^{-5} 下，可获得 0.2 dB 的增益。

根据不同的子信道选择规则得到的误块率（BLER, Under Different Selection Rule）

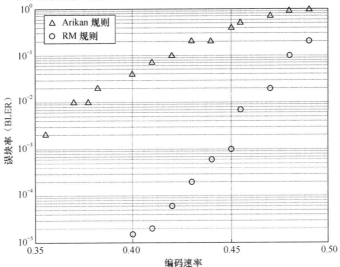

图 3-4 Polar 码的性能（$N = 1024$）

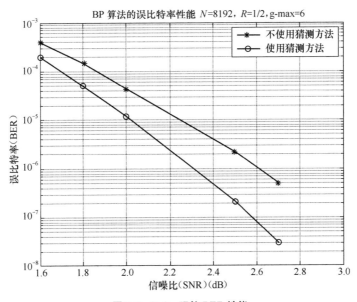

图 3-5 Polar 码的 BER 性能

2010 年，瑞士洛桑联邦理工大学的 E. Şaşoğlu 研究了二进制输入多址信道条件下的 2 用户的 Polar 码[11]。其研究结果表明，2 用户的 Polar 码的计算复

杂度与单用户是一样的，都是 $O\left[n\cdot\log(n)\right]$；2 用户的 Polar 码的 BLER 与单用户也是一样的，都是 $O\left(\mathrm{e}^{-n^{1/2-\varepsilon}}\right)$。

2010—2011 年，美国加州大学圣迭戈分校的 A. Vardy 教授领导的团队研究了 Polar 码的保密容量、列表解码、硬件解码构架等，并在 Polar 码解码算法上取得了突破性进展[2,12-14]。从那以后，更多的高校、研究所、企业开始跟踪和研究 Polar 码。

2012 年，俄罗斯圣彼得堡大学（Univ., St. Petersburg, Russia）的 V. Miloslavskaya 设计了不同于 Arikan 核的变换核[15]。如图 3-6 所示，其 64 × 64 的变换核在 BLER = 1% 时，相对 Arikan 核有 0.5 dB 的增益。

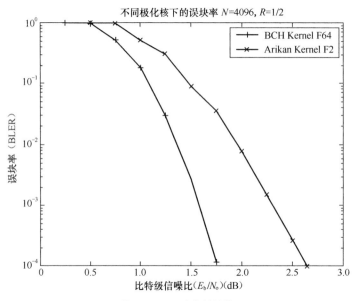

图 3-6　F64 变换核性能

2013 年，美国德州大学的 H. Si 研究了在衰落信道下的分层 Polar 码，其编码方案达到了衰落 DMC 下的性能[16]。2014 年，加拿大 McGill 大学的 P. Giard 研究了在普通 CPU 上实现的 Polar 码软件解码算法[17]，其吞吐率超过了 200 Mbit/s，高于 LTE 的第一个版本 R8 的 Turbo 码解码器在 2 天线时需要处理的峰值吞吐率 150 Mbit/s。这使 Polar 码离商用更近了一步。

2015 年，俄罗斯圣彼得堡理工大学的 V. Miloslavskaya 研究了缩短 Polar 码[18]。其仿真结果（如图 3-7 所示）显示，在信息长度为 432 bit、编码后的长度的 864 bit(如从 N = 1024 的 Polar 码缩短而来) 和 BLER = 1% 时，

Miloslavskaya 的缩短 Polar 码比 LDPC 好 0.4 dB。

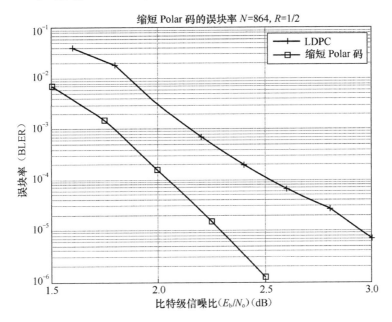

图 3-7　缩短 Polar 码的性能

2016 年 3 月，在瑞典哥德堡举办的 3GPP 第 71 次 RAN 全会上，下一代新的无线接入网（NR、5G、5G-NR）的研究项目的立项通过[19]。在 2016 年 10~11 月，文献 [20 ～ 29] 论证了 Polar 码在短码长、低码率上的性能和实现复杂度优势。因此，在 2016 年 11 月美国 Reno 的 3GPP TSG RAN WG1 #87 会议上，Polar 码被确定为第五代移动通信（5G）的增强移动宽带（eMBB）物理控制信道的编码方案[30]。另外，文献 [31] 提出可提升性能的上行控制信息顺序，该顺序被采纳。2017 年 1 月在美国 Spokane 的 3GPP RAN WG1 #AH1_NR 会议上，不具有比特翻转模块的 Polar 码得以确定在 5G 中使用[32]（从原来的 Polar 码中去除了比特翻转模块）。2017 年 5 月在杭州的 3GPP TSG WG1 #89 会议上，Polar 码进一步应用到物理广播信道（PBCH）的编码上[33]。

在国内，北京邮电大学是最早研究 Polar 码的机构之一[34-35]。牛凯教授的团队研究了 Polar 码的编码和解码算法等。西安电子科技大学李颖教授的团队研究了 Polar 码的高斯近似的码构造方法和解码算法[36-37]。哈尔滨工业大学王学东教授的团队研究了 Polar 码的编码与译码算法[38]。

|3.3　Polar 码的基本原理|

简而言之，Polar 码的基本原理[44]可归结为极化三步曲：信道合并、信道分离和信道极化。其中，信道合并和信道极化在编码时完成；信道分离在解码时完成。

3.3.1　信道

信道编码方案通常针对某种信道而设计，即在某种信道下工作得很好（如信道容量可达），而在其他信道下性能不一定很好。Arikan 在设计 Polar 码时，主要考虑的是二进制离散无记忆信道（B-DMC），如二进制删除信道（BEC）和二进制对称信道（BSC）。考虑如图 3-8 所示的 B-DMC 信道 $W: X \rightarrow Y$。它的输入变量 X 只能取 $\{0, 1\}$ 中的值，输出变量 Y 取任意值。那么，信道的迁移概率为 $P = W(y \mid x)$, $x \in X$, $y \in Y$。

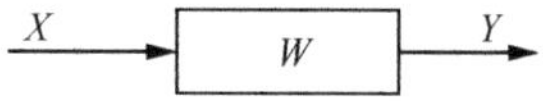

$$X \longrightarrow \boxed{W} \longrightarrow Y$$

图 3-8　信道示意

对于对称信道（如 BEC 和 BSC），当输入在 $\{0, 1\}$ 等概率时，其信道容量定义为输入输出的互信息。

$$C(W) = I(X;Y) = \sum_{y \in Y} \sum_{x \in X} \frac{1}{2} W(y \mid x) \log \frac{W(y \mid x)}{\frac{1}{2} W(y \mid 0) + \frac{1}{2} W(y \mid 1)} \tag{3-1}$$

如果使用以 2 为底的对数（以比特数表示的信道容量），则 $0 \leqslant C(W) \leqslant 1$。当 $C(W) = 1$ 时，称 W 为无噪信道（极好信道）；当 $C(W) = 0$ 时，称 W 为纯噪信道（无用信道）。信道极化的目的就是要把大多数的常规信道转化成这两种极端情况的信道。上述信道容量的计算可能有些复杂，好在可以用下面的巴氏参数（Bhattacharyya Parameter）来考察信道容量的范围。当信道 W 只用来发射单个比特时，巴氏参数是使用最大后验概率（MAP）判决时错误概率的上界。

$$Z(W) = \sum_{y \in Y} \sqrt{W(y \mid 0) W(y \mid 1)} \tag{3-2}$$

有了巴氏参数，就可以确定 B-DMC 信道 W（如 BEC）的信道容量的范围。后面我们主要用信道容量来分析极化码的原理。

$$C(W) \geqslant \log \frac{2}{1+Z(W)} \qquad (3\text{-}3)$$

$$C(W) \leqslant \sqrt{1-Z(W) \cdot Z(W)} \qquad (3\text{-}4)$$

3.3.2　信道合并

考虑如图 3-9 所示的将两个 BEC 信道 W_1 和 W_2 合并成一个信道 W 的例子。其中，"+"为模 2 加。由于 u_1 和 u_2 都取自 {0，1} 且独立同分布。那么，合成信道的容量为

$$C(W) = I(U;Y) \qquad (3\text{-}5)$$

其中，$U = [u_1,\ u_2]$，$Y = [y_1,\ y_2]$。

$$C(W) = I(X;Y) \qquad (3\text{-}6)$$

其中，$X = [x_1,\ x_2]$。

$$\begin{aligned}
C(W) &= I(x_1;y_1) + I(x_2;y_2) = C(W_1) + C(W_2) \\
&= 2 \times C(W_1) = 2 \times C(W_2)
\end{aligned} \qquad (3\text{-}7)$$

也就是说，信道合并保持总的信道容量守恒。类似地，如果有 N 个信道参与信道合并，则

$$C(W) = N \cdot C(W_1) \qquad (3\text{-}8)$$

即，合成信道的总容量是各个子信道的容量之和，容量守恒。

在图 3-9 的两个 BEC 信道 W_1 和 W_2，假设删除概率 $p = 1/2$，那么 W_1 和 W_2 的信道容量都为 $1 - p = 1/2$。但是，u_1 通过合成信道之后，u_1 通过的子信道的信道容量为 $1 - (2 \times p - p \times p) = 1/4$，$u_2$ 通过的子信道的信道容量为 $1 - p \times p = 3/4$。两个子信道加起来的总信道容量为 $1 = 2 \times (1/2)$，总容量保持不变。

从上面的容量数值可知，承载 u_1 的子信道的信道容量低于原来独立的信道 W_1 的信道容量。故称承载 u_1 的子信道为 W^-，即比原信道更差的信道。承载 u_2 的子信道的信道容量高于原来独立的信道 W_2 的信道容量。故称承载 u_2 的子信道为 W^+，即比原信道更好的信道。

对于高斯加性白噪声信道（AWGN），信道总容量依然保持不变，但各个子信道的信道容量没有解析表达式。一般地，可使用式（3-9）[46]来近似，即相对 BEC，差信道好了一点点，好信道差了一点点。

$$C_{\text{AWGN}}^- = C_{\text{BEC}}^2 + \delta \qquad (3\text{-}9)$$

其中，$\delta = \dfrac{|C_{\text{BEC}} - 0.5|}{32} + \dfrac{1}{64}$。

$$C_{\text{AWGN}}^+ = 2C_{\text{BEC}} - C_{\text{BEC}}^2 - \delta \qquad (3\text{-}10)$$

与图 3-9 中的由两个独立的子信道（W_1 和 W_2）合成一个信道 W 类似，也可由 4 个独立的子信道（W_1、W_2、W_3 和 W_4）合成一个更大的信道，或者用图 3-9 所示的合成信道 W 合并成一个更大的信道（即长度为 N 的合成信道可以用长度为 $N/2$ 的合成信道递归地合成），如图 3-10 所示 [44]。应注意，这里面去除了比特反转模块（如果有比特反转模块，则把 u_2 和 u_3 的位置互换一下即可；第一个比特 u_1 和最后一个比特 u_4 的位置保持不变）。

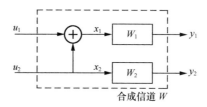

图 3-9　信道合并示意

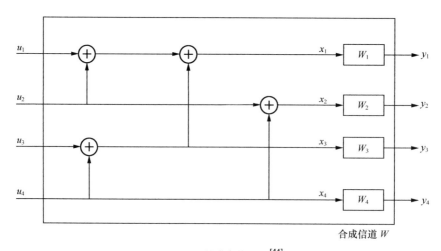

图 3-10　信道合并示意 [44]

图 3-10 所示的 4 个 BEC 信道 W_1、W_2、W_3 和 W_4，假设删除概率 $p =$ 1/2，那么 W_1、W_2、W_3 和 W_4 的信道容量都为 $1 - p = 1/2$，总容量为 $4 \times 1/2 = 2$。但是，u_1 通过合成信道之后，u_1 通过的子信道的信道容量为 $1/16$，u_2 通过的子信道的信道容量为 $7/16$，u_3 通过的子信道的信道容量为 $9/16$，u_4 通过的子信道的信道容量为 $15/16$。4 个子信道加起来的总信道容量为 2，总容量保持不变。

采用类似的方法，可通过两个母码长度为 $N/2$ 的合成信道递归地合并成母码长度为 N 的合成信道，如图 3-11 所示。信道合并之后，总容量保持不变。

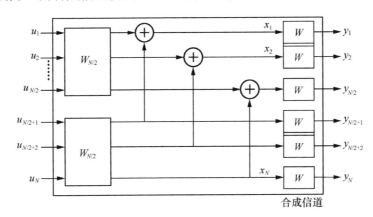

图 3-11　信道合并示意[44]

3.3.3　信道分离

信道分离是把混合有多个输入比特信息的接收信息 $y_1^N = (y_1, y_2, y_3, \cdots, y_N)$ 分解成独立的多个输入比特信息 $u_1^N = (u_1, u_2, u_3, \cdots, u_N)$。考虑如图 3-12 所示的、针对 G2 Polar 码编码而成的信道解码过程。首先，解码器从 $Y^N = Y^2 = (y_1, y_2)$ 分解出第一个子信道 u_1。之后，解码器从 (u_1, y_1, y_2) 分解出第 2 个子信道 u_2，从而完成了 $Y^N \rightarrow U^N$，$N = 2$ 的信道分解过程。

分解之前的总信道是 Y^N，分解之后的各个子信道是 U^N，分解的方法是从 (Y^N, U^{i-1}) 中分解出 U^i，分解出的子信道是 $(Y^N, U^{i-1}) \rightarrow U^i$。信道分离的过程实际上就是串行消去（SC）解码方法。

其中，待分解的信道的容量为 $C(W_{\text{Befor}}) = I(Y^N, U^N) = I(Y^2, U^2)$，$C(W_{\text{Befor}}) = I(Y^2, u_1) + I(u_1; Y^2, u_2) = 2 \cdot C(W)$。总的信道容量保持不变。类似地，可得到母码长度更大的信道分离过程也是容量守恒的。

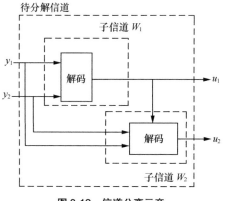

图 3-12　信道分离示意

3.3.4　信道极化

　　信道极化是指随着 Polar 码母码长度 $N = 2^n$ 的增大，子信道（Polar 码输入比特序号）的信道容量会越来越明显地趋向于两个极端：无噪信道（信道容量为 1）和纯噪信道（信道容量为 0）[47]。根据图 3-13 ～ 图 3-15 和表 3-1[34] 可知，假设使用 BEC 信道且删除概率 $p = 1/2$，那么随着 Polar 码母码长度 $N = 2^n$ 的增大，子信道越来越多地趋向于两个极端。当母码长度 $N \geqslant 512$ 时，极化已体现得比较充分了（大于 80% 的子信道得到极化）。利用这个极化现象，我们就可以选择高容量的子信道去传输数据，而把其他的子信道设置为冻结比特（已知比特，如 0）。

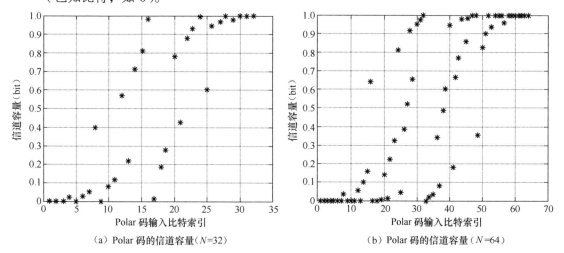

（a）Polar 码的信道容量（N=32）　　　　（b）Polar 码的信道容量（N=64）

图 3-13　母码长度 N = 32、64 下的极化情况

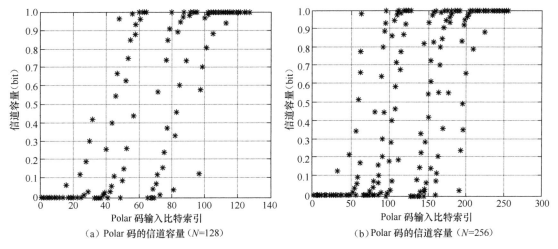

（a）Polar 码的信道容量（N=128）　　　　（b）Polar 码的信道容量（N=256）

图 3-14　母码长度 N = 128、256 下的极化情况

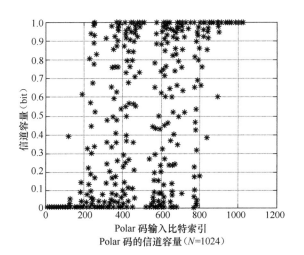

Polar 码输入比特索引
Polar 码的信道容量（N=1024）

图 3-15　母码长度 N = 1024 下的极化情况

表 3-1　不同母码长度下的极化比例（$\delta = 0.05$，无噪信道容量大于 $1 - \delta$，纯噪信道容量小于 δ）

母码长度 N	容量小于 δ 的比例	容量大于 $1-\delta$ 的比例	极化比例（上述 2 项相加）
8	12.5%	12.5%	25%
16	25%	25%	50%
32	25%	25%	50%
64	31%	31%	62%
128	33%	33%	66%
256	36%	36%	72%
512	40%	40%	80%

续表

母码长度 N	容量小于 δ 的比例	容量大于 $1-\delta$ 的比例	极化比例（上述 2 项相加）
1024	41%	41%	82%
2048	42.6%	42.6%	85.2%
4096	44%	44%	88%

| 3.4 极化码基本的编码和解码方法 |

3.4.1 编码简介

Polar 码编码[44]是选择合适的承载数据的子信道（输入比特位置）和放置冻结比特的子信道，然后进行逻辑运算的过程。通常，在选择承载数据的子信道时，应选择信道容量高或者可靠度高的子信道。如图 3-16 所示的 $N = 8$、$R = 1/2$ 的编码，应选择 u_4、u_6、u_7、u_8 来编码。由于要发射的比特数不一定刚好是编码之后的比特数（例如，要发射 12 个比特），那么，在编码完成之后，可能还需要进行比特选择过程（这将在第 3.7 节中讨论）。

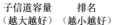
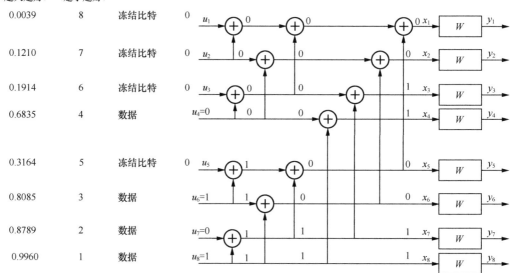

图 3-16 以 $N = 8$、$R = \dfrac{1}{2}$ 为例的编码示意

假设待编码的 4 bit 信息为 $[u_4,u_6,u_7,u_8]=[0,1,0,1]$，而其他的 4 个子信道设置成冻结比特。那么，经过第一级编码之后的比特分别为 $[0, 0, 0, 0, 1, 1, 1, 1]$（从上到下），经过第 2 级编码之后的比特分别为 $[0, 0, 0, 0, 0, 0, 1, 1]$，经过第 3 级编码之后的比特（也是最终的编码比特）分别为 $[x_1, x_2, x_3, \cdots, x_8] = [0, 0, 1, 1, 0, 0, 1, 1]$。

3.4.2　解码简介

考察 Polar 码的编码过程 $\boldsymbol{x} = \boldsymbol{u} \cdot \boldsymbol{G}$ 可知，在等式两边同时右乘 $\boldsymbol{G}^{-1}$ 可得到 $\boldsymbol{u} = \boldsymbol{x} \cdot \boldsymbol{G}^{-1}$。其中，$\boldsymbol{G}^{-1}$ 为 $\boldsymbol{G}$ 的逆矩阵 [二进制，$GF(2)$]。因为 $\boldsymbol{G}^{-1} = \left(\boldsymbol{F}^{\otimes n}\right)^{-1} = \left(\boldsymbol{F}^{-1}\right)^{\otimes n} = \boldsymbol{F}^{\otimes n} = \boldsymbol{G}$，所以，$\boldsymbol{u} = \boldsymbol{x} \cdot \boldsymbol{G}^{-1} = \boldsymbol{x} \cdot \boldsymbol{G}$。其中，$F$ 为 Arikan 核 $\boldsymbol{F} = \begin{bmatrix} 1 & 0 \\ 1 & 1 \end{bmatrix}$。

也就是说，Polar 码的解码与 Polar 码的编码过程完全一样。即对接收到的信息 y 估计成 x，然后对 x 进行 Polar 码编码即可得到原始发送信息 u。操作如下。

Polar 码的解码 [44-45] 通常使用串行消去（SC）解码方法。所谓串行消去法指两个过程：第一步，把比特索引号大的一半（$N/2$ 个数据）当作随机噪声，根据接收到的数据去解码比特索引号小的一半（$N/2$ 个数据）；第二步，把解出来的比特索引号小的一半（$N/2$ 个数据）当作已知比特，根据接收到的数据去解码比特索引号大的一半（$N/2$ 个数据）。

例如，对于图 3-17 ~ 图 3-19 所示的 G4 Polar 码，假设在从比特到符号的 BPSK 映射的规则为 $y = 2x - 1$（比特"0"映射为"-1"，比特"1"映射为"+1"），还假设接收到的数据为 y_1、y_2、y_3、y_4。那么，对这些接收到的数据按式（3-11）转换成对数似然比（LLR），

$$x = \text{LLR}\,(y) = \ln \frac{W(y\,|\,0)}{W(y\,|\,1)} \tag{3-11}$$

其中，$W(y\,|\,0)$ 表示发射端发射的是比特"0"，而接收端收到的是 y 的概率，$W(y\,|\,1)$ 表示发射端发射的是比特"1"，而接收端收到的是 y 的概率，$\ln(*)$ 表示以自然对数的底 e 为底的对数。

在实现上，$W(y\,|\,1)$ 可用式（3-12）来计算。

$$W(y|1) = \frac{1}{1 + e^{-2y/\delta^2}} \tag{3-12}$$

其中，δ^2 为噪声方差（可通过对接收到的数据 y 进行统计得到；或者，简

单地，设置 $\delta^2 = 1$）。

对于 $W(y \mid 0)$，在实现上可用 $W(y \mid 0) = 1 - W(y \mid 1)$ 来计算。另外，还假设 u_1、u_2、u_3 和 u_4 都是有用信息（码率 $R=1$），那么，解码器进行如下操作。

第 1 步：解码器把来自下半部分（x_3 和 x_4）的信息当作噪声，根据上半部分（x_1 和 x_2）计算出临时变量 t_1 和 t_2。在这里面，"当作噪声"的含义是从编码（或数据发射）的角度看，有

$$x_1 = t_1 + n_1$$
$$x_2 = t_2 + n_2 \qquad (3-13)$$

其中，t_1 和 t_2 为有用数据，n_1 和 n_2 为噪声。那么，在解码时，为了消除噪声的影响，需要做下列操作

$$t_1 = x_1 - n_1$$
$$t_2 = x_2 - n_2 \qquad (3-14)$$

在这里面，"$-$"操作不是简单的减法，而是 f 运算（即"$\boxplus$"运算；盒子加，Box-plus），如下。

$$t_1 = x_1 - n_1 = f(x_1, n_1) = x_1 \boxplus n_1 = \ln \frac{1 + \mathrm{e}^{x_1 + n_1}}{\mathrm{e}^{x_1} + \mathrm{e}^{n_1}} \qquad (3-15)$$

第 2 步：解码器把下半部分（即临时变量 t_2）看成噪声，去解出 u_1。

第 3 步：把上半部分（即 u_1）当作已知比特，去解出 u_2。此处我们应根据 u_1 的取值（0 或 1）来对临时变量进行 t_1 和 t_2 操作，然后再译出 u_2。

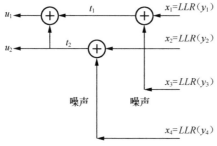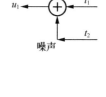

第 1 步：把下半部分（x_3 和 x_4）　　　　　第 2 步：把下半部分（t_2）
看成噪声，去计算出 t_1 和 t_2　　　　　　　看成噪声，去解出 u_1

图 3-17　以 $N=4$ 解码过程示意（第 1 步和第 2 步）

第 4 步：计算出另一组临时变量 $s_1 = u_1 + u_2$（这里是指模 2 加 "$\oplus$"）和 $s_2 = u_2$。

第 5 步：把上半部分（临时变量 s_1 和 s_2）当作已知比特，去计算出又一组

临时变量 t_3 和 t_4。

第 6 步：与第 2 步类似，把下半部分（临时变量 t_4）看成噪声，去解出 u_3。

第 7 步：与第 3 步类似，把上半部分（u_3）当作已知比特，去解出 u_4。

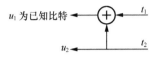 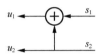

第 3 步：把上半部分（u_1）　　　　　　　第 4 步：计算出 $s_1=u_1+u_2$ 和 $s_2=u_2$
当作已知比特，去解出 u_2

图 3-18　以 $N=4$ 解码过程示意（第 3 步和第 4 步）

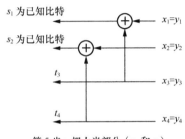

第 6 步：把下半部分（t_4）
看成噪声，去解出 u_3

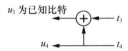

第 5 步：把上半部分（s_1 和 s_2）　　　第 7 步：把上半部分（u_3）
当作已知比特，去计算出 t_3 和 t_4　　　当作已知比特，去解出 u_4

图 3-19　以 $N=4$ 解码过程示意（第 5 ～ 7 步）

例如，假设接收到的数据为 $y_1 = -1.61$、$y_2 = -0.06$、$y_3 = -1.89$、$y_4 = 1.69$，因为 $x = LLR(y)$，所以 $x_1 = 3.22$、$x_2 = 0.12$、$x_3 = 3.78$、$x_4 = -3.38$。

第 1 步：解码器把来自下半部分（x_3 和 x_4）的信息当作噪声，根据上半部分（x_1 和 x_2）计算出临时变量 t_1 和 t_2。那么，$t_1 = f(x_1, x_3) = x_1 \boxplus x_3 = 2.77$，$t_2 = f(x_2, x_4) = x_2 \boxplus x_4 = -0.11$。

第 2 步：解码器把下半部分（临时变量 t_2）看成噪声，去解出 u_1。那么，$z_1 = f(t_1, t_2) = t_1 \boxplus t_2 = -0.09$。对 z_1 进行式（3-16）所示的判决（如果是冻结比特，则无须判决，直接置成冻结比特的值），得到 $u_1 = 1$（这一比特解码错误；从仿真程序来看，SNR $= 0$ dB，下同；考虑到码长 $N = 4$ 不够大，极化现象不明显，而且码率 $R = 1$，有错误是正常的）。

$$u_i = \begin{cases} 0, & \text{如果} LLR_i \geqslant 0 \\ 1, & \text{其他} \end{cases} \qquad (3\text{-}16)$$

第 3 步：把上半部分（u_1）当作已知比特，去解出 u_2。其中，应根据 u_1 的

取值（0 或 1）来对临时变量 t_1 和 t_2 进行操作，然后再译出 u_2。根据 Polar 码的编码规则，如果 $u_1 = 0$，则在编码之后有 $t_1 = t_2$，那么在对 u_2 进行解码时，有 $z_2 = t_1 + t_2$，对 z_2 进行（硬）判决，得到 u_2；如果 $u_1 = 1$，则在编码之后有 $t_1 = 1 - t_2$（经 BPSK 映射后有 $t_1 + t_2 = 0$），那么在对 u_2 进行解码时，有 $z_2 = t_2 - t_1$，对 z_2 进行判决，得到 u_2。综合起来有 $z_2 = t_2 + (1 - 2 \times u_1) \times t_1$（称为 g 操作）。根据上面的 u_1、t_1 和 t_2 的值，得到 $z_2 = -0.11 + (1 - 2 \times 1) \times 2.77 = -2.88$。对 z_2 进行判决，得到 $u_2 = 1$（这一比特解码正确）。

第 4 步：计算出另一组临时变量 $s_1 = u_1 + u_2$ 和 $s_2 = u_2$。根据上面第 2 ～ 第 3 步的结果，得到 $s_1 = 0$ 和 $s_2 = 1$。

第 5 步：把上半部分（临时变量 s_1 和 s_2）当作已知比特，去计算出又一组临时变量 t_3 和 t_4。类似于第 3 步，有 $t_3 = x_3 + (1 - 2 \times s_1) - x_1 = 3.78 + (1 - 2 \times 0) \times 3.22 = 7.00$，$t_4 = x_4 + (1 - 2 \times s_2) \times x_2 = -3.38 + (1 - 2 \times 1) \times 0.12 = -3.50$。

第 6 步：与第 2 步类似，把下半部分（临时变量 t_4）看成噪声，去解出 u_3。那么，$z_3 = f(t_3, t_4) = t_3 \boxplus t_4 = -3.47$。对 z_3 进行判决，得到 $u_3 = 1$（这一比特解码错误）。

第 7 步：与第 3 步类似，把上半部分（u_3）当作已知比特，去解出 u_4。那么，$z_4 = t_4 + (1 - 2 \times u_3) \times t_3 = -3.50 + (1 - 2 \times 1) \times 7.00 = -10.50$。对 z_4 进行判决，得到 $u_4 = 1$（这一比特解码正确）。

因为上述解码方法是串行进行的（先解 u_1，然后解 u_2，再然后解 u_3，最后解 u_4），并且在解码后面的比特（如 u_2）的时候，充分考虑了前面比特（u_1）的影响，从而逐步消除了前面比特（u_1）的影响，故称之为串行消去算法。

当母码长度更大时，需要多次执行上面的这些步骤。更详细的解码算法在第 3.13 节中讨论。

| 3.5　Polar 码构造 |

Polar 码构造是指为使 Polar 码良好工作而设计的框架。广义来说，它包括错误检测、编码矩阵生成、序列、速率匹配、交织（编码前的交织和编码后的交织；前交织只用于 5G-NR 下行方向，上行没有前交织；后交织只作用到 5G-NR 上行方向，下行没有后交织；另外，速率匹配里面还有一个子块交织，针对 NR-PBCH 信道还有一个反交织等）。这一小节描述错误检测、前交织和编码矩阵生成，接下来的 3 个小节描述剩余内容，如图 3-20 所示。其中，编码环节已在第 3.4.1 节中描述过，这里就不再描述了。

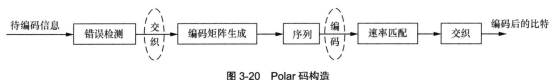

图 3-20 Polar 码构造

3.5.1 错误检测

1. CRC 辅助的 Polar 码（CA-Polar）

循环冗余校验（CRC）辅助编码是通信系统中常用的技术。其目的是用来检测一个码块是否成功解码。相对于 CRC 在 Turbo 码和 LDPC 码中的作用，CRC 和下面描述的奇偶校验（PC）在 Polar 码中起着非常重要的作用。其主要原因是，CRC 在串行消去列表（SCL，SC-L）解码时，可以修剪掉与 CRC 不符合的路径。如图 3-25 所示，假设列表深度为 $L = 2$，假设左边的路径 [0，0，1，1] 不能通过 CRC 检测，而右边的路径 [1，0，0，0] 能通过 CRC 检测，则修剪掉左边的路径，保留右边的路径。

由于 CRC 会引入开销。特别地，对于用于控制信道或控制信息编码的 Polar 码，由于控制信道或控制信息的码长较小，开销会显得明显一些。因此，在选择 CRC 长度和 PC 比特数时，需要小心地选取。

另外，也可把 CRC 看作是 Polar 码的外码（即使这个码并不像 RS 码那样真正地解码）。

编码时，CRC 计算结果一般被添加到原始信息块后面。由于 CRC 相对原始信息是一种开销，因此，这种开销应尽可能减小。为了减少虚警，CRC 长度又要大一些。另外，在使用 SCL 解码算法时，列表深度（L）等价为增加了虚警 [相当于 $\log_2(L)$bit]。

在 LTE 的下行控制信道（PDCCH）中，CRC 为 16 bit。在 5G-NR 下行控制信道（NR-PDCCH）中，目前的工作假定是：CRC 为 24 bit[48]，其生成多项式是 $gCRC_{24}(D) = (D^{24} + D^{23} + D^{21} + D^{20} + D^{17} + D^{15} + D^{13} + D^{12} + D^8 + D^4 + D^2 + D + 1)$。为了防止不同的（承载在 NR-PDCCH 上的)DCI 长度模糊问题，在对 CRC 移位寄存器初始化时，CRC 移位寄存器应初始化成全 "1"[49]。考虑到 CRC 的实现有左进形式和右进形式，而这两种形式在 CRC 移位寄存器应初始化成全 "1" 时产生的 CRC 结果不同，因此，需要进一步限制其实现方式，或做其他设置（在 TS38.212-v01 协议中，CRC 移位寄存器应初始化成员 "0"；同时，在原始信息的最前面添加 L=24 个 "1"，然后再计算 CRC）。

在 5G-NR 上行控制信息（UCI）的编码中，1 bit 的 UCI 使用重复编码，2 bit 的 UCI 使用简单编码（类似于校验码，2 bit 影射成多个比特，如 2 bit 的 C_0 和 C_1 变成 3 bit 的 C_0、C_1 和 C_2，其中，$C_2 = C_1 + C_0$），3 ~ 11 bit 的 UCI 使用 RM 编码（不带 CRC[49]），大于或等于 12 bit 的 UCI 使用 Polar 码编码（最大的 UCI 长度至少是 2048×5/6 = 1706 bit[49]）。根据文献 [33] 和文献 [49]，12 ~ 19 bit 的 UCI 使用 6 bit 的 CRC（其生成多项式是 $g(D) = D^6 + D^5 + 1$），大于或等于 20 bit 的 UCI 使用 11 bit 的 CRC（其生成多项式是 $g(D) = D^{11} + D^{10} + D^9 + D^5 + 1$）。如果 UCI 有 6 bit 的 CRC（对于 12 ~ 19 bit 的 UCI），则会使用 CA-PC-Polar 码来编码；如果 UCI 有 11 bit 的 CRC（对于大于或等于 20 bit 的 UCI），则会使用 CA-Polar 码来编码。

由图 3-21 的仿真结果 [34] 可知，引入 CRC 之后，当 BLER = 1% 时，Polar 码的性能提升 0.7 dB。文献 [38] 的仿真结果显示，当使用 24 bit 的 CRC、母码长度 $N = 1024$、$R = 1/2$ 码率、列表深度 $L = 8$、BLER = 1% 时，Polar 码有 0.3 dB 左右的性能增益。

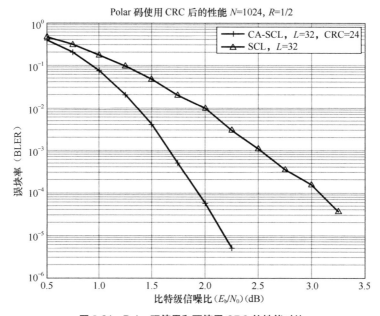

图 3-21　Polar 码使用和不使用 CRC 的性能对比

2. 奇偶校验的 Polar 码（PC-Polar）与 CA-PC-Polar

奇偶校验（PC，Parity Check）也可以检测 Polar 码解码是否成功。PC 可以看成是 CRC 的退化形式。使用 PC 的好处是，解码器可以用它来进行路径修剪和早期终止。在 Polar 码的不同编码阶段（对于母码长度为 $N = 2^n$ 的

Polar 码，共有 n 级的编码，即 n 个阶段），可分别计算 PC 比特。下面，以母码长度为 $N = 2^3 = 8$、待编码的原始信息为 3 bit 为例来描述如何构造 PC-Polar 码，如图 3-22 所示。

第 1 步，选出两个承载 PC 比特的位置（u_5、u_8）。选取的基本原则是要便于操作（例如，便于插入第二级 PC 比特）；第 2 步，选出 3 个承载信息比特的位置（u_4、u_6、u_7）。选取的基本原则是子信道可靠度要高；第 3 步，计算第一级 PC 比特（如图 3-22 的左上角；3GPP 使用移位寄存器来产生 PC 比特[49,52]）；第 4 步，设置 $u_1 = u_2 = u_3 = u_8 = 0$、$u_5$ 为第一级 PC 比特，计算临时的编码结果 t_1、t_2、t_3、t_4、t_5、t_6、t_7；第 5 步，计算第二级 PC 比特（图 3-22 的左下角）；第 6 步，设置 u_8 为第二级 PC 比特，计算 $x_1 \sim x_8$。至此，完成了 PC-Polar 码的构造。关于 PC-Polar 码的更多信息可参阅文献 [50-52]。

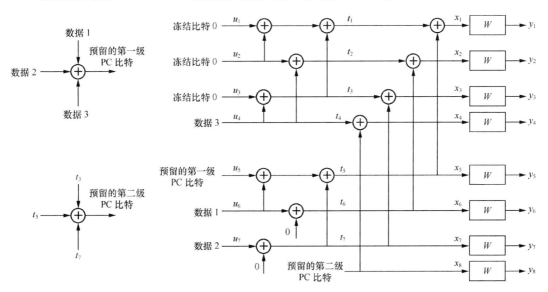

图 3-22　PC-Polar 码构造示意

PC-Polar 码的解码如图 3-23 所示。仍以上面的 PC-Polar 码为例，在解码时，如果已解出了 t_3、t_5、t_7 和第二级 PC 比特，那么，对 t_3、t_5、t_7 进行模 2 加，并与第二级 PC 比特比较，如果不同，则更换不同的解码路径（剪枝）或者直接终止这次解码；如果相同，则认为 t_3、t_5、t_7 解码成功并进行后续的解码过程；此处，假设 $t_3 + t_5 + t_7 = PC2$，那么解码算法会修剪掉右边的路径，而保留左边的路径。之后继续解码 u_4、u_5、u_6、u_7。接下来，对 u_4、u_6、u_7 进行模 2 加，并与 u_5 比较（u_5 为 PC1 比特），如果不同，则更换不同的解码路径或者认为这次解码失败；如果相同，则认为这次解码成功。在这里面，因为 $u_4 + u_6 + u_7 =$

u_5，故认为这次解码成功。

结合上面的分析和对 CA-Polar 码的描述，可知，CA-Polar 码只有在全部数据解码出来之后才能知道数据是否有错。而 PC-Polar 码可利用不同级别的 PC 比特来预先知道数据是否有错。

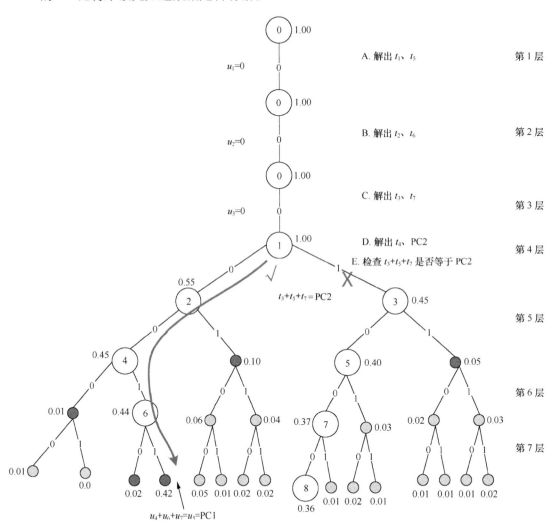

图 3-23　PC-Polar 码解码示意

把 CRC、PC 与 Polar 码结合起来则成为 CA-PC-Polar。即待编码的原始信息先添加 CRC，然后进行 Polar 码编码，并在不同编码阶段添加 PC 比特。解码过程与上述 PC-Polar 码类似，只是在最后面需要进行 CRC 校验。如果CRC 校验成功则认为这次解码成功，否则认为这次解码失败。

3. 分布式 CRC 辅助的 Polar 码（Dist-CA-Polar）与前交织

在前面所述的 CA-Polar 码中，CRC 比特是连续放置且放在原始信息块后面的。与此相对应，CRC 比特也可以分散地插入到原始信息块中间。这就是 Dist-CA-Polar[53,54] 码。注意到，CA-PC-Polar 的 PC 比特也是离散的，但与 Dist-CA-Polar 的区别在于，前者的 PC 比特需要多次计算、多分级来放置，而后者的离散 CRC 比特的位置与 Polar 的构造无关。更进一步，把原始信息块和 CRC 比特都打散来放置，这就是 Polar 码编码前的交织过程，称为前交织（因为 Polar 码编码后还有一次交织）。前交织的交织图样可参阅文献 [54]。因为前交织会打散 NR-PBCH 中连续放置的信息，故，针对 NR-PBCH 信道还有一个反交织（预交织）。这个反交织过程使得 NR-PBCH 中连续放置的信息，在经过前交织之后，其信息仍然是连续放置的。反交织的交织图样可参阅文献 [112] 的 Table 7.1.1-1 Dist-CA-Polar 码构造如图 3-24 所示。

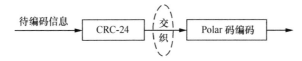

图 3-24　Dist- CA-Polar 码构造（前交织）示意

分布式 CRC（D-CRC）在解码时可用来"剪枝"，如图 3-25 所示[34]。应注意，如果不是分布式 CRC，则 CRC 不能用作"剪枝"，只能在 Polar 码译码结束后进行列表选择。

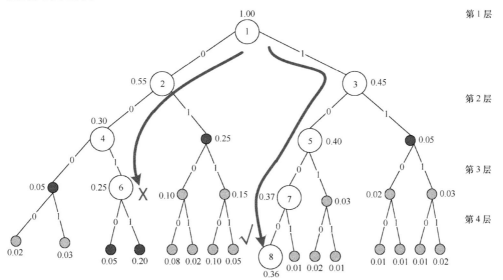

图 3-25　用 CRC 修剪掉不符合 CRC 检测结果的路径示意

3GPP 在讨论分布式 CRC 过程中 [48]，讨论了若干原则和方法，主要如下。

• CRC 生成矩阵 **G** 可以做行交换和列交换，这样就可形成一个上三角矩阵 **G'**。如式（3-17）所示。

$$\begin{pmatrix} 1\cdots0 & g_{0,0}\cdots & g_{0,K-2} \\ \vdots \; \vdots \; \vdots & & \\ 1\cdots0 & g_{n-2,0}\cdots & g_{n-2,K-2} \end{pmatrix} \rightarrow G' = \begin{pmatrix} g_{0,0} & g_{0,2} & \cdots & g_{0,K-1} \\ g_{1,0} & g_{1,2} & \cdots & g_{1,K-1} \\ \vdots & \vdots & \cdots & \vdots \\ g_{d(0),0} & \vdots & & \vdots \\ 0 & g_{d(1),0} & & \vdots \\ 0 & 0 & \cdots & \vdots \\ \vdots & \vdots & \cdots & \vdots \\ 0 & 0 & \cdots & g_{d(K-1),K-1} \end{pmatrix} \quad (3\text{-}17)$$

• 部分 CRC 比特可以放在前面。当有一些比特解码出来之后，通过验证 CRC 结果而可以做早期解码终止。而早期终止对下行控制信道是非常有利的（因为下行控制信道有多种格式和多种聚合度，需要多次盲检）。

• 尽可能使虚警率（FAR）低。这需要仔细选择 CRC 比特的放置位置。需要结合一定的分析和大量的仿真。

• 使用一个交织器来实现分布式 CRC 就足够了。理论上讲，交织器的优化需要针对不同的码长和码率，但从实际工程和标准协议复杂度角度考虑，比较可行的方式还是简化交织器的数量，保证在一定的码长范围内，在一定的码率范围，性能基本得到保障。下行物理控制信道（PDCCH）的信息承载（Payload）一般不超过 140 bit，加上 24 bit 的 CRC 之后，总长度不超过 164 bit。用一个 224 bit 长的交织图样就够了。可通过行交换和列交换来实现交织功能。具体的交织矩阵可参考文献 [112] 的表格 Table 5.3.1.1-1。

NR-PDCCH 和 NR-PBCH 使用 CA-Polar 码来编码且是分布式的 CRC。

4. 散列 Polar 码

散列 Polar 码（Hash-Polar）[55] 的操作如图 3-26 所示，首先对原始信息块添加 CRC；之后分割成包含一定比特（如 32 bit）的若干码块；然后，将各个码块转换成整数；再对各个整数按顺序进行散列运算（Hash）；最后，把原始信息块、CRC 和（比特形式的）散列值送到 Polar 码编码器。Hash-Polar 码相当于在 CA-Polar 码之外再增加一个 CRC，也可以算作是一种 Dist- CA-Polar 码。

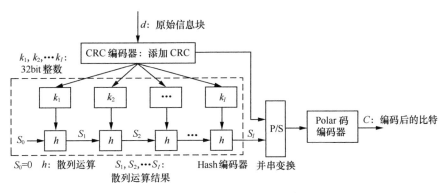

图 3-26　Hash-Polar 码构造示意

3.5.2　编码矩阵生成

Polar 码的编码矩阵是指在进行 Polar 码编码时用来计算编码字的矩阵（$x=u\cdot G$ 中的 G）。编码矩阵通常是事先存储好而不需要动态改变。一个母码长度为 $N=2^n$ 的 Polar 码，其编码矩阵可由 Arikan 核 $F=\begin{bmatrix}1&0\\1&1\end{bmatrix}$ 计算出来

$G_N=F^{\otimes n}$。其中，$\otimes$ 表示 Kronecker 幂（张量积）。例如，$G_2=F=\begin{bmatrix}1&0\\1&1\end{bmatrix}$，

$$G_4=F^{\otimes 2}=F\otimes F=\begin{bmatrix}1&0&0&0\\1&1&0&0\\1&0&1&0\\1&1&1&1\end{bmatrix}。$$

在目前的 5G-NR 中，为减少解码复杂度和时延，限制了最大的 N 值。下行方向最大的 N 值为 512，上行方向最大的 N 值为 1024。考虑到最小编码速率 $R_{min}=1/8$ 和最小的下行控制信息（DCI）的大小至少为 24 bit（至少要包含 CRC），则下行可用的 N 值一般是 32、64、128、256 和 512。上行控制信息（UCI）的大小至少为 12 bit（加了 6 bit 的 CRC 之后，则至少为 18 bit；这时候才能用 Polar 码）和 $R_{min}=1/8$，则上行可用的 N 值一般是 32、64、128、256、512 和 1024。也就是说，5G-NR 使用的编码矩阵数量较少。

考虑在 $\boldsymbol{G}_8 = \begin{bmatrix} 1\,0\,0\,0\,0\,0\,0\,0 \\ 1\,0\,0\,0\,1\,0\,0\,0 \\ 1\,0\,1\,0\,0\,0\,0\,0 \\ 1\,0\,1\,0\,1\,0\,1\,0 \\ 1\,1\,0\,0\,0\,0\,0\,0 \\ 1\,1\,0\,0\,1\,1\,0\,0 \\ 1\,1\,1\,1\,0\,0\,0\,0 \\ 1\,1\,1\,1\,1\,1\,1\,1 \end{bmatrix}$ 中取出具有最大汉明距的第 4、6、7、8 行这

4 行（也是可靠度最高的 4 行）组成的子矩阵 $\boldsymbol{G}_P(8,4) = \begin{bmatrix} 1\,0\,1\,0\,1\,0\,1\,0 \\ 1\,1\,0\,0\,1\,1\,0\,0 \\ 1\,1\,1\,1\,0\,0\,0\,0 \\ 1\,1\,1\,1\,1\,1\,1\,1 \end{bmatrix}$，我们

可以发现，$\boldsymbol{G}_P(8,4)$ 实际上就是 Reed-Muller 码（RM 码）的生成矩阵。也就是说，RM 码也是广义的 Polar 码，Arikan 称它们为"亲密的堂兄弟（Close Cousin）"[56]。当然，在解码算法上，它们很不相同。

1. 码中码（Small Nested Polar Code）

码中码（小 Polar 码、嵌套 Polar 码，Small Nested Polar Code）是用于分类传输不同类型的信息的编码方案[57-58]。其目的是用小 Polar 码来传输少量的信息，而整体的大 Polar 码传输大量的信息。如图 3-27 所示[57-58]，码中码的原理是，假设大 Polar 码的母码长度为 $N = 8$ bit，小 Polar 码的母码长度为 $N' = 2$ bit，那么，从大 Polar 码中每 $N/N' = 4$ bit 抽取 1 bit 组成小 Polar 码。小 Polar 码传输一种信息，例如，"SS block index"这个信息（3 ~ 6 bit）。大 Polar 码传输另一种信息。如果信道条件足够好，那么接收端可以独立地解码出小 Polar 码而不需要等到整个大 Polar 码全部解码完成。

由于小 Polar 码需要把一些"好"的子信道（如 u_4）设置为冻结比特（否则，码率 $R = 1$，不能独立解码），故小 Polar 码将会损害大 Polar 码的性能。文献 [57] 标称有 0.25 dB 的性能损失。为进一步提升小 Polar 码的性能，文献 [58] 从文献 [57] 的 $N' = 32$ bit 提升到 $N' = 64$ bit，并增加了 CRC。

2. 部分码（子码，非完整码）

部分码（子码；非完整码）的概念[59]与码中码有一定的相似性。其构造方法是，在如图 3-27 所示的 G8 Polar 码中，$u_1 \sim u_6$ 传输一种信息，u_7 和 u_8 传输另一种信息。如果信噪比足够高，那么接收端可以独立地解码出子码而不需要等到整个大 Polar 码全部解码完成。由于需要把可靠度高的 u_7 设置为冻结比特（否则，码率 R=1，不能独立解码），子码也会损害大 Polar 码的性能。

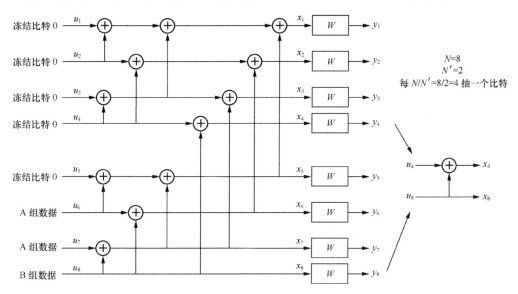

图 3-27　码中码构造示意

3. 任意长度的 Polar 码

Arikan 提出的 Polar 码的母码长度为 2 的幂次 $N = 2^n$。文献 [60] 认为：在实际通信系统中，原始信息的长度往往是不确定的，这就要求编码能够根据原始信息的长度进行调整。即根据信道条件和信息的长度得到具有一系列不同码长码率的编码结构。目前现有的可变长极化码的码字构造采用的是对原始长度为 2 的幂次的码字比特删除部分码字比特来实现非 2 的幂次的码字构造。该方法在接收端译码时对于删除掉的码字比特的似然信息置为 0、1 等概率，之后再对其进行普通极化码的译码。该方法实现了可变码长的 Polar 码构造，但其译码错误概率也被提高，严重损失通信系统的性能。因此，一种性能更好的码长可变的 Polar 码的码字构造方法是一种需求。鉴于此，文献 [60] 提出了非 2 的幂次的母码长度的 Polar 码的构造方法，其主要的操作方法如下（这里以 $N = 7$ 为例来描述非 2 的幂次的情况；2 的幂次直接使用 $\boldsymbol{G}_N = \boldsymbol{F}^{\otimes n}$，$\boldsymbol{F} = \begin{bmatrix} 1 & 0 \\ 1 & 1 \end{bmatrix}$ 来进行）。

第 1 步，将母码长度 N 用二进制来表达，得到 $N = (B_1 B_2 B_3 \cdots B_M)$。其中，$M = \mathrm{ceil}[\log_2(N)]$。对于 $N = 7$，有 $M = \mathrm{ceil}[\log_2(7)] = 3$。即 $N = (B_1 B_2 B_3) = (111)$。这个例子中，$B_1 = 1$，$B_2 = 1$，$B_3 = 1$。

第 2 步，计算上述以二进制表示的母码长度 N 中"1"的数量 $P = B_1 + B_2 + B_3 + \cdots + B_M$ 和"1"对应的顺序号码 S_1、S_2、S_3、$\cdots$、S_P。对于 $N = 7$，有 $P = $

$B_1 + B_2 + B_3 = 1 + 1 + 1 = 3$，$S_1 = 1$，$S_2 = 2$，$S_3 = 3$。

第 3 步，产生 P 个大小分别为 $2^{(S_1-1)}$、$2^{(S_2-1)}$、$2^{(S_3-1)}$、$\cdots$、$2^{(S_P-1)}$ 的矩阵。方法是取 $\boldsymbol{G}_N = \boldsymbol{F}^{\otimes n}$，$n$ 分别取 (S_1-1)、(S_2-1)、(S_3-1)、$\cdots$、(S_P-1)。对于 $N = 7$，需要取 $n = (S_1-1) = 0$、$n = (S_2-1) = 1$、$n = (S_3-1) = 2$ 这 3 个矩阵。即，需要

$$\boldsymbol{G}_1 = \boldsymbol{F}^{\otimes 0} = [1]、\quad \boldsymbol{G}_2 = \boldsymbol{F}^{\otimes 1} = \begin{bmatrix} 1 & 0 \\ 1 & 1 \end{bmatrix}、\quad \boldsymbol{G}_4 = \boldsymbol{F}^{\otimes 2} = \begin{bmatrix} 1 & 0 & 0 & 0 \\ 1 & 1 & 0 & 0 \\ 1 & 0 & 1 & 0 \\ 1 & 1 & 1 & 1 \end{bmatrix}$$ 这 3 个矩阵。

第 4 步，对上述产生的矩阵进行 $P-1$ 次矩阵合并。可以先对最小的两个矩阵进行矩阵合并，然后再与大的矩阵进行矩阵合并，从而得到最终的生成矩阵。对于 $N = 7$，先对 $\boldsymbol{G}_1$ 和 $\boldsymbol{G}_2$ 进行合并，得到 $\boldsymbol{G}_3$；再对 $\boldsymbol{G}_3$ 和 $\boldsymbol{G}_4$ 进行合并，得到最终的 $\boldsymbol{G}_7$。

矩阵合并的操作是，假设有一个大小为 $K \times K$ 的方阵 $\boldsymbol{A}$、一个大小为 $L \times L$ 的方阵 $\boldsymbol{B}$ 和 $K \geqslant L$，合并后的矩阵 $\boldsymbol{C}$ 为 $\boldsymbol{C}_{(K+L)\times(K+L)} = \begin{bmatrix} \boldsymbol{A} & \boldsymbol{0}_{K\times L} \\ \boldsymbol{B}\,\boldsymbol{0}_{L\times(K-L)} & \boldsymbol{B} \end{bmatrix}$。对于 $N = 7$，

有 $\boldsymbol{C}_{(2+1)\times(2+1)} = \boldsymbol{G}_3 = \begin{bmatrix} \boldsymbol{G}_2 & \boldsymbol{0}_{2\times 1} \\ \boldsymbol{G}_1\,\boldsymbol{0}_{1\times(2-1)} & \boldsymbol{G}_1 \end{bmatrix} = \begin{bmatrix} 1 & 0 & 0 \\ 1 & 1 & 0 \\ 1 & 0 & 1 \end{bmatrix}$，$\boldsymbol{C}_{(4+3)\times(4+3)} = \boldsymbol{G}_7 = \begin{bmatrix} \boldsymbol{G}_4 & \boldsymbol{0}_{4\times 3} \\ \boldsymbol{G}_3\,\boldsymbol{0}_{3\times(4-3)} & \boldsymbol{G}_3 \end{bmatrix} =$

$$\begin{bmatrix} 1 & 0 & 0 & 0 & 0 & 0 & 0 \\ 1 & 1 & 0 & 0 & 0 & 0 & 0 \\ 1 & 0 & 1 & 0 & 0 & 0 & 0 \\ 1 & 1 & 1 & 1 & 0 & 0 & 0 \\ 1 & 0 & 0 & 0 & 1 & 0 & 0 \\ 1 & 1 & 0 & 0 & 1 & 1 & 0 \\ 1 & 0 & 1 & 0 & 1 & 0 & 1 \end{bmatrix}$$ 。其中，$\boldsymbol{0}_{K\times L}$ 为 K 行 L 列的全 0 矩阵，$\boldsymbol{0}_{L\times(K-L)}$ 为 L 行 $K-L$ 列的全 0 矩阵。

因为计算次序的不同，上述操作可能产生不同的生成矩阵。即生成矩阵不唯一[60]。例如也可以先对 $\boldsymbol{G}_1$ 和 $\boldsymbol{G}_4$ 进行合并，得到 $\boldsymbol{G}_5$；再对 $\boldsymbol{G}_2$ 和 $\boldsymbol{G}_5$ 进行合并，得到最终的 $\boldsymbol{G}_7$。不同的生成矩阵其性能也不尽相同。

从上面的描述我们可以看到，上述矩阵合并操作在本质上等价为以 $\boldsymbol{F}$ 为核的 Kronecker 乘（张量乘）：$\boldsymbol{G}_{2N} = \boldsymbol{F}^{\otimes(1+\log_2 N)} = \boldsymbol{G}_N \otimes \boldsymbol{F} = \begin{bmatrix} \boldsymbol{G}_N & \boldsymbol{0} \\ \boldsymbol{G}_N & \boldsymbol{G}_N \end{bmatrix}$；或者，更一般

地，任意两个矩阵的张量乘，$\boldsymbol{G}_{M\cdot N} = \boldsymbol{G}_M \otimes \boldsymbol{G}_N = \begin{bmatrix} \boldsymbol{g}_{1,1} \cdot \boldsymbol{G}_N, \boldsymbol{g}_{1,2} \cdot \boldsymbol{G}_N, \cdots, \boldsymbol{g}_{1,M} \cdot \boldsymbol{G}_N \\ \boldsymbol{g}_{2,1} \cdot \boldsymbol{G}_N, \boldsymbol{g}_{2,2} \cdot \boldsymbol{G}_N, \cdots, \boldsymbol{g}_{2,M} \cdot \boldsymbol{G}_N \\ \vdots \qquad \vdots \quad ,\cdots, \quad \vdots \\ \boldsymbol{g}_{M,1} \cdot \boldsymbol{G}_N, \boldsymbol{g}_{M,2} \cdot \boldsymbol{G}_N, \cdots, \boldsymbol{g}_{M,M} \cdot \boldsymbol{G}_N \end{bmatrix}$。

其中，$\boldsymbol{g}_{i,j}$ 为方阵 $\boldsymbol{G}_M$ 的元素，$1 \leqslant i \leqslant M$，$1 \leqslant j \leqslant M$，$M$ 为方阵 $\boldsymbol{G}_M$ 的行数。更详细的描述可参考文献 [60]。

| 3.6 Polar 码序列 |

3.6.1 基本概念

Polar 码序列也称为"好信道选择"。用于指示 Polar 码编码前的比特的选择顺序。Polar 码序列可以按照信道的可靠度从低到高排列（3GPP 默认方式，本书按这种方式给出），也可以按照信道的可靠度从高到低排列（实现上便于计数）。例如，对于图 3-28 所示的母码长度 N 为 4 bit 的 Polar 码，Polar 码序列为 {0，2，1，3}。

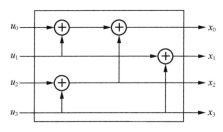

图 3-28 3GPP 使用的 G4 Polar 码

从上面的 Polar 码序列可以看出，如果输入的信息比特只有一个（而输出的编码字有 4 个比特，下同），那么我们最好选择 {3}（称为信息集[1]），即 u_3 输入的信息比特，而把 {0，2，1} 设置为冻结比特（如固定为 "0"）。同理，如果输入的信息比特有 2 个，那么我们最好选择 {1，3}，即 u_1 和 u_3 这两个输入的信息比特，而把 {0，2} 设置为冻结比特。同理，如果输入的信息比特有 3 个，那么我们最好选择 {2，1，3}，即 u_2、u_1 和 u_3 这 3 个输入的信息比特，而把 {0}

设置为冻结比特。

应注意的是，由于 3GPP 使用的 Polar 码没有比特反序操作（BIV，Bit In Verse）[61]，故 3GPP 的 Polar 码序列不同于 Arikan 的信道选择方法 [1]。

通过上面 Polar 码序列 {0, 2, 1, 3} 和图 3-28 可知：

● 第一个输入比特（u_0）是最差的信道（可靠度最低）。在这里，可靠度是指该比特发出去之后，能够成功解码的概率，即 1−BER，或者指信道容量，或者指某种条件下（如 AWGN 信道，SNR = 0 dB）的构造信噪比（CSNR）；

● 最后一个输入比特（u_3）是最好的信道（可靠度最高）；

● 中间的输入比特（u_1 和 u_2）的信道质量介于上述两者之间。

实际上，上述结论也可以推广到其他以 $\boldsymbol{F} = \begin{bmatrix} 1 & 0 \\ 1 & 1 \end{bmatrix}$ 为极化核的 Polar 码中。

对于二进制删除信道（BEC，Binary Erasure Channel）信道，第 3 个输入比特（u_2）的可靠度要比第 2 个输入比特（u_1）稍微好一些。因此，$\boldsymbol{G}_4$ Polar 码的序列也可以是 {0, 1, 2, 3}。

极化码最初是为 BEC 设计的，极化后的信道容量可以精确计算。但是对于一般的二进制的离散无记忆信道（B-DMC，Binary Input Discrete Memoryless Channel），极化后的信道容量的计算比较复杂。

根据串行消去（SC）的原理，可以用概率密度演进（Density Evolution）的方法递归计算原始比特在极化条件下的容量 [62-64]。用 $a_N^{(i)}$ 来表示子信道 $L_N^{(i)}(Y_1^N, 0_1^{i-1})$ 在发射全 "0" 消息时的概率密度函数（PDF），则 PDF 的计算方式如下。

$$a_{2N}^{(2i)} = a_N^{(i)} * a_N^{(i)} \tag{3-18}$$

$$a_{2N}^{(2i-1)} = a_N^{(i)} \otimes a_N^{(i)} \tag{3-19}$$

其中，"*" 操作是变量节点的卷积乘，"$\otimes$" 操作是校验节点的卷积乘，$a_1^{(1)} = a_W$，a_W 为原始信道在发射比特 "0" 时的对数似然比（LLR）的 PDF。

在计算完 $a_N^{(i)}$ 之后，可通过式（3-20）对 $a_N^{(i)}$ 在 $(-\infty, 0]$ 上的积分来计算信息集的错误概率 $P(A_i)$，从而可得到子信道的可靠度 $1 - P(A_i)$。

$$P(A_i) = \int_{-\infty}^{0} 2^{-\prod(x=0)} a_N^i(x) \mathrm{d}x \tag{3-20}$$

注意到上面的卷积运算都是定义在实数域的，实际计算一般是有一定的量化精度的。而卷积运算所要求的量化误差十分严格。通过引入两种近似方法，升级和降级量化，能够得到每个子信道的下限和上限误码概率 [62-64]。升级和降级量化可以将相应的子信道转换成具有较少符号域的集合，使计算复杂度降低。

即使采用了降低复杂度的概率密度演进算法，其计算量仍然很大。因为最常见的信道是 AWGN，即 $L_1^{(i)}(y_i) \sim N\left(\dfrac{2}{\sigma^2}, \dfrac{4}{\sigma^2}\right)$（假设信息比特都是 0）。如果采用高斯分布来逼近译码过程中的信息传递，计算可以变得更简单。

一般地，序列设计与信噪比（SNR）有关。也就是说，不同的 SNR 下设计得到的序列可能不完全相同。但是，从工程设计的观点来看，最好是只有一个序列。当然，单一序列可能会对码的性能有一定的损失。仔细调整序列中各元素的顺序，以使它在各种 SNR 下都工作得很好，这是非常有必要的。

特别地，用不同的方法（或不同准则）设计得到的 Polar 码序列可能不同。下面考察一下常见的 Polar 码序列。

3.6.2　若干序列介绍

1. 行权重（RW）序列

对于 Polar 码的生成矩阵 G 的每一行，计算出所有元素的总和得到各行的行权重，然后对行权重由低到高进行排序（越大则可靠度越高），则各行权重对应的行号为所述 RW 序列。例如，对于 G_8 Polar 码，其生成矩阵为

$$G_8 = \begin{bmatrix} 1 & 0 & 0 & 0 & 0 & 0 & 0 & 0 \\ 1 & 1 & 0 & 0 & 0 & 0 & 0 & 0 \\ 1 & 0 & 1 & 0 & 0 & 0 & 0 & 0 \\ 1 & 1 & 1 & 1 & 0 & 0 & 0 & 0 \\ 1 & 0 & 0 & 0 & 1 & 0 & 0 & 0 \\ 1 & 1 & 0 & 0 & 1 & 1 & 0 & 0 \\ 1 & 0 & 1 & 0 & 1 & 0 & 1 & 0 \\ 1 & 1 & 1 & 1 & 1 & 1 & 1 & 1 \end{bmatrix},$$ 各行的行权重分别为 1、2、2、4、2、4、4、8。那么，

G_8 Polar 码的 RW 序列为 {0, 1, 2, 4, 3, 5, 6, 7}。在 $N=8$ 时，行权重序列与 BEC 信道计算得到的序列完全一致。也就是说，在设计序列时，可以经过简单的计算即可得到较好的序列。另外，如果某两行有相同的行权重，则行号大的排在后面（当然，也可排在前面）。

由 Polar 码的编码原理 $x = u \times G$ 可知，行权重越大，则表示该输入比特扩散到越多的输出比特中，即等价为该比特得到更多次数的传输，从而使其可靠度变大。

2. 列权重（CW）序列

与行权重序列类似，也可通过计算列权重（CW，Column Weight）来得到列权重序列。以上面的 Polar 码的 G_8 生成矩阵为例，CW 序列的产生方法如下。

对于生成矩阵的每一列，把所有元素加起来，即得到列权重分别为（越小越重要）

8 4 4 2 4 2 2 1

那么，CW 序列为 {0, 4, 2, 1, 6, 5, 3, 7}。如果某两列有相同的列权重，则列号大的排在前面（当然，也可排在后面）。如果选择"列号大的排在后面"的方法，那么，将得到序列 {0, 1, 2, 4, 3, 5, 6, 7}。这时，在 $N = 8$ 时，该序列也与 BEC 信道计算得到的序列完全一致。

3. 极化权重序列

极化权重（PW，Polar Weight）序列在文献 [65] 中给出。极化权重的计算方法如下。

$$W_i = \sum_{j=0}^{n-1} B_j * 2^{j/4} \tag{3-21}$$

其中，W_i 为第 i 个输入比特（第 i 个子信道）上用的极化权重；i 表示第几个输入比特的序号（对于长度为 $N = 2^n$ 的 Polar 码，$i = 0, 1, 2, \cdots, N-2, N-1$；$n$ 为表达整数 N 而需要的比特数）；B_j 表示将整数 i 变成二进制形式的比特 0 或 1 的第 j 个比特，即 $i = B_{n-1}B_{n-2}\cdots B_2B_1B_0$，$j = 0, 1, 2, \cdots, n-2, n-1$。

在计算完极化权重之后，对极化权重由高到低排序，然后再找到它们原来对应的输入比特的序号，从而得到 PW 序列。对于母码长度 $N = 2^3 = 8$ bit 的 Polar 码，经过上述操作后，得到的极化权重是 {0, 1.4142, 1.1892, 2.6034, 1.0000, 2.4142, 2.1892, 3.6034}，则其 PW 序列是 {0, 4, 2, 1, 6, 5, 3, 7}。

结合第 3.4.1 节的 G_8 编码图和第 3.6.2 节 G8 生成矩阵可知，如果把 8 个子信道号码（输入比特序号）0、1、2、3、4、5、6、7 变换成二进制数，则 8 个子信道号码分别是 000、001、010、011、100、101、110、111。如果二进制的子信道号码存在"1"，那么，该子信道会通过模 2 加的方式作用到比自己的十进制的子信道号码小的子信道上面（它的信息会扩散到更小的子信道上面；亦即其容量会加强）。如果二进制的子信道号码存在"0"，那么，该子信道会通过模 2 加的方式被子信道号码更大的子信道"污染"（其容量会减弱）。如果二进制的子信道号码中"1"的数量越多，则该子信道的信道容量会越强；相反，如果二进制的子信道号码中"0"的数量越多，则该子信道的信道容量会越弱。

另外，二进制的子信道号码中高位上的"1"比低位上的"1"更为重要。

如果把上述二进制的子信道号码中"1"的数量加起来，我们可得到各个子信道号码中"1"的总数为 0、1、1、2、1、2、2、3。再把上述各个子信道号码中"1"的总数变换成 2 的幂就是 1、2、2、4、2、4、4、8。我们可以看到，上述变换成 2 的幂的数就是行权重。实际上，上述变换可以用公式（3-22）来表示。

$$RW\left(B_1 B_2 B_3\right) = \sum_{j=1}^{3}\left(B_j \cdot 2^{B_j}\right) \tag{3-22}$$

其中，$B_1 B_2 B_3$ 是用二进制表示的子信道号码。

应注意到，使用式（3-22）之后，第一个子信道（$B_1 B_2 B_3 = 000$）和最后一个子信道（$B_1 B_2 B_3 = 111$）计算得到的行权重 $RW(B_1 B_2 B_3)$ 会比实际的行权重少一些，但不影响它们的排序。因为在第 3.6.1 节已描述过，第一个子信道总是最差的子信道，最后一个子信道总是最好的子信道。

式（3-22）取的是 2 的幂。实际上，我们也可以用其他的数来做基数，例如，自然对数的底 e。考虑到式（3-22）中 B_j 的取值不是"0"就是"1"，则该式可简化为

$$RW\left(B_1 B_2 B_3\right) = \sum_{j=1}^{3}\left(B_j \cdot 2\right) \tag{3-23}$$

仍需注意的是，使用式（3-23）后，一些子信道计算得到的行权重 $\sum_{j=1}^{3}\left(B_j \cdot 2\right) = 2 \cdot \sum_{j=1}^{n} B_j$ 会比实际的行权重 $2^{\sum_{j=1}^{n} B_j}$ 小，但不影响它们的排序。或者，我们可以把 $\sum_{j=1}^{n} B_j$ 看作是（以 2 为底的）对数域的行权重。

考虑到二进制的子信道号码中高位上的"1"比低位上的"1"更为重要，则可在上述幂的基础上，对不同位置的比特乘上不同的系数（例如，可通过计算机仿真来找到合适的系数），例如 j。这可以得到式（3-24）。

$$RW\left(B_1 B_2 B_3\right) = \sum_{j=1}^{3}\left(B_j \cdot j \cdot 2\right) \tag{3-24}$$

式（3-24）可推广到更大的母码长度为 $N = 2^n$ 的 Polar 码中，见式（3-25）。

$$RW\left(B_1 B_2 B_3 \cdots B_{n-1} B_n\right) = \sum_{j=1}^{3}\left(B_j \cdot j \cdot 2\right) \tag{3-25}$$

4. 基于互信息的密度演进序列（MI-DE）

简而言之，这里的互信息是指信道的输入和输出之间的相关性 $C = I(U; X)$，即信道容量。由第 3.6.1 节可知，信道容量越大，则信道可靠度越高。这里的密度演进是指信息比特或子信道的概率密度函数的演化过程[62]。

对于具有输入 X 和输出 Y 的信道，输入 X 和输出 Y 的互信息（信道容量 C）为[66]

$$C = I(X;Y) = H(Y) - H(Y \mid X) \tag{3-26}$$

其中，$H(Y)$ 为输出信息的熵，$H(Y) = -\sum_y Pr(y)\log_2\left[Pr(y)\right]$，$H(Y|X)$ 表示输入为 X 而输出为 Y 的熵，$H(Y|X) = -\sum_x \sum_y Pr(x)Pr(y|x)\log_2\left[Pr(y|x)\right]$。

对于 BEC 信道，当 X 在 $\{-1, 1\}$ 中等概取值时，$C = 1 - p$，p 为删除概率；对于 AWGN 信道，情况有些复杂。

考察经过 BPSK 调制的数据 X 通过 AWGN 信道之后为 $Y = X + n$，其中，X 在 $\{-1, 1\}$ 中等概取值，n 是均值为 0、方差为 δ^2 的高斯噪声，信道的对数似然比为 $\text{LLR} = 2 \times Y/(\delta^2)$[66]。注意到 LLR 是均值为 $\pm 2/\delta^2$、方差为 $4/\delta^2$ 的高斯过程，那么，输入 X 和输出 Y 的互信息（信道容量）为[66]

$$J(\sqrt{4/\delta^2}) = J(2/\delta) = I(X;LLR) = I(X;Y) \tag{3-27}$$

其中，函数 $J(*)$ 由式（3-28）来近似实现[66]。

$$J(\delta) = \begin{cases} a \cdot \delta^3 + b \cdot \delta^2 + c \cdot \delta, & \text{当} 0 \leqslant \delta \leqslant 1.6363 \\ 1 - e^{d \cdot \delta^3 + e \cdot \delta^2 + f \cdot \delta + g}, & \text{当} 1.6363 < \delta < 10 \\ 1, & \text{当} \delta \geqslant 10 \end{cases} \tag{3-28}$$

其中，$a = 0.042\,106\,1$，$b = 0.209\,252$，$c = 0.006\,400\,81$，$d = 0.001\,814\,91$，$e = 0.142\,675$，$f = 0.082\,205\,4$，$g = 0.054\,960\,8$。即，在 AWGN 信道中，互信息难于使用精确的公式来表达。

MI-DE 序列[67]构建的基本原理是，对于如图 3-29 所示的 G_2 Polar 码，在 BEC 信道下，假设信道删除概率为 P，那么，u_0 的信道容量 $C = 1 - [2 \times P \times (1-P) + P \times P] = (1-P) \times (1-P)$，$u_1$ 的信道容量 $C = 1 - P \times P$。由于 $1 - P \times P > (1-P) \times (1-P)$，故 G_2 Polar 码的序列为 $\{0, 1\}$。

由于在 BEC 信道下容量递推公式非常简单，但在 AWGN 信道下，信道容量没有准确的表达式[67]，我们期望能用简单的公式去逼近 AWGN 下的信道容量。文献 [67] 给出了经验公式：u_0 的信道容量 $C = C_{\text{bec}} + \delta$，$u_1$ 的信道容量 $C = C_{\text{bec}} - \delta$，其中，$C_{bec}$ 为 BEC 信道下的容量，$\delta = 1/64 + [\text{abs}(1 - P - 0.5)/32]$[67]。由于 δ 很小（最大值为 1/32），故 AWGN 信道下 $\boldsymbol{G}_2$ Polar 码的序列仍然为 {0, 1}。

类似于上面的方法，也可构建更长的 Polar 码序列。例如，$\boldsymbol{G}_{64}$ Polar 码序列为 {0, 1, 2, 4, 8, 16, 32, 3, 5, 6, 9, 10, 17, 12, 18, 33, 20, 34, 24, 7, 36, 11, 40, 13, 48, 19, 14, 21, 22, 35, 25, 37, 26, 38, 28, 41, 15, 42, 49, 44, 50, 23, 52, 27, 56, 39, 29, 30, 43, 45, 51, 46, 53, 54, 57, 58, 31, 60, 47, 55, 59, 61, 62, 63}[67]（注：原文为倒序排列）。

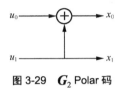

图 3-29　$\boldsymbol{G}_2$ Polar 码

5. 合并嵌套序列和优化的合并嵌套序列

合并嵌套（CN，Combined-and-Nested）序列和优化的合并嵌套 O-CN 序列 [68-70] 从母码长度 $N = 64$ 的 Polar 码序列开始设计。根据密度演进的方法，首先构造 $(N, K) = (64, 1)$, $(64, 2)$, $(64, 3)$, $\cdots$, $(64, 63)$ 的 Polar 码，然后使用密度演进的方法来优化。再把它们合并起来得到母码长度 $N = 64$ 的 Polar 码序列。类似地，可以构造母码长度 $N = 128$ 的 Polar 码序列，并保持 0 ~ 63 在母码长度 $N = 64$ 的 Polar 码序列中的顺序，具有嵌套性特性。以此类推，可构造母码长度更大的 Polar 码序，如图 3-30 所示 [68]。

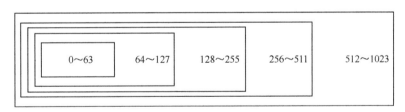

| 0~63 | 64~127 | 128~255 | 256~511 | 512~1023 |

图 3-30　CN 序列示意

O-CN 序列 [68-70] 相对于 CN 序列的优化在于其两条设计准则 [称为统一偏序，全局偏序[69,77]（UPO，Universal Partial Order）]。

- 如果某两个输入比特号码的二进制相差 1 bit(它们的汉明距离为 1)，那么它们按自然顺序排序。例如，12（二进制为 1, 1, 0, 0）和 14（二进制为 1, 1, 1, 0）在二进制上相差一个比特，那么，排序时 12 在前面（可靠度低），14 排在后面（可靠度高）。

- 如果某两个输入比特号码的二进制相差 2 bit(它们的汉明距离为 2) 并且第

一个输入比特号码的二进制模式是 {0,1}，而第 2 个输入比特号码对应的二进制模式是 {1,0}，那么它们按自然顺序排序。例如，11（二进制为 1, 0, 1, 1）和 13（二进制为 1, 1, 0, 1）在二进制上相差两个比特，那么，排序时 11 在前面（可靠度低），13 排在后面（可靠度高）。

对于 UPO，文献 [77] 给出了 3 条准则和如图 3-31 所示[77] 的 UPO 的哈斯图（Hasse）。

● 输入比特号码的二进制为 (a,b,c,0) 的子信道的可靠度低于输入比特号码的二进制为 (a,b,c,1) 的子信道的可靠度。例如，对于图 3-31 中的 UPO-8，子信道 #4（"0100"）的可靠度低于子信道 #5（"0101"）的可靠度。

● 输入比特号码的二进制为（a,0,1,b,c）的子信道的可靠度低于输入比特号码的二进制为（a,1,0,b,c）的子信道的可靠度，或者更为简洁的形式 # "01" <# "10"。例如，对于图 3-31 中的 UPO-32，子信道 #13（"01101"）的可靠度低于子信道 #22（"10110"）的可靠度。

● 上面两条组合起来。例如，对于图 3-31 中的 UPO-32，子信道 #10（"01010"）的可靠度低于子信道 #21（"10101"）的可靠度。

对于图 3-31 中 UPO 的 Hasse 图，处于下面的子信道，其可靠度低于上面的子信道。例如，对于 UPO-8，子信道 #4 的可靠度低于子信道 #3。那么，$N = 8$ 的 Polar 序列为 {0, 1, 2, 4, 3, 5, 6, 7}，$N = 16$ 的 Polar 序列为 {0, 1, 2, 4, 8, 3, 5, 9, 6, 10, 12, 7, 11, 13, 14, 15}。

6. SCL-like 序列

SCL-like 序列的产生方法是，以类似于串行消除列表解码的方式来产生[71-72]，其主要过程如下。以一定的方式（如以 PW 序列为基础）来产生一定长度（如 32 bit）的参考序列；通过一定的方式（例如，计算机仿真）来得到所述参考序列在一定条件（如 BLER = 1%) 下的信噪比；根据一特定的方式（如高斯近似）方法得到所述信噪比下的信道可靠度；增加序列的长度（如从 32 bit 增加到 33 bit），得到新的序列；根据信道可靠度得到具有嵌套性的 L（L 为正整数）条所述新的序列（需要存储 L 条最好的序列，丢掉最差的）；通过一定的方式（例如，计算机仿真）来得到所述新的序列的性能（如与信噪比对应的 BLER，或者 BLER ≤ 1% 时的信噪比）；选择具有最佳性能的 L 条所述新的序列作为所述长度下的序列；以此类推，进一步得到更长的序列（如 256 bit）。

根据上述方法，得到长度为 128 bit 的序列是 {0, 1, 2, 4, 8, 16, 3, 32, 5, 6, 64, 9, 10, 17, 12, 18, 33, 20, 34, 65, 7, 24, 36, 11, 66, 40, 13, 19, 14, 68, 48, 72, 21, 35, 22, 80, 25, 96, 37, 26, 38, 41, 67, 28, 42, 70,

15, 49, 69, 73, 44, 50, 82, 23, 52, 74, 27, 81, 76, 39, 56, 97, 29, 43, 84, 98, 30, 45, 88, 71, 51, 100, 46, 53, 104, 77, 75, 54, 112, 57, 85, 78, 83, 58, 90, 99, 31, 60, 86, 101, 89, 106, 92, 47, 102, 55, 105, 79, 59, 87, 113, 108, 61, 91, 114, 62, 116, 120, 103, 93, 107, 94, 109, 115, 110, 117, 63, 118, 121, 122, 95, 124, 111, 119, 123, 125, 126, 127}。

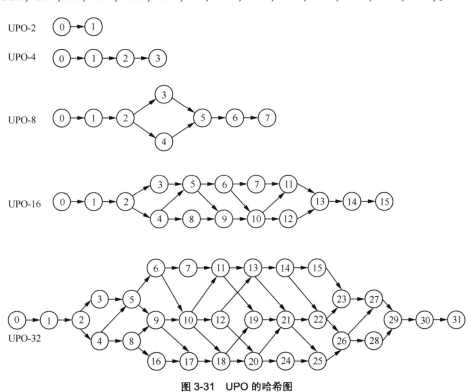

图 3-31　UPO 的哈希图

7. 联合体序列

　　3GPP 在设计 LDPC 码的基础矩阵（BG）时，多家公司联合设计了最终为标准采纳的基础矩阵。与此类似，若干公司期望推出融合方案，即联合体序列（Joint Design，Merged Design）[73]。联合体序列是指由 5 家公司推动的一种统一的序列。实际上，联合体序列有两个。另外，联合体成员中的其中一家公司独立地推出了一种序列。

　　在母码长度 $N = 1024$ 的两个联合体序列中，如果删除其中小于 512 的元素，那么它们剩下的 512 个元素的排列顺序是一样的。即联合体序列具有一定的共性。

3.6.3 序列的特性

1. 在线计算

在线计算（OCB，Online Computation Based）是指序列能够计算出来而不用存储。OCB 的好处是不用存储序列或者存储少量数据即可。但这需要消耗计算量。如果计算量比较大，那么会带来一定的编解码时延。

第 3.6.2 节的有些序列（如行权重序列）是可以在线计算的。但当母码长度很大时（如 $N = 1024$），OCB 不太合适。在第 3.6.5 节我们将会看到，3GPP 选择的 Polar 码序列[48]只能事先存储起来，不能在线计算。即这一特性不是必须的。

2.（准）嵌套性

嵌套性（Nestedness）是指在母码长度为 N 的序列中，删除大于或等于 $N/2$ 的元素而保持剩下的元素的顺序，得到母码长度为 $N/2$ 的序列，则称母码长度为 $N/2$ 的序列是嵌套在母码长度为 N 的序列中的。嵌套序列的好处是，不需要新的计算、不需要重新排序、只要一个查找表即可。

如果通过某种操作得到的母码长度为 $N/2$ 的序列的大多数元素在母码长度为 N 的序列中的排列顺序是一致的，那么称其为准嵌套的。即准嵌套性。准嵌套序列的好处是，通过调整元素的排列顺序，可获得更好的解码性能。

3.（准）对称性

对称性（Symmetry）是指在母码长度为 N 的序列中，前后 $N/2$ 的元素关于母码长度 N 对称。即，$S(i) = N - 1 - S(N - 1 - i)$，其中，$i = 0, 1, 2, \cdots, N - 1$，$S(i)$ 为序列中的一个元素。对称性可以减少存储量。

准对称性是指在母码长度为 N 的序列中，前后 $N/2$ 的大多数元素关于母码长度 N 对称。准对称性的好处是，通过调整少量元素的排列顺序，可获得更好的解码性能。

4. 统一偏序特性及高斯信道下的全局偏序

统一偏序（UPO，Universal Partial Order）特性在前面描述 O-CN 序列的时候已列出来了。这个特性不是 3GPP 所要求的[74]。为使联合体方案的序列能够胜出，需要强调序列具有 UPO 特性[76]。实际上，联合体方案的序列在 $N = 512$ 时不完全具有 UPO 特性；在 $N = 1024$ 时，512 ~ 1023 部分具有 UPO 特性。

高斯信道下的全局偏序（GUPO，Gaussian Universal Partial Order）在文献 [77] 有描述。文献 [77] 认为 GUPO 和 UPO 是一致的，但更平坦（Thinner，跳变更少）。

在上述几个特性中，最重要的是嵌套性，这也是 3GPP 所要求的[75]。

3.6.4　序列的选择准则

3GPP 的序列选择准则 [73-74] 主要包括误块计数、SINR ～ BLER 性能仿真间隔和赢的数量。

1. 误块计数

误块计数（Number of Error Block）是指在进行 SINR ~ BLER 仿真时，为了达到一个稳定的系统性能，要求在仿真中设置误块的数量要达到一定的数值。例如，为了考察某次仿真在 BLER = 1% 的 SINR 性能，设置误块的数量为 1000 个，那么，仿真的循环次数至少是误块计数除以 BLER，即 1000/1% = 10^5 次。当误块计数很大时（如 10^4），需要消耗很多的仿真时间。通常地，误块计数最好在 1000 或更大。

2. SINR ~ BLER 性能仿真间隔

经常地，3GPP 的各种设计方案性能差异很小（例如，相差 0.1 dB），那么，怎么把不同方案的性能区分开来呢？ 3GPP 的方式是使用很小的 SINR 仿真间隔（例如，0.1 dB、0.2 dB）。即在某个 SINR 下运行一次仿真，得到一个（平均的）BLER；然后对 SINR 增加一个仿真间隔（例如，0.1 dB），得到另一个（平均的）BLER。如此下去，完成所有的仿真。

当 BLER = 10% 对应的 SINR 到 BLER = 0.1% 对应的 SINR 范围很大时，需要消耗很多的仿真时间。通常地，SINR 仿真间隔为 0.1 dB 或更大。

3. 赢的数量

赢的数量（Win Count）是指在相同的 BLER、相同的信息块长度下，序列 A 的 SINR 性能低于序列 B 的 SINR 性能且差值高于一定门限，则称序列 A 得到了一个赢（Win）。应注意，这里的门限与信息块长度和解码时的列表大小（L）有关。当所有的仿真用例都运行完之后，各个序列会得到各自总的赢的数量（Total Win Count）。

3GPP 在选择序列时，是按照赢的数量来选择最终使用的序列的 [48]。由于 3GPP 在选择序列时，使用的是 AWGN 信道，故称之为 AWGN 信道下的 Polar 码序列。那么，这个选出来的序列与 BEC 信道下的 Polar 码序列有什么差异？ BEC 信道下的 Polar 码序列根据第 3.3.4 节的信道容量从低到高来排序。

从图 3-32 和图 3-33 可知，BEC 信道下的 Polar 码序列与 AWGN 信道下的 Polar 码序列的总体走势基本一样，但 BEC 信道下的 Polar 码序列分层现象比较明显（特别是子信道号码大的尾部，可看到几条"流线"），而 AWGN 信道下的 Polar 码序列的分层现象显得轻微一些。换句话来说，BEC 信道下的极化现象更为明显。

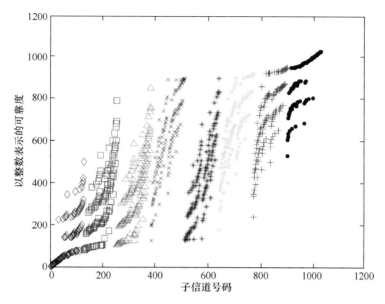

图 3-32　BEC 信道下，$N = 1024$ 的序列的可靠度

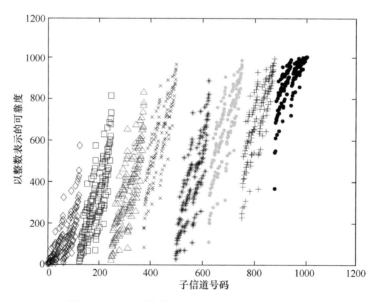

图 3-33　AWGN 信道下，$N = 1024$ 的序列的可靠度

3.6.5　序列的融合、3GPP 最终选择的序列及未来发展

Polar 码编码中最重要的部分是信道选择，即 Polar 码序列。各家公司都期望自

己的序列能成为标准，竞争异常激烈。序列的融合是指多家公司联合地推出一个或多个序列，以及一个序列与另一个序列在部分顺序上是相同的。2017 年 8 月 4 日，3GPP 共收到 7 条序列[73-74]。2017 年 8 月 22 日，根据各公司的评估结果[74]，3GPP 选择了一个具有最大总的赢的数量的序列作为 3GPP 最终使用的 Polar 码序列[48]。

由于目前确定的是母码长度 N = 1024 的序列，将来，如果 UCI 的长度更大（如达到 2000 bit）且使用单一的 Polar 码来编码（目前是分段编码），那么则有可能使用母码长度 N = 2048 甚至更大（如 4096 或 8192）的序列，即需要长度大、性能好的序列。

3.6.6　速率匹配对序列的预冻结

预冻结[78]是指对 Polar 码的指定输入比特（子信道）设置为冻结比特。这可能对序列有些影响。3GPP 协议通过的速率匹配的方案对序列的影响包括以下两点[69]。

• 不发射的比特（打孔掉的比特）对应位置的输入比特应执行预冻结。例如，假设编码前的信息比特的长度 K = 96，母码长度 N = 256，允许发射的比特数 M = 250，那么，此时的速率匹配模式为打孔方式（Puncturing），编码之后的第 1 ～ 6 比特需要打孔掉，那么输入的第 1 ～ 6 比特需要预冻结。

• 对于打孔方式，下列输入比特也需要预冻结。

➤ 如果 $M \geqslant (3 \times N/4)$，则第 1 到第 ceil($3 \times N/4 - M/2$)+1 比特需要预冻结。其中，ceil() 为上取整操作。继续以上面的参数来说明，由于 M = 250 ≥ (3 × N/4) = 192，则第 1 ～第 68 比特需要预冻结。从图 3-34（B）可知，第 64 个输入比特是一个很好的子信道，它在 3GPP 通过的 N = 256 的序列中排名第 63 位（第 63 个好的输入比

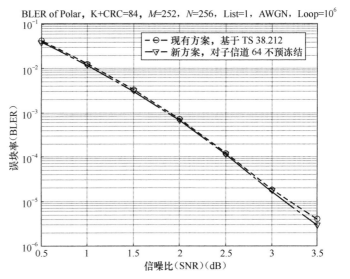

BLER of Polar, K+CRC=84, M=252, N=256, List=1, AWGN, Loop=10^6

图 3-34（A）　第 64 个子信道不进行预冻结的解码性能

特位置，最好的输入比特位置是 256）。从图 3-34（A）的仿真结果可知，在 BLER=1% 时，新方案有约 0.1dB 的增益。

➤ 如果 $M < (3 \times N/4)$，则第 1 ~ 第 ceil($9 \times N/16 - M/4$) + 1 比特需要预冻结。

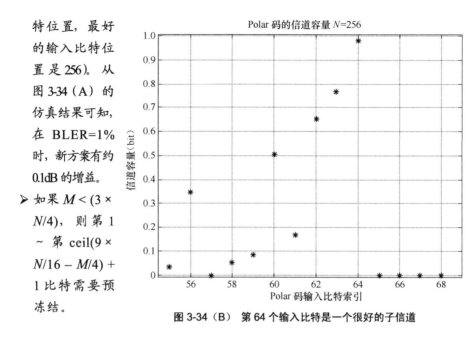

图 3-34（B）　第 64 个输入比特是一个很好的子信道

|3.7　Polar 码的速率匹配|

速率匹配[59,78] 是指把 Polar 码编码之后的比特数量 $N = 2^n$ 通过调整（增加或减少比特数量），适配到对应的物理资源（所承载的比特数量）上。例如，对于 NR-PBCH 信道，它在时间上有 3 个符号，频率上分别有 240，96 和 240 个子载波，则它有 240 + 96 + 240 = 576 个资源单元（RE）。扣除掉 1/4 的导频开销之后，它还有 432 个 RE。在 QPSK 调制下，这些资源可承载 432×2 = 864 bit。下行最大的母码长度为 $N = 512$，故编码之后的 512 bit 需要适配到 864 bit 的资源上去。这就是速率匹配。

速率匹配包括两个操作：第一个操作，子块交织，交织方式将在第 3.8.3 节中描述。第二个操作是按一定的方式选取比特。这一节仅描述第二个操作。

速率匹配需要用到如下几个参数。

K：（分段后）编码前的信息比特的长度（如果有 CRC 比特，则其数量包含在其中）。

M：对应的资源所承载的比特数。

$R_{\min} = 1/8$：最小的码率。它用来产生候选的母码长度 $N_r = 2^{\{\mathrm{ceil}[\log_2(K/R_{\min})]\}}$。

$N_{\max}$：最大的母码长度。下行方向为 512，上行方向为 1024。

$N_{\min}$：最小的母码长度。固定为 32（2^5）。

N_{dm}：大于或等于 M 并且是 2 的幂的数。即，$N_{\mathrm{dm}} = 2^{\{\mathrm{ceil}[\log_2(M)]\}}$。

N_m：另一个候选的母码长度。若 $M \leqslant (9/8) \times N_{dm}/2$ 且 $K/M < (9/16)$，则 $N_m = N_{dm}/2$；否则，$N_m = N_{dm}$。

最终选择的母码长度为 $N = \max[\min(N_r, N_m, N_{max}), N_{min}]$。速率匹配的过程如图 3-35 所示 [75]。应指出的是，上述参数 "9/8" "9/16" 和后面的 "7/16" 是经过大量计算机仿真得到的较为合适的数值。

第 1 步：将编码之后的比特写入循环缓冲区。

第 2 步：如果 $M = N$，则没有操作。

第 3 步：如果 $M < N$ 并且码率 $K/M \leqslant (7/16)$，则使用打孔方式。即从第 $N - M + 1$ 个比特开始取，直到最后一个比特。

第 4 步：如果 $M < N$ 并且码率 $K/M > 7/16$，则使用缩短方式。即从第一个比特开始取，直到第 M 个比特。

第 5 步：如果 $M > N$，则使用重复方式。它除了要取出 N 比特之外，还需要继续取第一个 ~ 第 $\mathrm{mod}\big[(M-N), N\big]$ 个比特（对 $M-N$ 取 N 的模）。

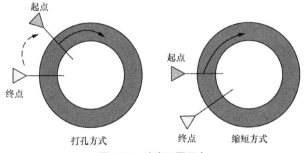

图 3-35　速率匹配示意

|3.8　交织|

交织是把信息块中的比特顺序打乱，使前后比特之间尽可能减少关联性。这有助于对抗突发干扰。第 3.5.1 节描述的前交织（分布式 CRC）、针对 NR-PBCH 信道的反交织（预交织）和第 3.8.3 节描述的速率匹配中的子块交织是规模较小的交织（因为子块交织只有部分输出比特参与）。这一节描述的交织（后交织）规模比较大，对时延影响大，下面我们看看它是如何工作的。

3.8.1　等腰直角三角形交织

在等腰直角三角形交织 [79] 中，假设等腰直角三角形的直角边的长度为 P

（3GPP 规定交织器最大为 8192 bit[49]，即 $(P \times P/2) \leqslant 8192$，$P \leqslant 128$），$M$ 为速率匹配之后的比特数，则边长 P 需要满足 $P \times (P+1)/2 \geqslant M$。如图 3-36 所示[79]，数据在写入交织器时，是一行一行写进去的。如果 $P \times (P+1)/2 > M$，则在最后面填入哑元（NULL）。数据从交织器读出时，是一列一列读出来的。如果读到的是 NULL，则把 NULL 丢掉。

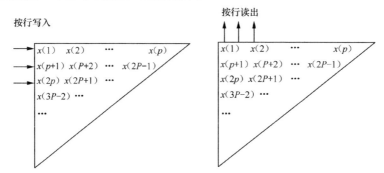

图 3-36 等腰直角三角形交织示意

等腰直角三角形交织器具有以下两个重要特性。

● 交织之前连续排列的数据，在交织之后它们的距离变成 P、$P–1$、$P–2$、$P–3 \cdots$。它们之间的距离不再相等。

● 每列的长度不同，从而使每列的转置模式都不同。

等腰直角三角形交织器应用到上行 UCI 的交织。从图 3-37[79]可知，其性能与随机交织很接近。并且，使用了等腰直角三角形交织器之后有性能增益。

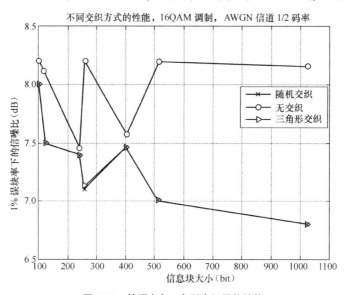

图 3-37 等腰直角三角形交织器的性能

3.8.2 双矩形交织

在如图 3-38 所示的双矩形交织（并行矩形交织）[80] 中，首先把待交织的 M bit 数据分成两个部分：$M_1 = 1 + \text{ceil}(M/2)$ bit 和 $M_2 = M - M_1$ bit。其次，把 M_1 bit 按行写入深度（指列数）为 5 的矩形交织器；把 M_2 bit 按行写入深度为 11 的矩形交织器；必要时，填入 NULL。然后，从这两个矩形交织器中按列读出数据。如果有 NULL，则丢掉它。最后，把这些数据交叠地写入一个 M bit 的交织器。

双矩形交织器的性能与随机交织很接近 [80]。3GPP 确定下行方向没有最后一级的交织器 [91]（但前交织、针对 NR-PBCH 信道的反交织（预交织）和速率匹配中的子块交织还是有的），因此，双矩形交织器目前没有应用到 5G-NR 中。

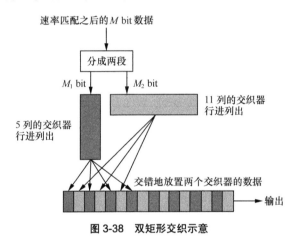

图 3-38　双矩形交织示意

3.8.3 速率匹配过程中的交织

考察如图 3-39 所示的 G_8 Polar 码，每个方程式包含的变量数目（列权重）不尽相同。在解方程（解码）时，我们期望方程式包含的变量数目尽可能少一些，也期望尽可能不使用复杂的方程式，以便既快又好地解出方程。换句话说，我们期望能更多地使用受"污染"少的编码比特，例如，x_8（纯净、无"污染"）、x_7（被"污染"一次）、x_6（被"污染"一次）、x_4（被"污染"一次）等。

在图 3-39 中，从上到下，如果把编码比特等分成 4 份（每份有两个编码比特），那么，第一份被"污染"得最为严重，然后是第 3 份的上一半，接着是第 2 份的上一半，第 3 份的下一半，第 2 份的下一半。第 4 份被"污染"得最轻。

基于此，文献 [81] 提出了一种极化码速率匹配交织方式：将编码后比特等分成 4 个部分，交织后的比特依次由编码后的比特第 1 部分、第 2 部分与第 3 部分交错以及第 4 部分得到；文献 [82] 提出了比特反序（BRO）交织方式；文献 [83-84] 中将极化码序列作为速率匹配交织图样；文献 [85-88] 先后给出了不同子块交织图样，其中，基于文献 [88] 和 [78] 的方案 2 给出了最终的速率匹配方法：在输出的 N 个比特中，每 $N/32$ 个连续的比特组成一个子块，这样共有 32 个子块，然后对这 32 个子块进行交织。

我们来看看 $N = 32$ 的 Polar 码的列权重 {32, 16, 16, 8, 16, 8, 8, 4, 16, 8, 8, 4, 8, 4, 4, 2, 16, 8, 8, 4, 8, 4, 4, 2, 8, 4, 4, 2, 4, 2, 2, 1}。在这里面，最好能把第 4 和第 5 个元素交换位置、把第 28 和第 29 个元素交换位置、中间的元素交换位置。变换之后，最好能使列权重聚集成两类：相对大的列权重和相对小的列权重，这正是子块交织期望达到的目标：方程式能简单一些。

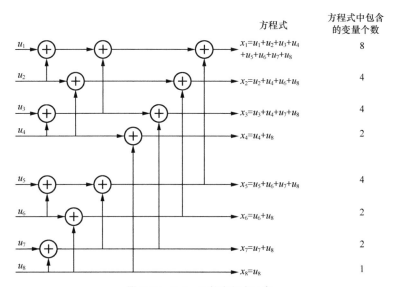

图 3-39　Polar 码的方程式示意

在速率匹配过程中，它需要进行第一个操作：子块交织，即在输出的 N 个比特中，分成 32 组子块，每组长度都为 $N/32$ bit，然后对这 32 个子块进行交织。交织图样为 { 0, 1, 2, 4, 3, 5, 6, 7, 8, 16, 9, 17, 10, 18, 11, 19, 12, 20, 13, 21, 14, 22, 15, 23, 24, 25, 26, 28, 27, 29, 30, 31}，如图 3-40 所示 [59,78]。

从该图可以看出，两边的 3 个子块的位置在交织前后没有变化。中间的 14 个子块按顺序换了位置。假设母码长度 $N = 32$ bit，那么每一个子块就包含一个比特，这可以看成是比特交织。假设母码长度 $N = 64$ bit，那么每一个子块就包含 2 bit，这可以看成是比特组交织。此时，组内的两个比特仍然是按自然顺序排列的。

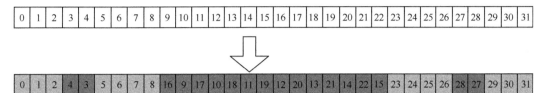

图 3-40 子块交织示意

| 3.9 Polar 码的重传 |

重传是指发射端重新发送原来的信息块。重传时，可以发射不同于上次的冗余信息。接收端可以根据这些冗余信息和之前收到的信息来进行解码。混合自动重传请求（HARQ）是指将前向纠错编码（FEC）与自动重传请求（ARQ）相结合的技术。接收端首先利用 FEC 来纠正接收信息中可能存在的错误。如果 FEC 不能纠正错误，接收端向发射端反馈"接收错误"指示。发射端知道"接收错误"后，重新向接收端发射该信息块，但可能使用不同的编码参数。接收端可以把收到的重传数据与之前接收到的数据进行合并（符号级或比特级），从而可以提升解码性能。

当 Polar 码用于物理层控制信息（DCI / UCI）的编码时，是不需要 HARQ 的。当 Polar 码用于 NR-PBCH 的编码时，情况比较特殊[89]。NR-PBCH 的接收端（UE）不会针对 NR-PBCH 而向基站侧反馈是否解码成功，但 NR-PBCH 会发射多次（最多达 16 次），存在提前解码成功的可能性。

如图 3-41 所示[89]，将编码之后的数据分成 4 段，每段有一个起点 $p1$、$p2$、$p3$、$p4$。第一次发射时，从 $p1$ 开始发射全部的比特。第 2 次发射时，从 $p2$ 开始发射全部的比特，然后再绕回到 $p2$。第 3 次发射时，从 $p3$ 开始发射全部的比特，然后再绕回到 $p3$。第 4 次发射时，从 $p4$ 开始发射全部的比特，然后再绕回到 $p4$。

上面描述的是每次发射都发射相同比特的情况。当然，在待传输的信息块大小不变时，还可以改变每次的调制方式（如对于可使用不同调制方式的信道或信

息，从 16QAM 变成 QPSK）、编码速率（从 1/3 变成 1/2）；每次发射的比特数可以不同（如第 1 次发射编码后的 500 bit，第 2 次发射编码后的 200 bit）。

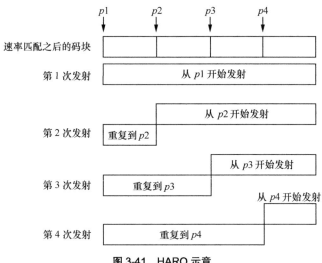

图 3-41　HARQ 示意

在接收端，接收机对两次或多次接收到的数据进行合并，从而可以提高 SNR，提升解码性能。如图 3-42 所示[90]，重传一次（共传输了两次）即可提高 3dB 的 SNR。

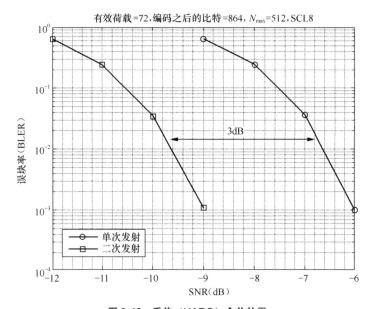

图 3-42　重传（HARQ）合并效果

| 3.10 分段 |

分段 [92-93] 是指对待编码的原始信息块分割成两个或更多的子块，然后再对每个子块进行 Polar 码编码。分段不是必须的。当待编码的信息块超过一定长度且分配的资源足够多时才进行分段。

Polar 码用于 5G eMBB 业务的控制信道的编码。在下行方向，NR-PDCCH 和 NR-PBCH 的最大信息块长度分别为 140 bit 和 56 bit[49]，不需要分段。在上行方向，载波聚合的 UCI(包括 ACK/NACK/CSI) 可能包含 500 bit 或更多。考虑到 UCI 的覆盖需要相对低的码率、最大的母码长度 $N_{max} = 1024$ 和第 3.3.4 节中描述的好的信道比例 $Ratio = 41\%$，则 $N_{max} \times Ratio = 1024 \times 0.41 = 420$ bit 或更大的 UCI 需要分段。

为使大码长的 UCI 能获得更好的性能，文献 [92] 提出一种单 CRC 的 Polar 码码块分段方案。在该码块分段方案中发射端将信息比特和 CRC 校验比特均分成两部分分别进行极化码编码；接收端在极化码译码之后，根据路径度量值（PM）分别从两段译码结果中选择若干条路径进行级联，再通过 CRC 校验得到最终的译码结果。

根据文献 [92] 中的分段方案，假设 UCI 为 500 bit，编码之后的码字为 2000 bit（码率为 1/4），使用分段 [分成两段、使用两个（1024, K）Polar 码编码] 比不分段 [使用一个（1024, K）Polar 码编码然后重复到 2000 bit] 的性能增益有 0.5 dB 左右，如图 3-43 所示 [92]。

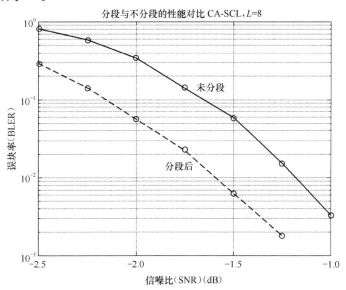

图 3-43 分段与不分段的性能对比

该码块分段方案虽具有较大的增益，但最终结果需将两段极化码译码结果级联才能得到。为简化方案，文献 [93] 提出一种双 CRC 的 Polar 码码块分段方案，将每一段根据各自的信息比特分别添加 CRC 校验比特，从而实现两段独立编译码。

最终，双 CRC 的极化码码块分段方案被采纳，进一步确定当 UCI 长度 K（不包括 CRC；即分段之前没有总的 CRC；因为分段之后有各自独立的 CRC）大于或等于 360 bit，且速率匹配之后的比特数（分配的资源能承载的比特数）M（M 是速率匹配之后的比特数）大于或等于 1088 bit 时才分成等长的两段 [49,91]。分段之后，这两段各自加上自己的 CRC。如果 K 是奇数，则在分段前的 UCI 的最前面插入一个填充比特 "0" [91]（必要时在第一段插入）。

| 3.11　系统 Polar 码 |

Arikan 在提出 Polar 码 [1]（非系统 Polar 码）之后，又投入对系统 Polar 码 [94] 和二维 Polar 码（2D Polar 码）的研究 [96]，使 Polar 码家族日臻完善。

最初，Polar 码是作为非系统 Polar 码引入的。任何的线性码都可以转换为系统码的形式。Polar 码也一样。2011 年，Arikan 提出了系统码形式的 Polar 码 [94]。

线性码可以一般地表示为 $x = u \cdot G$。其中，x 和 u 都定义在 $GF(2)$ 上。待编码的比特 u 可分成两部分：可变部分（需要传输的信息比特）u_A 和固定部分（冻结比特）u_{A^c}。即，$u = (u_A, u_{A^c})$。编码字 x 可以表示成 $x = u_A \cdot G_A + u_{A^c} \cdot G_{A^c}$。其中，$G_A$ 是与 u_A 对应的在 G 中的行所组成的子矩阵，G_{A^c} 是与 u_{A^c} 对应的在 G 中的行所组成的子矩阵，这里的 "+" 是模 2 加，$A \subset \{1, 2, 3, \cdots, N\}$，$A^c \subset \{1, 2, 3, \cdots, N\}$。例如，对于

$$G_4 = \begin{bmatrix} 1 & 0 & 0 & 0 \\ 1 & 1 & 0 & 0 \\ 1 & 0 & 1 & 0 \\ 1 & 1 & 1 & 1 \end{bmatrix}, \text{假设 } A = \{2, 3\}, \text{则 } A^c = \{1, 4\}, \ G_A = \begin{bmatrix} 1 & 1 & 0 & 0 \\ 1 & 0 & 1 & 0 \end{bmatrix}, \ G_{A^c} = \begin{bmatrix} 1 & 0 & 0 & 0 \\ 1 & 1 & 1 & 1 \end{bmatrix}$$

接下来，我们把编码字 x 分成两个部分 x_B 和 x_{B^c}，即 $x = (x_B, x_{B^c})$，其中，$B \subset \{1, 2, 3, \cdots, N\}$，$B^c \subset \{1, 2, 3, \cdots, N\}$。那么有 $x_B = u_A \cdot G_{AB} + u_{A^c} \cdot G_{A^cB}$ 和

$x_{B^c} = u_A \cdot G_{AB^c} + u_{A^c} \cdot G_{A^cB^c}$。其中，$G_{AB}$ 是生成矩阵 G 中 $i \in A$ 且 $j \in B$ 的元素 G_{ij} 组成的子矩阵，其他 3 个子矩阵的定义与此类似。

仍以上面的 G_4、G_A、G_{A^c} 为例，假设 $B = \{2,3\}$，则 $B^c = \{1,4\}$，

$$G_{AB} = \begin{bmatrix} 1 & 0 \\ 0 & 1 \end{bmatrix}, \quad G_{A^cB} = \begin{bmatrix} 0 & 0 \\ 1 & 1 \end{bmatrix}, \quad G_{AB^c} = \begin{bmatrix} 1 & 0 \\ 1 & 0 \end{bmatrix}, \quad G_{A^cB^c} = \begin{bmatrix} 1 & 0 \\ 1 & 1 \end{bmatrix}.$$

根据文献 [94]，当且仅当 A 和 B 有相同数量的元素且 G_{AB} 可逆时，系统 Polar 码编码器可使用参数对 (B, u_{A^c}) 从非系统 Polar 码编码器得到。首先，需要计算 u_A，如下。

$$u_A = \left(x_B - u_{A^c} \cdot G_{A^cB} \right) \cdot \left(G_{AB} \right)^{-1}$$

之后，把 u_A 代入 $x_{B^c} = u_A \cdot G_{AB^c} + u_{A^c} \cdot G_{A^cB^c}$ 中得到 x_{B^c}。把 x_B 和 x_{B^c} 组合起来则得到最终的编码字 $x = \left(x_B, x_{B^c} \right)$。

仍以上面的 G_4、A、B 为例，假设 $u = \{u_1, u_2, u_3, u_4\}$，则 $u_A = \{u_2, u_3\}$，$u_{A^c} = \{u_1, u_4\}$，

$$x_B = u_A \cdot G_{AB} + u_{A^c} \cdot G_{A^cB} = \{x_2, x_3\} = \{u_2, u_3\} \cdot \begin{bmatrix} 1 & 0 \\ 0 & 1 \end{bmatrix} + \{u_1, u_4\} \cdot \begin{bmatrix} 0 & 0 \\ 1 & 1 \end{bmatrix} = \{u_1 + u_2, u_3 +$$

$u_4\}$，$\quad x_{B^c} = u_A \cdot G_{AB^c} + u_{A^c} \cdot G_{A^cB^c} = \{x_1, x_4\} = \{u_2, u_3\} \cdot \begin{bmatrix} 1 & 0 \\ 1 & 0 \end{bmatrix} + \{u_1, u_4\} \cdot \begin{bmatrix} 1 & 0 \\ 1 & 1 \end{bmatrix} = \{u_1 +$

$u_2 + u_3 + u_4, u_4\}$。

假设冻结比特设置为 0，即 $u_{A^c} = \{u_1, u_4\} = \{0, 0\}$，那么，编码器输出的系统比特为 $x_B = \{x_2, x_3\} = \{u_2, u_3\}$，编码器输出的校验比特为 $x_{B^c} = \{x_1, x_4\} = \{u_2 + u_3, 0\}$（实际系统中会把 x_4 打孔掉）。通过上面的编码方法，原始信息比特 $u_A = \{u_2, u_3\}$ 在输出信息比特中是可见的，从而从非系统 Polar 码中实现了系统 Polar 码。

上述编码方法没有改变生成矩阵 G 及其产生方法，从而使计算复杂度、解码方法都与非系统 Polar 码完全一致。

如图 3-44 和图 3-45 所示，在母码长度 $N = 256$ bit、1/2 码率、AWGN 信道和 BER $= 10^{-5}$ 下，系统 Polar 码比非系统 Polar 码的 BER 性能好 0.25 dB，但与 BLER 性能完全一致 [94]。文献 [95] 的仿真结果也显示，系统 Polar 码比非系统 Polar 码的 BER 性能好。

综上所述，可以认为系统 Polar 码是非系统 Polar 码的一个特例，它可以通过从非系统 Polar 码中选择合适的冻结比特位置来得到（或者通过选择合适的信息比特位置来得到，因为它们互为补集）。

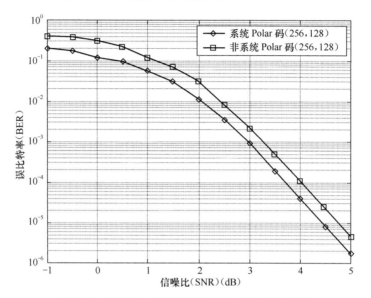

图 3-44　系统 Polar 码与非系统 Polar 码的 BER 性能

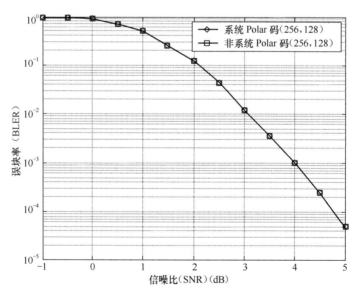

图 3-45　系统 Polar 码与非系统 Polar 码的 BLER 性能

| 3.12　2D Polar 码 |

二 维 Polar 码 [96]（ 2D Polar 码，Two-dimensional Polar Coding） 是 Arikan 于 2009 年提出的一种基于 Polar 码子集的构建技术。之所以称"二维"，是因为其信息比特需要按照一定的规则排列成二维的阵列形式，而不是常见的单列形式。下面，我们以举例的方式来说明 2D Polar 码是如何构建的。另外，文献 [38] 的第 4.2.5 节提到的级联码也可认为是 2D Polar 码。

考虑 $G_8 = \begin{bmatrix} 1\,0\,0\,0\,0\,0\,0\,0 \\ 1\,0\,0\,1\,0\,0\,0 \\ 1\,0\,1\,0\,0\,0\,0\,0 \\ 1\,0\,1\,0\,1\,0\,1\,0 \\ 1\,1\,0\,0\,0\,0\,0\,0 \\ 1\,1\,0\,0\,1\,1\,0\,0 \\ 1\,1\,1\,1\,0\,0\,0\,0 \\ 1\,1\,1\,1\,1\,1\,1\,1 \end{bmatrix}$，（根据信道可靠度；参见第 3.6 节）把第 4、6、7、

8 行挑选出来组成子矩阵是 $G_{P(8,4)} = \begin{bmatrix} 1\,0\,1\,0\,1\,0\,1\,0 \\ 1\,1\,0\,0\,1\,1\,0\,0 \\ 1\,1\,1\,1\,0\,0\,0\,0 \\ 1\,1\,1\,1\,1\,1\,1\,1 \end{bmatrix}$。如果把 u_1、u_2、u_3、u_5 设

置成冻结比特，那么有 $x_1^8 = (u_1, u_2, u_3, \cdots, u_8) \cdot G_8 = (u_4, u_6, u_7, u_8) \cdot G_P(8,4)$。

一个使用 Polar 码来实现的二维编码策略是，选择一个信息阵列 $U = (u_{i,j})$，使 U 的每一行都是特定的 Polar 码 $P(N, K)$ 的许用信息，并且每一列都是一类分组码的编码字。例如，考虑一个 4×8 的阵列 U，U 的每一行都是 $P(8, 4)$ 的许用信息，并且每一列都是表 3-2 所示的长度为 4 的编码字。表中的条目 (N, K, d) 表示码长为 N，维度为 K，汉明距离为 d。例如，$(4, 0, \infty)$ 表示全 0 的码字，

$(4, 1, 4)$ 包括 0000 和 1111。例如，一个许用信息阵列 $U = \begin{bmatrix} 0\,0\,0\,1\,0\,1\,0\,1 \\ 0\,0\,0\,1\,0\,0\,1\,1 \\ 0\,0\,0\,1\,0\,1\,0\,0 \\ 0\,0\,0\,1\,0\,0\,1\,1 \end{bmatrix}$。

表 3-2　用于组成 4×8 的阵列 U 列码字

序号	编码类型
1	$(4, 0, \infty)$
2	$(4, 0, \infty)$
3	$(4, 0, \infty)$
4	$(4, 1, 4)$
5	$(4, 0, \infty)$
6	$(4, 3, 2)$
7	$(4, 3, 2)$
8	$(4, 4, 1)$

许用信息阵列 U 经过 Polar 码编码之后，得到 $X = U \cdot G_8 = \begin{bmatrix} 1 0 0 1 1 0 0 1 \\ 1 0 1 0 0 1 0 1 \\ 0 1 1 0 0 1 1 0 \\ 1 0 1 0 0 1 0 1 \end{bmatrix}$。

至此，2D Polar 码编码完成。然后，将 32 个比特的编码字发送到信道中。

解码是根据 U 的结构来对接收的数据 Y 进行行列交错的解码。因为 U 的前 3 列都是 0，那么，解码器直接把它们置成 0。U 的第 4 列包含了真正的信息，那么，解码器一行一行地估计 $\tilde{u}_{i,4}$，$1 \leqslant i \leqslant 4$ 的值（使用 Polar 码的 SC 解码器）。然后，用 ML 解码器来解码这一列。

接下来，U 的第 5 列都是 0，那么，解码器直接把它们置成 0。然后，解码器解码第 6、7、8 列。

仿真结果显示，2D Polar 码（图 3-46[96] 中的 4×256 码）比一维 Polar 码（图 3-46 中的 1×256 码）性能更好且与长码（图 3-46 中的 1×1024 码）性能接近。

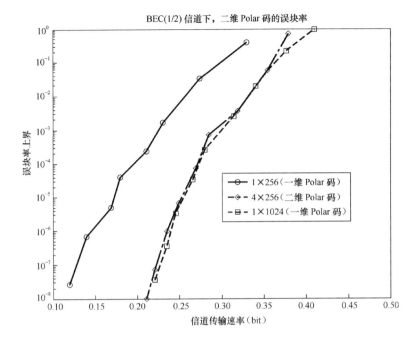

图 3-46　2D Polar 码与 一维 Polar 码的 BLER 性能

| 3.13　Polar 码解码算法 |

与其他编码方案相比，在中短码长下，不带 CRC 辅助（CA）的 Polar 码性能不具有竞争力[38]。但是，增加了 CA 的 Polar 码具有相当好的性能。特别地，使用 CRC 辅助—串行消去—列表（CA-SC-L）后，在列表深度较大时，已与最大似然（ML）解码算法接近了[13]。下面我们看看主要有哪些解码算法。

3.13.1　SC 算法

文献 [1] 和文献 [34] 给出了算法的详尽描述。在 SC 解码过程中，在对第 i bit 进行判决时，需要计算信道 $W_N^{(i)}$ 的转移概率 $W_N^{(i)}\left(y_1^N, \hat{u}_1^{i-1} \middle| \hat{u}_i\right)$。在给定接收序列 y_1^N 下，部分解码序列为 $\hat{u}_1^i$ 的后验概率（APP）为

$$P_N^{(i)}\left(\hat{u}_1^i \middle| y_1^N\right) = \frac{W_N^{(i)}\left(y_1^N, \hat{u}_1^{i-1} \middle| \hat{u}_i\right) \cdot P_r\left(\hat{u}_i\right)}{P_r\left(y_1^N\right)} \qquad (3\text{-}29)$$

当发射的信息比特在 {0，1} 中等概出现时，有 $P_r\left(\hat{u}_i = 0\right) = P_r\left(\hat{u}_i = 1\right) = 0.5$。

那么，接收序列为 y_1^N 的概率为

$$P_r\left(y_1^N\right) = \frac{1}{2^N} \cdot \sum_{u_1^N} W_N\left(y_1^N \big| u_1^N\right)$$

(3-30)

另外，后验概率可进行递归计算，如下。

$$P_N^{(2i-1)}\left(\hat{u}_1^{2i-1} \big| y_1^N\right) = \sum_{\hat{u}_1^{2i} \in \{0,1\}} P_{N/2}^{(i)}\left(\hat{u}_{1,0}^{2i} \oplus \hat{u}_{1,e}^{2i} \big| y_1^{N/2}\right) \cdot P_{N/2}^{(i)}\left(\hat{u}_{1,e}^{2i} \big| y_{1+N/2}^N\right)$$

(3-31)

$$P_N^{(2i)}\left(\hat{u}_1^{2i} \big| y_1^N\right) = P_{N/2}^{(i)}\left(\hat{u}_{1,0}^{2i} \oplus \hat{u}_{1,e}^{2i} \big| y_1^{N/2}\right) \cdot P_{N/2}^{(i)}\left(\hat{u}_{1,e}^{2i} \big| y_{1+N/2}^N\right)$$

(3-32)

当 $N = 1$ 时，有

$$P_1^{(1)}\left(\hat{u} \big| y\right) = P_r\left(\hat{u} \big| y\right) = \frac{W\left(y \big| \hat{u}\right)}{2 \cdot P_r\left(y\right)} = \frac{W\left(y \big| \hat{u}\right)}{W\left(y \big| 0\right) + W\left(y \big| 1\right)}$$

根据上面的后验概率，用式（3-33）对 $\hat{u}_1^i$ 进行判决。

$$\hat{u}_i = \begin{cases} 0, & \text{如果} i \text{在信息集中且} \dfrac{P_N^{(i)}\left(\hat{u}_1^{i-1}, \hat{u} = 0 \big| y_1^N\right)}{P_N^{(i)}\left(\hat{u}_1^{i-1}, \hat{u} = 1 \big| y_1^N\right)} \geq 1 \\[4mm] 1, & \text{如果} i \text{在信息集中且} \dfrac{P_N^{(i)}\left(\hat{u}_1^{i-1}, \hat{u} = 0 \big| y_1^N\right)}{P_N^{(i)}\left(\hat{u}_1^{i-1}, \hat{u} = 1 \big| y_1^N\right)} < 1 \\[4mm] u_i, & \text{如果} i \text{在冻结集中} \end{cases}$$

(3-33)

以母码长度 $N = 4$ 为例，SC 算法也可用码树来表示，如图 3-47 所示。从该图可以看出，SC 算法总是沿着具有最大后验概率的路径来"走"。我们将会在后面看到，按照 SC 的"走"法，有时候可能会"走"错（解码错误）。

3.13.2 SC-L 算法

SC-L 算法是在 SC 算法的基础上，通过保存 L 条具有最大后验概率的路径来进行下一层的解码，在算法的最后选取一条具有最大后验概率的路径。即相对 SC 算法，SC-L 算法增加了路径保存和回退功能。文献 [13,34] 给出了算法的详尽描述。

当列表深度 $L = 1$ 时，SC-L 算法就退化为 SC 算法；当列表深度 $L = \min(2^N, 2^{Length(A)})$ 时，SC-L 算法就变成 ML 算法。其中，*Length(A)* 为信息集

的长度。由图 3-48[13] 可知，当列表深度 $L = 32$，SC-L 算法已与 ML 非常接近了（考察点：BLER = 1%）。

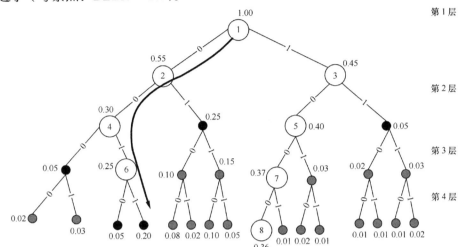

图 3-47　SC 算法的码树表示

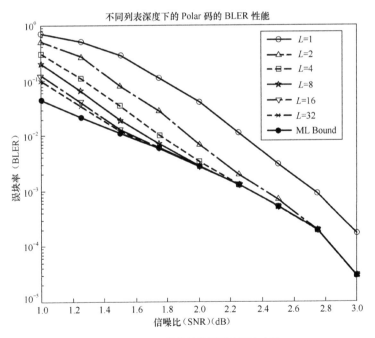

图 3-48　SC-L 算法性能随列表深度变化

仍以母码长度 $N = 4$ 为例，SC-L 算法也可用码树来表示，如图 3-49 所示[34]。

假定列表深度 $L = 2$。在第1层，SC-L算法按照最大APP找到了左边的路径 $\{0, x, x, x\}$ 和右边的路径 $\{1, x, x, x\}$。这样共找到了两条路径。SC-L算法把它们保存到 $L = 2$ 条列表中。在第2层，SC-L算法按照最大APP找到了左边的路径 $\{0, 0, x, x\}$ 和右边的路径 $\{1, 0, x, x\}$。在第3层，SC-L算法按照最大APP找到了左边的路径 $\{0, 0, 1, x\}$ 和右边的路径 $\{1, 0, 0, x\}$。在第4层，SC-L算法找到了左边的路径 $\{0, 0, 1, 1\}$ 和右边的路径 $\{1, 0, 0, 0\}$。因为右边的路径的APP超过了左边的路径的APP，因此，SC-L算法按照右边的路径来输出解码比特 $\{1, 0, 0, 0\}$，从而完成了解码。SC-L算法选择的右边路径正是ML路径。

另外，文献 [34] 还研究了串行消去—堆栈（SC-S）和串行消去—混合堆栈与列表（SC-H）算法，这些算法与ML的性能非常接近。

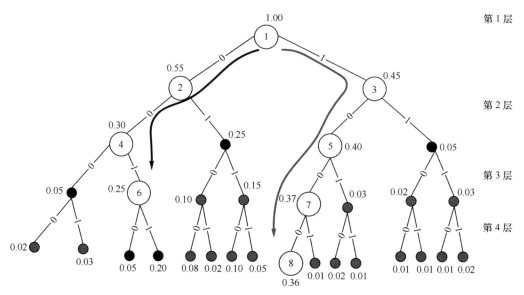

图 3-49　SC-L 算法的码树表示

3.13.3　基于统计排序的译码算法

基于统计排序的译码算法[36]的大致过程如下。

第1步，解码器对接收到的数据 $y = u \cdot \boldsymbol{G} + n$ 按照置信度降序排列，得到 $z = \lambda(y)$。其中，$z = \{z_1, z_2, z_3, \cdots, z_N\}$，$\lambda(\cdot)$ 为置换函数（可以表示成一个置换矩

阵）。经过上述排序操作之后，有 $|z_1| \geqslant |z_2| \geqslant |z_3| \geqslant \cdots \geqslant |z_N|$。

第 2 步，对 Polar 码生成矩阵 G 进行上述置换操作 $\lambda(\cdot)$，得到 $S = \lambda(G) = (g_1, g_2, g_3, \cdots, g_N)$。其中，$g_1, g_2, g_3, \cdots, g_N$ 为矩阵 S 的 N 个列向量，N 为 Polar 码的母码长度。

第 3 步，从矩阵 S 的最左边的第一列开始，查找 K 个（与第一列）最不相关的列向量（相关性最小的列向量；或者，汉明距离最大的列向量），并将其作为矩阵 T 的前 K 列。其中，K 为 Polar 码编码前的信息长度。矩阵 S 的其余 $N-K$ 列作为矩阵 T 的第 $K+1$ 到第 N 列（注：文献 [36] 没说明这 $N-K$ 列是否要排序）。这一操作也可以用另一个置换函数 $T = \varphi(S)$ 来表示。即，$T = \varphi[\lambda(G)]$。

第 4 步，对第 1 步得到的 z 进行第 3 步的置换操作，得到向量 $v = \varphi(z) = \varphi[\lambda(y)]$。

第 5 步，对第 3 步得到的矩阵 T 进行高斯消元，使前 K 列（和前 K 行）能组成一个 $K \times K$ 的单位阵，得到矩阵 P。

第 6 步，对第 4 步得到的向量 v 的前 K 个元素进行硬判决，得到向量 $a = \{a_1, a_2, a_3, \cdots, a_K\}$。

第 7 步，利用矩阵 P 对第 6 步得到的向量 a 进行编码，得到编码字 $c = a \cdot P$（注：文献 [36] 没说明是否要对向量 a 的前面或后面填上 $N-K$ 个 "0"，以使向量与矩阵相乘时其长度要一致。这里假定在向量 a 的前面填上 $N-K$ 个 "0"。因为如果在向量 a 的后面填上 $N-K$ 个 "0"，则不需要这一步的操作）。

第 8 步，计算 $d = \lambda^{-1}(\varphi^{-1}(c))$，对 d 进行硬判决，得到 $e = HD(d)$。其中，$\lambda^{-1}(\cdot)$ 为 $\lambda(\cdot)$ 的反操作，$\varphi^{-1}(\cdot)$ 为 $\varphi(\cdot)$ 的反操作，$HD(\cdot)$ 为硬判决。

经过上述步骤之后，在无噪情况下，有 $e = u$，从而解出了原来发射的信息。

为了提高译码性能，文献 [36] 还提出了 L 阶统计排序译码器。L 阶统计排序对第 6 步得到的向量 a 中至多 L bit 进行（逐一）翻转，然后重新生成编码字 c，并计算编码字 c 的调制序列与第 4 步得到的向量 v 的欧氏距离。最后用欧氏距离最小的编码字 c 去计算 d，硬判决之后输出解码信息。

另外，文献 [36] 还将 CRC 与上述解码方法结合起来。其仿真结果显示，在较高码率（如 $R = 3/4$）时，其 CRC 辅助的 L 阶统计排序译码算法优于 CRC 辅助的串行消去列表算法（在 BLER = 1% 时，比 CA-SCL-32 好 0.1dB）；在低码率（如 $R = 1/4$）时，其性能不如 CRC 辅助的串行消去列表算法。

3.13.4 置信度传播（BP）算法

Arikan 在文献 [1] 中提到，Polar 码生成矩阵 $\boldsymbol{G}$ 可用因子图来表示。这样一来，Polar 码就可用置信度传播（BP）算法来解码。下面以 $N = 8$ 的 Polar 码为例来描述 BP 算法[39-40]。

$N = 8$ 的 Polar 码的因子图如图 3-50 所示。在该图中，总共有 $N \cdot (1 + \log_2 N) = 32$ 个因子数。即总共有 32 个点需要进行解码运算，每一个点都用一个标识 (i, j) 来表示，其中，i 表示级数，$1 \leqslant i \leqslant 1 + \log_2 N$，第一级表示待编码的信息，最后一级表示编码之后的信息；j 表示当前级数下的第几个节点，$1 \leqslant j \leqslant N$。

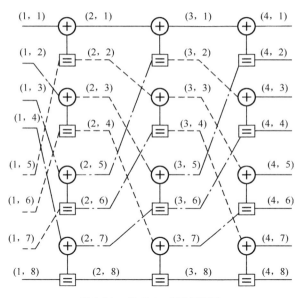

图 3-50　G_8 Polar 码的因子图

上述的因子图可分解为 $2 \times 2 = 4$ 个节点之间的计算，称为基本计算模块，如图 3-51 所示。其中，$R_{i,j}$ 表示当前节点向右边传播的消息，$L_{i,j}$ 表示当前节点向左边传播的消息。在第一级，有

$$L_{1,j} = \begin{cases} 0, & \text{如果 } j \text{ 在信息集中} \\ \infty, & \text{如果 } j \text{ 在冻结集中} \end{cases} \quad （3-34）$$

在最后一级，有

$$R_{1+\log_2 N,j} = \log\left(\frac{P\left(y_j\middle|x_j = 0\right)}{P\left(y_j\middle|x_j = 1\right)}\right) \quad (3\text{-}35)$$

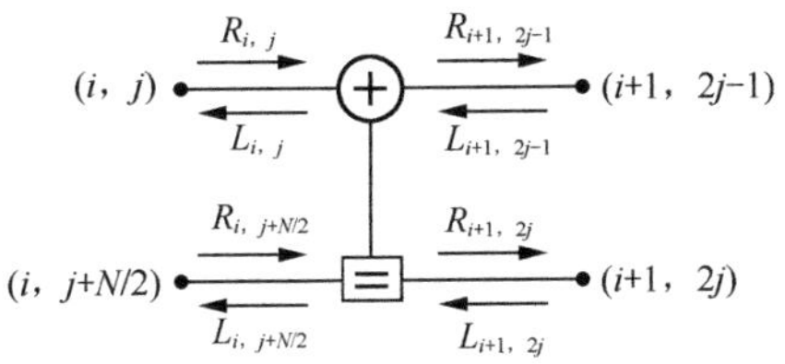

图 3-51　基本计算模块

BP 解码算法是通过节点直接相互传递信息来实现的（如图 3-51 所示）。每一个节点的消息都可以通过已知的基本计算模块的邻节点来计算，如下所示。

$$L_{i,j} = g\left[L_{i+1,2j-1}, \left(L_{i+1,2j} + R_{i,j+N/2}\right)\right] \quad (3\text{-}36)$$

$$L_{i,j+N/2} = g(R_{i,j}, L_{i+1,2j-1}) + L_{i+1,2j} \quad (3\text{-}37)$$

$$R_{i+1,2j-1} = g\left[R_{i,j}, \left(L_{i+1,2j} + R_{i,j+N/2}\right)\right] \quad (3\text{-}38)$$

$$R_{i+1,2j} = g(R_{i,j}, L_{i+1,2j-1}) + R_{i,j+N/2} \quad (3\text{-}39)$$

其中，$g(x,y) = \ln\left[1 + xy/(x+y)\right]$。

通过上面的公式从左向右及从右向左来更新各个节点的信息进行迭代运算。如果 CRC 成功或者达到最大迭代次数，则停止解码，输出解码结果。

根据文献 [40]，在 $N = 512$、码率 $R = 1/2$、60 次迭代、BER $= 5 \times 10^{-5}$ 和 AWGN 信道下，BP 算法比 SC 算法约好 0.3 dB。

3.13.5　Polar 码并行解码

由于 Polar 码的串行解码（SC）时延较大，特别是在母码长度很大时（如，$N = 2^{20}$）。这限制了 Polar 码的应用。为减少 Polar 码的解码时延，一些研究人员提出了 Polar 码的并行解码算法。这些并行解码算法主要包括两大类：基于 BP 的全并行解码算法 [41-42,99] 和这一节要介绍的基于 Polar 码递归结构的多 SC 并行解码算法 [43,113]。

根据文献 [43]，标记 $u_1^N = \{u_1, u_2, u_3, \cdots, u_{N-1}, u_N\}$ 为长度是 N 的信息比特，

$u_1^{N/2} = \{u_1, u_2, u_3, \cdots, u_{N/2-1}, u_{N/2}\}$ 为 u_1^N 的前一半比特，$u_{1+N/2}^N = \{u_{1+N/2}, u_{2+N/2}, u_{3+N/2},$ $\cdots, u_{N-1}, u_N\}$ 为 u_1^N 的后一半比特，$G_N = F^{\otimes \log_2(N)}$ 为 Polar 码的生成矩阵，$x_1^N = \{x_1, x_2, x_3, \cdots, x_{N-1}, x_N\}$ 为编码后比特。那么有

$$x_1^N = u_1^N \cdot G_N = u_1^N \cdot F^{\otimes \log_2(N)} = u_1^N \cdot \begin{bmatrix} F^{\otimes \log_2(N/2)}, & 0 \\ F^{\otimes \log_2(N/2)}, & F^{\otimes \log_2(N/2)} \end{bmatrix} \quad （3\text{-}40）$$

$$x_1^N = \left[x_1^{N/2}, x_{1+N/2}^N \right] = \left[a_1^{N/2} \cdot F^{\otimes \log_2(N/2)}, b_1^{N/2} \cdot F^{\otimes \log_2(N/2)} \right] \quad （3\text{-}41）$$

其中，$a_1^{N/2} = u_1^{N/2} \oplus u_{1+N/2}^N$，$b_1^{N/2} = u_{1+N/2}^N$。

也就是说，一个母码长度为 N 的 Polar 码，可以拆分成两个母码长度为 $N/2$ 的 Polar 码来并行地解码。但应注意到，$a_1^{N/2}$ 和 $b_1^{N/2}$ 是相关的。

接收机在收到数据 $y_1^N = \{y_1, y_2, y_3, \cdots, y_{N-1}, y_N\}$ 之后，把前面一半 $y_1^{N/2} = \{y_1, y_2, y_3, \cdots, y_{N/2-1}, y_{N/2}\}$ 送给第一个 SC 解码器，从而解出 $a_1^{N/2}$；把后面一半 $y_{1+N/2}^N = \{y_{1+N/2}, y_{2+N/2}, y_{3+N/2}, \cdots, y_{N-1}, y_N\}$ 送给第 2 个 SC 解码器，从而解出 $b_1^{N/2}$。

这两个 SC 解码器计算每个比特的对数似然比的方法与常规 SC 解码器完全一样（独立地计算），即

$$L_{N/2}^{(i)}\left(y_1^{N/2}, a_1^{\hat{i}-1} \right) = \log \frac{W_{N/2}^{(i)}\left(y_1^{N/2}, a_1^{\hat{i}-1} | a_i = 0 \right)}{W_{N/2}^{(i)}\left(y_1^{N/2}, a_1^{\hat{i}-1} | a_i = 1 \right)} \quad （3\text{-}42）$$

$$L_{N/2}^{(i)}\left(y_{1+N/2}^N, b_1^{\hat{i}-1} \right) = \log \frac{W_{N/2}^{(i)}\left(y_{1+N/2}^N, b_1^{\hat{i}-1} | b_i = 0 \right)}{W_{N/2}^{(i)}\left(y_{1+N/2}^N, b_1^{\hat{i}-1} | b_i = 1 \right)} \quad （3\text{-}43）$$

对 a_i 和 b_i 的判决可以独立地进行，也可联合地进行。判决之后可得到 $u_1^{N/2} = \{a_i \oplus b_i\}$，$u_{1+N/2}^N = \{b_i\}$。

与此类似，一个母码长度为 N 的 Polar 码，可以拆分成 4 个母码长度为 $N/4$ 的 Polar 码来并行地解码，也可以拆分成 8 个母码长度为 $N/8$ 的 Polar 码来并行地解码等。

文献 [43] 显示，使用上述并行解码算法之后，其 BLER 性能与原始的 SC 算法差异非常小。单个并行的 SC 解码器的复杂度为 $O\left[(N/M) \cdot \log_2(N/M) \right]$，总的解码复杂度为 $O\left[N \cdot \log_2(N/M) \right]$（考虑到 N 很大，而 M 很小，总量基本不变），总的解码时延下降为原来的 $1/M$，其中，N 为母码长度，M 为并行的 SC 解码器数量；使用列表算法后的总的复杂度为 $O\left[N \cdot L \cdot \log_2(N/M) \right]$。

| 3.14　复杂度、吞吐量与解码时延 |

复杂度是指一种编码方案在实现时需要多大的计算量、存储量。它包括编码复杂度和解码复杂度。通常地，编码复杂度都比较小，而解码复杂度比较大。另外，复杂度与性能、复杂度与吞吐量存在一定的平衡点。

3.14.1　计算复杂度

Arikan 在文献 [1] 和文献 [44] 中指出了在 SC 算法下的编码复杂度和解码复杂度都为 $O\left[N\cdot\log_2(N)\right]$。这主要是因为，长度为 N 的 Polar 码，有 $\log_2(N)$ 个层的分支。在编码时，需要进行 $(\log_2 N)\cdot N/2$ 次模 2 加操作，即编码复杂度为 $O[N\times\log_2(N)]$；在解码时，需要 $N\times\log_2(N)/2$ 次校验节点操作和 $N\times\log_2(N)/2$ 次变量节点操作。即解码复杂度为 $O[N\times\log_2(N)]$。其中，N 为母码长度。

从另一个角度看，假设 C_N 为解母码长度 N 的 Polar 码的复杂度，那么可以把长度为 N 的 Polar 码分解成两个长度为 $N/2$ 的 Polar 码来解码。即有文献 [44]。

$$C_N = 2\cdot C_{N/2} + k\cdot N = N + k\cdot N \tag{3-44}$$

其中，k 为一定的常数。式（3-44）中的计算量包含了一些重复计数。因此，Arikan 在文献 [1] 中指出，通过合适的分类和共享计算得到的似然比，可使复杂度做到

$$C_N = N + N\cdot\log_2(N) = \left[1+\log_2(N)\right]\cdot N \tag{3-45}$$

在 SC-L 算法下的解码复杂度为 $O\left[L\cdot N\cdot\log_2(N)\right]$[13]。其中，$L$ 为列表深度。在 SC-S 算法下的解码复杂度为为 $O\left[L\cdot N\cdot\log_2(N)\right]$，但与实际信噪比有关[34]（主要原因是，对于 SC-S 算法，在高信噪比时，正确路径通常会保持在栈顶的位置，从而使其计算量随着信噪比的提高而下降；在低信噪比时，各个候选路径度量值区分度较低，所需的计算量大[34]）。文献 [109] 指出在 SC-L 算法下的解码复杂度为 $L\times N\times\log_2(N)+L\times N+2\times L\times K\times\log_2(2\times L)$。其中，$K$ 为待编码信息块的长度。文献 [109] 还给出了复杂度随着码率的变化而变化的情况。

如图 3-52 所示[97]，文献 [97] 给出了几种解码算法的复杂度（条件是，码长 N = 1024 bit、码率为 1/2）。从该图可知，Polar 码的解码算法的复杂度与信噪比基本无关。即其计算量保持恒定。根据第 3.13 节，当列表深度 L 为 8 时，

CA-SCL 的性能已与 ML 非常接近了。故，在考虑算法复杂度时，我们通常以 $L = 8$ 为基础做比较。在信噪比小于 $2\,\mathrm{dB}$ 和 $L = 8$ 时，SC-L 算法的复杂度比 Turbo 码的复杂度低。相对来说，Polar 码的复杂度低于 Turbo 码。

文献 [104] 给出了在短码情况下的计算复杂度比较。文献 [104] 显示，PC-Polar 码的复杂度比 RM 码低很多且与 Golay 码基本相当。

文献 [105] 给出了 Polar 码与咬尾卷积码的计算复杂度比较。文献 [105] 显示，在 Polar 码的 $L = 8$ 对应的 BLER 性能下，Polar 码与咬尾卷积码的计算复杂度基本相当，大致在 10^4 这一数量级上。

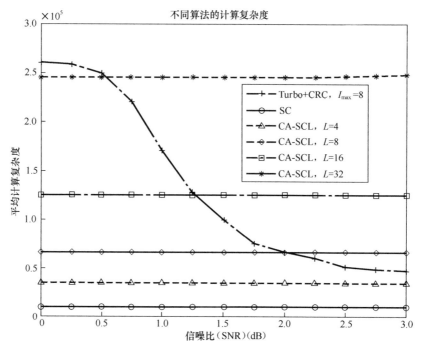

图 3-52　Polar 码与 Turbo 码的复杂度

3.14.2 （*存储*）空间复杂度

SC 算法下的存储复杂度为 $O\big[N \cdot \log(N)\big]$ [34]（这主要是因为对于长度为 N 的 Polar 码，有 $\log_2(N)$ 个层的分支，每层都要存储 N 个似然比值。为找出哪一个路径是原始发射路径，总共需要存储 $N \times \log_2(N)$ 个似然比值）。文献 [13] 给出了把 SC 算法的存储复杂度降低到 $O(N)$ 的方法（主要方法是，把活动节点的数据直接存储到不活动节点的位置上，从而减少了存储量）。

SC-L 算法下的存储复杂度为 $O\big[L \cdot N \cdot \log(N)\big]$ [34]（因为，每个列表都要有一份后验概率值）。文献 [13] 把 SC-L 算法的存储复杂度减小到 $O(L \cdot N)$。

SC-S 算法下的存储复杂度为 $O(D \cdot N)$[34]，D 为堆栈深度。SC-H 算法下的存储复杂度为 $O(L \cdot N \cdot N)$，但可以小一些 [34]。

文献 [105] 给出了 Polar 码与咬尾卷积码的存储量需求比较。文献 [105] 的第 3.3.1 节显示，在 Polar 码的 $L = 8$ 时，Polar 码的存储量需求比咬尾卷积码的存储量需求要大一些。

总的来说，Polar 码的存储量要求较低。

3.14.3　吞吐量

文献 [98] 提出的方法的解码吞吐量一般可以做到 4.4 Gbit/s，快时能达到 6.4 Gbit/s。文献 [99] 的基于 BP 的解码方法的吞吐量达到了 4.68 Gbit/s（其母码长度 $N = 1024$）。文献 [100] 的方法的解码吞吐量达到了 12 Gbit/s。5G-NR 在 100MHz 的带宽、256QAM 调制、8 天线、0.95 的编码速率的情况下，无线传输速率约为 6 Gbit/s，这对文献 [100] 的方法来说是很容易做到的。

目前，Polar 码在 5G-NR 中用于控制信息和 NR-PBCH 的编码。而目前的控制信息最多可能是 500 bit、1000 bit，这对 Polar 码来说是非常轻松的事情。

3.14.4　解码时延

根据文献 [98]，解码一个 $N = 1024$、1/2 码率的数据块的时延为 $2\,\text{ns} \times 56 = 112\,\text{ns}$。文献 [100] 的方法解码一个 $N = 512$、5/6 码率的数据块的时延为 $0.54\,\mu\text{s}$（等于 540 ns）。文献 [101] 指出，很大的数据块也能够在 $16\,\mu\text{s}$ 内解码完成。80 bit 的数据块能够在 $1.7\,\mu\text{s}$ 内解码完成 [102]。文献 [103] 显示，40 bit 的数据块能够在 $0.22\,\mu\text{s}$ 内解码完成（$N = 512$、$L = 8$）。

文献 [105] 给出了 Polar 码与咬尾卷积码的解码时延比较。文献 [105] 的第 4.3.1 节显示，在 Polar 码的 $L = 8$ 时的解码时延（44 次盲检）为 $0.47\,\mu\text{s}$，这比咬尾卷积码的解码时延（$0.22\,\mu\text{s}$）稍多一些。

对于 5G-NR 的 15 kHz 的子载波间隔，符号长度为 $71\,\mu\text{s}$。那么，Polar 码可以在一个 $71\,\mu\text{s}$ 的符号内就可以完成解码。对于 5G-NR 的 240 kHz 的子载波间隔，符号长度为 $4.4\,\mu\text{s}$。那么，Polar 码在一个 $4.4\,\mu\text{s}$ 的符号内就可以完成

解码。低的解码时延对实现 5G-NR 的自包含（Self-contained）结构是非常重要的。

综上所述，Polar 码的复杂度、吞吐量与解码时延都具有较好的指标。下面，我们看看 Polar 码的性能。

| 3.15 Polar 码的性能 |

3.15.1 最小汉明距离

汉明距离是指两个信息块之间对应位不同的数目。例如，假设信息块 A = {1, 0, 0, 1}，信息块 B = {0, 1, 0, 1}，那么，它们之间的汉明距离 d = 2。最小汉明距离是指编码之后的任意码字（Code Word）之间的最小的汉明距离。最小汉明距离用来表征一种编码方案区分两个码字的能力。一般地，最小汉明距离越大，则其解码性能越好。表3-3给出了几种编码方案的最小汉明距离[104]。

表3-3 Golay 码、RM 码和 Polar 码的最小汉明距离

N	Type	K=3	K=4	K=5	K=6	K=7	K=8	K=9	K=10	K=11	K=12
20	Golay	10	10	8	8	8	8	7	6	5	4
	RM	8	8	8	8	6	6	6	6	4	N/A
	PC-Polar	11	9	8	8	6	6	6	6	4	4
24	Golay	12	12	10	10	9	8	8	8	8	8
	RM	10	9	9	9	7	7	6	6	4	N/A
	PC-Polar	8	8	8	8	8	8	8	6	4	4
32	Golay	17	16	16	13	12	11	11	10	9	9
	RM	16	16	16	16	12	12	12	12	10	N/A
	PC-Polar	18	16	8	16	12	12	12	12	8	N/A

3.15.2 误块率

误块率（BLER）是指接收端没有成功解码的信息块数目与接收到的总的信息块数目之比。Polar 码的 BLER 是可以计算出来的[1,34]，如图 3-53 所示[34]。从该图可知，理论计算结果和仿真结果相当接近。编码方案性能的好坏通常以

BLER 来衡量。

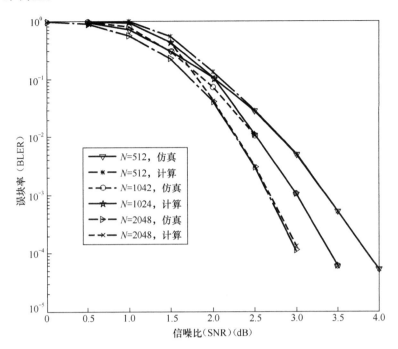

图 3-53　AWGN 信道，1/2 码率下，理论 BLER 和仿真 BLER

根据文献 [1,34]，BLER 的上界可通过以下方式来计算。把误块事件标记为 $\varepsilon = U_{i \in A} B_i$，其中，$A$ 为信息集，i 为第 i 层解码时的层数，B_i 为使用 SC 算法下首次错误判决事件。B_i 的定义如下。

$$B_i = \{(u_1^N, y_1^N) \in X^N \times Y^N : u_1^{i-1} = \hat{U}_1^{i-1}(u_1^N, y_1^N), u_i \neq \hat{U}_i(u_1^N, y_1^N)\} \qquad (3\text{-}46)$$

注意到，$B_i = \left\{(u_1^N, y_1^N) \in X^N \times Y^N : u_1^{i-1} = \hat{U}_1^{i-1}(u_1^N, y_1^N), u_i \neq h_i\left[y_1^N, \hat{U}_1^{i-1}(u_1^N, y_1^N)\right]\right\} \subset \varepsilon_i$

其中，$\varepsilon_i = \{(u_1^N, y_1^N) \in X^N \times Y^N : W_N^{(i-1)}(y_1^N, u_1^{i-1} \mid u_i) \leqslant W_N^{(i-1)}(y_1^N, u_1^{i-1} \mid u_i \oplus 1)\}$。

于是，可得到 $\varepsilon \subset \underset{i=A}{U} \varepsilon_i$ 和 $P(\varepsilon) \leqslant \sum_{i \in A} P(\varepsilon_i)$。注意到 $P(\varepsilon_i) = \sum_{u_1^N, y_1^N} \frac{1}{2^N} W_N(y_1^N \mid u_1^N) 1_{\varepsilon_i}(u_1^N,$

$y_1^N) \leqslant \sum_{u_1^N, y_1^N} \frac{1}{2^N} W_N(y_1^N \mid u_1^N) \sqrt{\dfrac{W_N^{(i)}(y_1^N, u_1^{i-1} \mid u_i \oplus 1)}{W_N^{(i)}(y_1^N, u_1^{i-1} \mid u_i)}} = Z(W_N^{(i)})$。于是，可得到 BLER

的上界：

$$P(\varepsilon) \leqslant \sum_{i \in A} Z(W_N^{(i)}) \qquad (3\text{-}47)$$

其中，$Z(W_N^{(i)})$ 是第 3.3.1 节中的 Z 参数（巴氏参数）。

3.15.3 虚警率

衡量编码方案性能好坏的另一个参数是虚警率（FAR）。虚警率是指接收端自认为成功解码而实际上不同于发射端发射的信息块或者发射端根本就未给这个接收端发射信息块的数目与总的解码次数的比例。考虑到承载下行控制信息（DCI）的物理下行控制信道（PDCCH）需要多次盲检，而盲检可能会检测到其他用户的 DCI，甚至基站根本就未发出这样的 DCI(即使有 CRC 也可能发生这样的情况）。因此，FAR 对 PDCCH 显得特别重要。

在 4G LTE 中，FAR 的要求为 $2_{\text{Length}}^{-\text{CRC}}$。LTE 的 PDCCH 的 CRC 为 16 bit，则 FAR 的要求为 $2^{-16} \approx 1.5 \times 10^{-5}$。对于 5G-NR，FAR 至少要达到 LTE 的要求。

如果有 CRC 或者有 PC 比特，那么接收端可以知道一个信息块是否得到成功解码。对于 CA-Polar 码，一般有 FAR $= 2^{\left[\log_2(L) - CRC_{\text{Length}}\right]}$。其中，$L$ 为 SC-L 的列表深度。例如，如果使用了 19 bit 的 CRC 和列表深度 $L = 8$，那么，FAR 大致在 1.5×10^{-5}，如图 3-54 所示[106]。

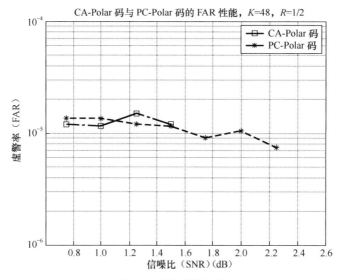

图 3-54　FAR 仿真结果

3.15.4　与其他码的性能比较

由于在目前的 5G-NR 中，Polar 码主要用在较短信息块的编码，故我们可重点关注超短码和短码的性能。

1. 超短码块（$K < 12$，无 CRC）

从图 3-55 可知 [107]，Polar 码、RM 码与 Golay 码的性能差别很小。由于 Polar 码的最小汉明距离较小，故它在高码率（信息长度为 12 bit；图 3-55 中，从上到下，码率分别等于 $O/20$、$O/24$、$O/32$；在信息长度为 12 bit 时，码率分别等于 0.6、0.5、0.375）时，其性能比 RM 码和 Golay 码要差一些。

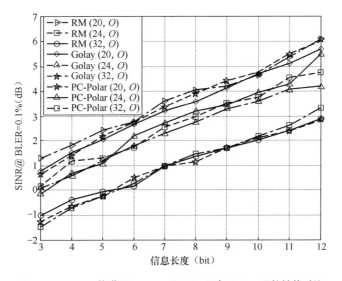

图 3-55　AWGN 信道下，Polar 码、RM 码与 Golay 码的性能对比

2. 短码块（$12 \leqslant K < 200$）

从图 3-56 可知 [107]，Polar 码比（LTE 使用的）双 RM 码的性能好 1 dB，Polar 码比双 Golay 码的性能好 0.6 dB。这主要是因为，双 RM 码和双 Golay 码在大于或等于 13 bit 时需要分成长度接近相同的两段，而这两段需要分别用（24，O）编码，而 Polar 码不需要分段，直接用（48，O）编码。

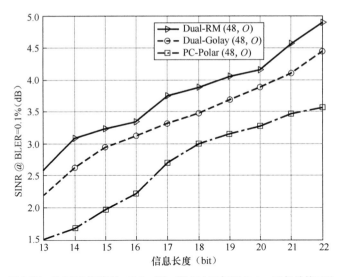

图 3-56　AWGN 信道下，Polar 码、双 RM 码与双 Golay 码的性能对比

从图 3-57 可知[108]，Polar 码比 TBCC 的性能好 0.6 ~ 1.5 dB。

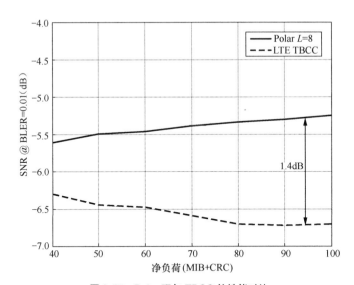

图 3-57　Polar 码与 TBCC 的性能对比

从图 3-58 可知[108]，在一定的仿真条件下[108]，对于小于 200 bit 的码长，Polar 码比 LDPC 的性能好 0.2 ~ 0.5 dB。

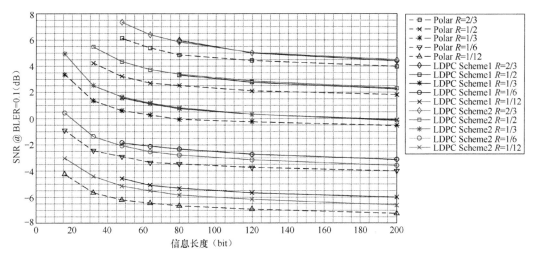

图 3-58　Polar 码与 LDPC 的性能对比

3. 中等长度码块（ $200 \leqslant K < 1000$ ）

在 K = 400 bit 和 **BLER** = 1% 下，Polar 码比 Turbo 码的性能好 0.6 dB 左右。如图 3-59 所示[109]。

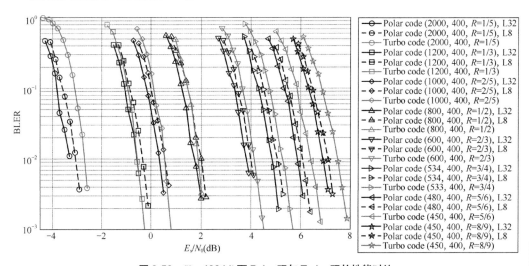

图 3-59　K = 400 bit 下 Polar 码与 Turbo 码的性能对比

4. 长码块（ $K \geqslant 1000$ ）

从图 3-60 可知[110]，在 K = 1000 bit、QPSK 调制、AWGN 信道和 BLER = 1% 下，Turbo 码、Polar 码和 LDPC 码的性能很接近，差别大致在 0.5 dB 之内。

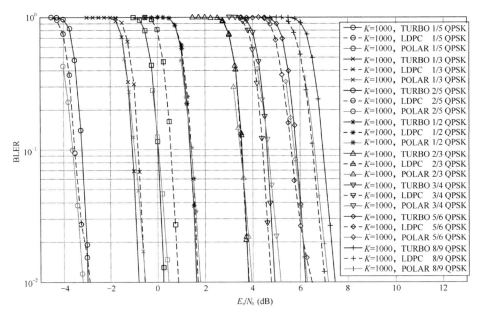

图 3-60　Polar 码与 LDPC 码的性能对比

从图 3-61 可知[111]，在 $K \geqslant 1000$ bit 和 1/5 码率下，Polar 码与 LDPC 码差 0.6 dB 左右，比 Turbo 码好 0.2 dB 左右。但在更高的码率下，它们相差不大。

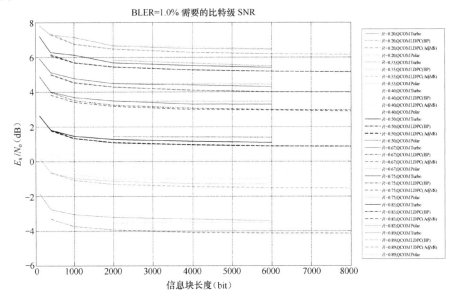

图 3-61　Polar 码与 Turbo 码和 LDPC 码的性能对比

文献 [111] 给出了更多的仿真结果，总体情况与前面的描述类似。

由于 Polar 码在中短码长下的一些性能优势，以及第 3.14 节给出的复杂度、吞吐量、解码时延分析，3GPP 最终选择 Polar 码作为 5G−NR 控制信道（及控制信息）和 NR−PBCH 的编码方案 [30,33]。

| 3.16　3GPP 协议中的 Polar 码 |

这一节以表格的形式描述了 Polar 码的以上设计在 3GPP 协议中是如何体现的，如表 3−4 所示。

表 3-4　3GPP 协议中的 Polar 码

3GPP 原文（TS38.212[112]）	解析
6.3.1.2.1　UCI encoded by Polar code If the payload size $A \geq 12$, code block segmentation and CRC attachment is performed according to section 5.2.1. If $A \geq 360$ and $E \geq 1088$, $I_{seg}=1$; ⋯ If $12 \leq A \leq 19$, the parity bits $P_{r0}, P_{r1}, P_{r2}, \cdots, P_{r(L-1)}$ in Section 5.2.1 are computed by setting L to 6 bits and ⋯ If $A \geq 20$, the parity bits $P_{r0}, P_{r1}, P_{r2}, \cdots, P_{r(L-1)}$ in Section 5.2.1 are computed by setting L to 11 bits and ⋯ **5.2　Code block segmentation and code block CRC attachment** **5.2.1　Polar coding** The input bit sequence to the code block segmentation is⋯ if $I_{seg}=1$ 　　$C=2$; ⋯ for $i = 0$ to $A'-A-1$ 　　$a_i' = 0$; end for ⋯ The sequence $c_{r0}, c_{r1}, c_{r2}, c_{r3}, \cdots, c_{r(A'/C-1)}$ is used to calculate the CRC parity bits $P_{r0}, P_{r1}, P_{r2}, \cdots, P_{r(L-1)}$ according to section 5.1 ⋯	Polar 码码块分段可参阅第 3.10 节 UCI 信息长度 A 在大于或等于 360 bit 且速率匹配之后的比特数 E 大于或等于 1088 bit 时才分段 UCI 长度 A 为 12 ~ 19 bit 时，使用 6 bit 的 CRC。大于或等于 20 bit 时，使用 11 bit 的 CRC 最多两段 如有必要，在第一段最前面添加一个比特 "0"（注：当冻结比特用） 各段分别作 CRC
5.3　Channel coding **5.3.1　Polar coding** The bit sequence input for a given code block to channel coding is denoted by $c_0, c_1, c_2, c_3, \cdots, c_{K-1}$, where K is the number of bits to encode. After encoding the bits are denoted by $d_0, d_1, d_2, \cdots, d_{N-1}$, where $N = 2^n$ and the value of n is determined by the following: Denote by E the rate matching output sequence length as given in Section 5.4.1; If $E \leq (9/8) \cdot 2^{(\lceil \log_2 E \rceil - 1)}$ and $K/E < 9/16$	Polar 码编码过程可参阅第 3.5 节~ 3.8 节； 母码长度为 2 的幂； 母码长度的确定可参考第 3.7 节 如果码率 $R=K/E$ 较低且资源 E 较少，则母码长度向小的长度方向选

3GPP 原文（TS38.212[112]）	解析

$n_1 = \lceil \log_2 E \rceil - 1$;

else

$\quad n_1 = \lceil \log_2 E \rceil$;

end if

$R_{\min} = 1/8$;

$n_2 = \lceil \log_2 (K/R_{\min}) \rceil$;

$n = \max\{\min\{n_1, n_2, n_{\max}\}, n_{\min}\}$

where $n_{\min} = 5$.

解析：
"9/8" 为速率匹配中的 β 因子；
"9/16" 为打孔码率门限；
$R_{\min}$ 为最小码率；
上行最大母码长度为 1024（$n_{\max}=10$）；
下行最大母码长度为 512

5.3.1.1 Interleaving

The bit sequence $c_0, c_1, c_2, c_3, \cdots, c_{K-1}$ is interleaved into bit

sequence $c_0', c_1', c_2', c_3', \cdots, c_{K-1}'$ as follows:

$\quad c_k' = c_{\Pi(k)}, \quad k = 0, 1, \cdots, K-1$

where the interleaving pattern $\Pi(k)$ is given by the following···

··· where $\Pi_{\text{IL}}^{\max}(m)$ is given by Table 5.3.1-1 and $K_{\text{IL}}^{\max} = \cdots$.

Table 5.3.1-1: Interleaving pattern $\Pi_{\text{IL}}^{\max}(m)$

m	$\Pi_{\text{IL}}^{\max}(m)$	⋮	m	$\Pi_{\text{IL}}^{\max}(m)$
0	0	⋮	196	197
⋮	⋮	⋮	⋮	⋮
27	49	⋮	223	223

解析：
前交织
上行 UCI 没有前交织（$I_{\text{IL}} = 0$）
下行 DCI 和 PBCH 有前交织（分布式 CRC；可参阅第 3.5.1 节）；
$\Pi(k)$ 为前交织图样；

前交织图样

5.3.1.2 Polar encoding

The Polar sequence $Q_0^{N_{\max}-1} = \{Q_0^{N_{\max}}, Q_1^{N_{\max}}, \cdots, Q_{N_{\max}-1}^{N_{\max}}\}$ is given

by Table 5.3.1-2, where $0 \leqslant Q_i^{N_{\max}} \leqslant N_{\max} - 1$ denotes a bit index

before Polar encoding for $i = 0, 1, \cdots, N-1$ and $N_{\max} = 1024$.

The Polar sequence $Q_0^{N_{\max}-1}$ is in ascending order of reliability

$W(Q_0^{N_{\max}}) < W(Q_1^{N_{\max}}) < \cdots < W(Q_{N_{\max}-1}^{N_{\max}})$, where $W(Q_i^{N_{\max}})$ denotes

the reliability of bit index $Q_i^{N_{\max}}$.

···

Denote $G_N = (G_2)^{\otimes n}$ as the n-th Kronecker power of matrix G_2,

where $G_2 = \begin{bmatrix} 1 & 0 \\ 1 & 1 \end{bmatrix}$.

···

Generate $u = [u_0 \, u_1 \, u_2 \cdots u_{N-1}]$ according to the following:

···

The output after encoding $d = [d_0 \, d_1 \, d_2 \cdots d_{N-1}]$ is obtained by

$d = u G_n$.

解析：
（单一的；圈套的）Polar 码序列（可参阅第 3.6 节）；
可靠度 $W(Q_i^{N_{\max}})$ 以整数来表示，越大越可靠；

生成矩阵 G 的产生（可参阅第 3.5.2 节）；

G_2 为 Arikan 核；

编码 $x = u \times G$

续表

3GPP 原文（TS38.212[112]）	解析
Table 5.3.1-2: Polar sequence Q_0^{N-1} and its corresponding reliability $W(Q_0^{N-1})$ <table><tr><td>$W(Q_i^{N_{max}})$</td><td>$Q_i^{N_{max}}$</td><td>⋮</td><td>$W(Q_i^{N_{max}})$</td><td>$Q_i^{N_{max}}$</td></tr><tr><td>0</td><td>0</td><td>⋮</td><td>896</td><td>966</td></tr><tr><td>⋮</td><td>⋮</td><td>⋮</td><td>⋮</td><td>⋮</td></tr><tr><td>127</td><td>274</td><td>⋮</td><td>1023</td><td>1023</td></tr></table>	Polar 码序列； $W(Q_i^{N_{max}})$ 为整数形式的可靠度（越大越可靠）。 $Q_i^{N_{max}}$ 为子信道号码
5.4.1　Rate matching for Polar code The rate matching for Polar code is defined per coded block and consists of sub-block interleaving, bit collection, and bit interleaving. ⋯ **5.4.1.1　Sub-block interleaving** The bits input to the sub-block interleaver are the coded bits $d_0, d_1, d_2, \cdots, d_{N-1}$. The coded bits $d_0, d_1, d_2, \cdots, d_{N-1}$ are divided into 32 sub-blocks. The bits output from the sub-block interleaver are denoted as $y_0, y_1, y_2, \cdots, y_{N-1}$, generated as follows: 　 ⋯ where the sub-block interleaver pattern $P(i)$ is given by Table 5.4.1.1-1.	速率匹配，可参阅第 3.7 节； 子块交织； 对 32 个子块进行交织； 子块交织图样
6.3.1.3.1　UCI encoded by Polar code Information bits are delivered to the channel coding block. They are denoted by $c_{r0}, c_{r1}, c_{r2}, c_{r3}, \cdots c_{r(K_r-1)}$, where r is the code block number, and K_r is the number of bits in code block number r. The total number of code blocks is denoted by C and each code block is individually encoded by the following: If $18 \leqslant K_r \leqslant 25$, the information bits are encoded via Polar coding according to section 5.3.1, by setting $n_{max} = 10$, $I_{IL} = 0$, $n_{PC} = 3$, $n_{PC}^{wm} = 1$ if $E_r - K_r + 3 > 192$ and $n_{PC}^{wm} = 0$ if $E_r - K_r + 3 \leqslant 192$, where E_r is the rate matching output sequence length as given in Section 6.3.1.4.1. If $K_r > 30$, the information bits are encoded via Polar coding according to section 5.3.1, by setting $n_{max} = 10$, $I_{IL} = 0$, $n_{PC} = 0$, and $n_{PC}^{wm} = 0$. After encoding the bits are denoted by $d_{r0}, d_{r1}, d_{r2}, d_{r3}, \cdots, d_{r(N_r-1)}$, where N_r is the number of coded bits in code block number r. **6.3.1.4　Rate matching** **6.3.1.4.1　UCI encoded by Polar code** ⋯ Rate matching is performed according to Section 5.4.1 by setting $I_{BIL} = 1$ and ⋯	Polar 码用于 UCI 的编码； 12 ～ 19 bit 的 UCI（加了 6 bit 的 CRC 之后就是 18 ～ 25 bit）使用 Polar 码来编码。有 3 bit 的 PC，使用 PC-CA-Polar 码。"I_{IL} =0" 表示没有前交织（没有分布式 CRC）； 20 bit 的 UCI（加了 11 bit 的 CRC 之后就是 31 bit 或更多）使用 CA-Polar 码来编码； 最大母码长度为 2^{10}=1024； "I_{BIL} =1" 表示有后交织（等腰三角形交织）

续表

3GPP 原文（TS38.212[112]）	解析
7 Downlink transport channels and control information **7.1 Broadcast channel** **7.1.4 Channel coding** Information bits are delivered to the channel coding block. They are denoted by $c_0, c_1, c_2, c_3, \cdots, c_{K-1}$, where K is the number of bits, and they are encoded via Polar coding according to section 5.3.1, by setting $n_{max} = 9$, $I_{IL} = 1$, $n_{PC} = 0$, and $n_{PC}^{wm} = 0$. **7.1.5 Rate matching** $\cdots$ Rate matching is performed according to Section 5.4.1 by setting $I_{BIL} = 0$.	PBCH 使用（分布式 CRC；$I_{IL} = 1$）CA-Polar 码。在第 7.1.1 节有一个反交织（预交织）$G(j)$，这里未列出 最大母码长度为 2^9=512 使用（分布式 CRC；$I_{IL} = 1$）CA-Polar 码。"$I_{BIL} = 0$"表示没有后交织（没有三角形交织）、无 PC 比特
7.3 Downlink control information **7.3.3 Channel coding** Information bits are delivered to the channel coding block. They are denoted by $c_0, c_1, c_2, c_3, \cdots, c_{K-1}$, where K is the number of bits, and they are encoded via Polar coding according to section 5.3.1, by setting $n_{max} = 9$, $I_{IL} = 1$, $n_{PC} = 0$, and $n_{PC}^{wm} = 0$. **7.3.4 Rate matching** $\cdots$ Rate matching is performed according to Section 5.4.1 by setting $I_{BIL} = 0$ $\cdots$	Polar 码用于 DCI 的编码； 最大母码长度为 2^9=512； 使用（分布式 CRC；$I_{IL} = 1$）CA-Polar 码； 下行（DCI）没有后交织（$I_{BIL} = 0$）

| 3.17 Polar 码的优点、缺点及未来发展 |

Polar 码之所以能够进入要求严格的 3GPP 通信系统中，是与其众多优点分不开的，主要如下[56]。

- Polar 码是目前唯一的香农信道容量可达的编码方式[34,38]。其他的码都只能接近而不能达到香农信道容量。
- 具有坚实的理论基础。
- 没有错误平台（Error Floor）。在足够高的信噪比下，Polar 码的 BLER 的最大值为 $2^{-\sqrt{N}+O(\sqrt{N})} \approx 2^{-\sqrt{N}}$ [56]。
- 编解码复杂度低。
- 精细的码率调整机制（信息块长度可以一比特一比特地增减）。
- Polar 码递归特性使它很容易用硬件去实现（母码长度为 N 的 Polar 码可

用两个母码长度为 $N/2$ 的 Polar 码来实现)。

　　当然，Polar 码也不是完美无缺的，其主要缺点在文献 [56] 有较全面的论述。

　　● Polar 码的最小汉明距离比较小，这可能会影响解码性能，特别是在短码情况下。但是，这可以在一定程度上通过选择合适的冻结比特位置来规避。

　　● SC 译码的时延比较大。但这可以通过并行解码 [41-43,99,113] 来减轻。

　　2016 年 8 月，一些科研机构提出了 Turbo 码 2.0(咬尾 Turbo 码、新的打孔方案、新的交织方案等)[114]。未来的 Polar 码也将有 2.0 版本。那么，Polar 码在未来会怎么发展呢? 笔者认为，其可能的方向如下。

　　● 不同于 Arikan 核的极化核 [15,36,115]。高维的极化核可加快极化速度，但可能导致多个极化值 (不再是无噪信道和纯噪信道)[36]。

　　● 空时极化编码 [34]。把在各个天线发射的码流用 Polar 码的方式来编码。

　　● 增加外码 (除了 CRC)，例如，RS 码 [116]。这有助于进一步提升系统性能。

　　● 低复杂度的并行解码 [41-43,99,113]。

　　● 像 Golay 码 [104] 那样的系统 Polar 码。即部分或全部的系统比特直接作为编码字的一部分。

　　● 多维 Polar 码 [96]。这需要大量的计算机仿真来寻找好的码。

| 参考文献 |

[1] E. Arikan. Channel polarization: A method for constructing capacity achieving codes for symmetric binary-input memoryless channels. IEEE Trans. Inform. Theory, vol. 55, July 2009, pp. 3051 - 3073.

[2] （美国专利）US201161556862P. Methods AND Systems for decoding Polar codes. 2011.11.08.

[3] E. Arikan. On the Origin of Polar Coding. IEEE Journal on Selected Areas in Communications, vol. 34(2), 2015, pp. 209-223.

[4] E. Arikan. Sequential decoding for multiple access channels. Tech. Rep. LIDS-TH-1517, Lab. Inf. Dec. Syst., M.I.T., 1985.

[5] E. Arikan. An upper bound on the cutoff rate of sequential decoding. IEEE Trans. Inform. Theory, vol. 34, Jan. 1988, pp. 55 - 63.

[6] E. Arikan. Channel combining and splitting for cutoff rate improvement. IEEE Trans. Inform. Theory, vol. 52, Feb. 2006, pp.

628 - 639.

[7] J. L. Massey. Capacity, cutoff rate, and coding for a direct-detection optical channel. IEEE Trans. Commun., vol. COM-29, no. 11, Nov. 1981, pp.1615 - 1621.

[8] N. Hussami. Performance of polar codes for channel and source coding. Proceedings of the IEEE International Symposium on Information Theory, Jul, 2009, pp. 1488-1492.

[9] R. Mori. Performance of polar codes with the construction using density evolution. IEEE Communications Letters, Volume: 13, Issue: 7, July 2009, pp. 519-521.

[10] A. Eslami. On bit error rate performance of polar codes in finite regime. Communication, Control, and Computing (Allerton), 2010 48th Annual Allerton Conference, 2011, pp. 188-194.

[11] E. Şaşoğlu. Polar codes for the two-user binary-input multiple-access channel. Information Theory (ITW 2010, Cairo), 59 (10), pp. 1-5.

[12] H. Mahdavifa and A. Vardy. Achieving the secrecy capacity of wiretap channels using Polar codes. Information Theory Proceedings (ISIT), 2010, pp. 913-917.

[13] I. Tal and A. Vardy. List decoding of polar codes. Information Theory Proceedings (ISIT), 2011 IEEE International Symposium on Information Theory, 2011, 61 (5), pp. 1-5.

[14] C. Leroux, I. Tal, and A.Vardy. Hardware architectures for successive cancellation decoding of polar codes. Acoustics, Speech and Signal Processing (ICASSP), 2011, 125 (3), pp. 1665-1668.

[15] V. Miloslavskaya. Design of binary polar codes with arbitrary kernel. Information Theory Workshop (ITW), 2012 IEEE, pp. 119-123.

[16] H. Si. Polar coding for fading channels. Information Theory Workshop (ITW), 2013 IEEE, Sept 2013, pp. 1-5.

[17] P. Giard. Fast software polar decoders. Acoustics. Speech and Signal Processing (ICASSP), 2014 IEEE International Conference, pp. 7555 - 7559.

[18] V. Miloslavskaya. Shortened Polar Codes. IEEE Trans. on Information Theory, Volume: 61, Issue: 9, Sept. 2015, pp. 4852-4865.

[19] 3GPP, RP-160671, New SID Proposal: Study on New Radio Access Technology, NTT DOCOMO, RAN#71, March, 2016.

[20] 3GPP, R1-1610659, Evaluation on Channel coding candidates for eMBB control channel, ZTE, RAN1 #86b,October, 2016.

[21] 3GPP, R1-1608863, Evaluation of channel coding schemes for control channel, Huawei, RAN1#86b, October, 2016.

[22] 3GPP, R1-1610419, UE Considerations on Coding Combination for NR Data Channels, MediaTek, RAN1#86b, October, 2016.

[23] 3GPP, R1-1613078, Evaluation on channel coding candidates for eMBB control channel, ZTE, RAN1#87, November, 2016.

[24] 3GPP, R1-1611114, Selection of eMBB Coding Scheme for Short Block length, ZTE, RAN1#87, November, 2016.

[25] 3GPP, R1-1611256, Performance evaluation of channel codes for small block sizes, Huawei, RAN1#87, November, 2016.

[26] 3GPP, R1-1613343, Comparison of coding candidates for eMBB data channel of short codeblock length, MediaTek, RAN1#87, November, 2016.

[27] 3GPP, R1-1608867, Considerations on performance and spectral efficiency Huawei, RAN1#86b, October, 2016.

[28] 3GPP, R1-1611259, Design Aspects of Polar and LDPC codes for NR, Huawei, RAN1#87, November, 2016.

[29] 3GPP, R1-1613061, Comparison of coding candidates for DL control channels and extended applications, MediaTek, RAN1#87, November, 2016.

[30] 3GPP, Final_Minutes_report_RAN1#87, February 2017. http://www.3gpp.org/ftp/tsg_ran/WG1_RL1/TSGR1_87/Report/Final_Minutes_report_RAN1%2387_v100.zip.

[31] 3GPP, R1-1719520, Remaining details of Polar coding, ZTE, RAN1#91, November, 2017.

[32] 3GPP, Final Report of 3GPP TSG RAN WG1 #AH1_NR, January 2017. http://www.3gpp.org/ftp/tsg_ran/WG1_RL1/TSGR1_AH/NR_AH_1701/Report/Final_Minutes_report_RAN1%23AH1_NR_v100.zip.

[33] 3GPP, Final_Minutes_report_RAN1#89_v100, Aug 2017 . http://

www.3gpp.org/ftp/tsg_ran/WG1_RL1/TSGR1_89/Report/Final_Minu tes_report_RAN1%2389_v100.zip.

[34] 陈凯. 极化编码理论与实用方案研究 [D]. 北京邮电大学博士论文，2014.3.31.

[35] K. Chen，K. Niu. A reduced-complexity successive cancellation list decoding of Polar codes. IEEE Vehicular Technology Conference (VTC Spring), 2013, 14 (2382), pp. 1-5.

[36] 吴道龙. 极化码构造与译码算法研究 [D]. 西安电子科技大学博士论文，2016.4.

[37] 吴道龙，李颖. Construction and block error rate analysis of Polar codes over AWGN channel based on Gaussian approximation. IEEE Communications Letters, 2014, 18 (7), pp.1099-1102.

[38] 王继伟. 极化码编码与译码算法研究 [D]. 哈尔滨工业大学硕士论文，2013.6.

[39] 陆婷婷. 极化码的编解码研究及仿真 [D]. 南京理工大学硕士论文，2013.3.

[40] 陈国莹. 极化码的编码与译码 [D]. 南京理工大学硕士论文，2014.2.

[41] Erdal Arikan. Polar codes: A pipelined implementation. Presented at "4th International Symposium on Broadband Communication (ISBC 2010)" July 11-14, 2010, Melaka, Malaysia.

[42] Syed Mohsin Abbas. Low Complexity Belief Propagation Polar Code Decoder. Signal Processing Systems, pp. 1-6, 2015.

[43] Bin Li. Parallel Decoders of Polar Codes. Computer Science, 4 Sep, 2013.

[44] E. Arikan. Polar Coding Tutorial. Simons Institute UC Berkeley, Jan. 15, 2015.

[45] 张亮. 极化码的译码算法研究及其应用 [D]. 浙江大学博士论文，2016.4.

[46] 3GPP, R1-1709178, FRANK polar construction for NR control channel and performance comparison, Qualcomm, RAN1#89, May, 2017.

[47] E. Arikan. On the rate of channel polarization. (Aug.2008) IEEE International Conference on Symposium on Information Theory, 2009, pp. 1493-1495.

[48] 3GPP, Draft_Minutes_report_RAN1#90_v010. Prague, Czech Rep, August 2017. http://www.3gpp.org/ftp/tsg_ran/WG1_RL1/

TSGR1_90/Report/Draft_Minutes_report_RAN1%2390_v010.zip .

[49] 3GPP, Draft_Minutes_report_RAN1#91_v020, 2017.12.08, http://www.3gpp.org/ftp/tsg_ran/WG1_RL1/TSGR1_91/Report/Draft_Minutes_report_RAN1%2391_v020.zip .

[50] 3GPP, R1-1704248, On channel coding for very small control block lengths, Huawei, WG1#88bis, April 2017.

[51] 3GPP, R1-1611254, Details of the Polar code design, Huawei, RAN1#87, November, 2016.

[52] 3GPP, R1-1700088, Summary of polar code design for control channels, Huawei, RAN1 Ad-Hoc Meeting, USA , 16th – 20th January 2017.

[53] 3GPP, R1-1714377, Distributed CRC Polar code construction, Nokia, RAN1#90, August 2017.

[54] 3GPP, R1-1712167, Distributed CRC for Polar code construction, Huawei, RAN1#90, August 2017.

[55] 3GPP, R1-1700242, Polar codes design for eMBB control channel, CATT, RAN1#AH_NR, January 2017.

[56] E. Arikan. Challenges and some new directions in channel coding. Journal of Communications and Networks, 2015, 17 (4), pp. 328–338.

[57] 3GPP, R1-1713707, PBCH coding design for reduced measurement complexity, MediaTek, RAN1#90, August 2017.

[58] 3GPP, R1-1716223, NR PBCH coding design, MediaTek, RAN1#Ad-Hoc#3, September 2017.

[59] 3GPP, R1-1713705, Polar rate-matching design and performance, MediaTek, WG1#90, August 2017.

[60] CN201710036000.0. 刘荣科 . 一种可变长 Polar 码的码字构造方法 . 北京航空航天大学 , 2017.01.17.

[61] 3GPP, Final_Minutes_report_RAN1#AH1_NR_v100. http://www.3gpp.org/ftp/tsg_ran/WG1_RL1/TSGR1_AH/NR_AH_1701/Report/Final_Minutes_report_RAN1%23AH1_NR_v100.zip .

[62] R. Mori and T. Tanaka. Performance of Polar codes with the construction using density evolution. IEEE Comm. Letters, July 2009, 13 (7), pp. 519–521.

[63] I. Tal and A.Vardy. How to construct Polar codes. IEEE Trans. Info. Theory, Oct. 2013, 59 (10), pp. 6562-6582.

[64] P. Trifonov. Efficient design and decoding of Polar codes. IEEE Trans. Comm., Nov 2012, 60 (11), pp. 3221-3227.

[65] 3GPP, R1-1611254, Details of the Polar code design, Huawei, RAN1#87, November, 2016.

[66] S. ten Brink. Design of low-density parity-check codes for modulation and detection. IEEE Transactions on Communications, vol.52, no.4, April 2004, pp.670‑678.

[67] 3GPP, R1-1711218, Sequence construction of Polar codes for control channel, Qualcomm, RAN1#NR Ad-Hoc#2, June 2017.

[68] 3GPP, R1-1710749, Design of combined-and-nested polar code sequences, Samsung, RAN1#NR Ad-Hoc#2, June 2017.

[69] 3GPP, R1-1708051, Design of a Nested polar code sequences, Samsung, RAN1#89, May 2017.

[70] 3GPP, R1-1705425, Design of a Nested Sequence for Polar Codes, Samsung, RAN1#88bis, April 2017.

[71] CN201710660483.1, ZTE. 序列生成、数据解码方法及装置. 2017.08.04.

[72] 3GPP, R1-1713234, Performance evaluation of sequence design for Polar codes, ZTE, RAN1#90, August, 2017.

[73] 3GPP, R1-1712168, Sequence for Polar code, Huawei, RAN1#90, August 2017.

[74] 3GPP, R1-1712174, Summary of email discussion [NRAH2-11] Polar code sequence, Huawei, RAN1#90, August 2017.

[75] 3GPP, Draft_Minutes_report_RAN1#AH_NR2_v010. http:// www.3gpp.org/ftp/tsg_ran/WG1_RL1/TSGR1_AH/NR_AH_1706/ Report/Draft_Minutes_report_RAN1%23AH_NR2_v010.zip .

[76] 3GPP, R1-1714793, Information sequence design for Polar codes, Ericsson, RAN1#90, August 2017.

[77] 3GPP, R1-1705084, Theoretical analysis of the sequence generation, Huawei, RAN1#88bis, April 2017.

[78] 3GPP, R1-1715000, Way Forward on rate-matching for Polar Code, MediaTek, RAN1#90, August 2017.

[79] 3GPP, R1-1708649, Interleaver design for Polar codes, Qualcomm,

RAN1#89, May, 2017.

[80] 3GPP, R1− 1714691, Channel interleaver for Polar codes, Ericsson, RAN1#90, August 2017.

[81] 3GPP, R1−167871, Examination of NR coding candidates for low-rate applications, MediaTek, RAN1 #86, August, 2016.

[82] 3GPP, R1−167209, Polar code design and rate matching, Huawei, RAN1 #86, August, 2016.

[83] 3GPP, R1−1704385, Rate matching of polar codes for eMBB, ZTE, RAN1#88b, April, 2017.

[84] 3GPP, R1−1704317, Rate Matching Schemes for Polar Codes, Ericsson, RAN1#88b, April, 2017.

[85] 3GPP, R1−1707183, Polar codes construction and rate matching scheme, ZTE, RAN1 #89, May, 2017.

[86] 3GPP, R1−1710750, Design of unified rate−matching for polar codes, Samsung, RAN1 NR Ad Hoc #2, June, 2017.

[87] 3GPP, R1−1711702, Rate matching for polar codes, Huawei, RAN1 NR Ad Hoc #2, June, 2017.

[88] 3GPP, R1−1714939, Rate matching scheme for Polar codes, ZTE, RAN1#90, August, 2017.

[89] 3GPP, R1−1714381, Implicit timing indication for PBCH, Nokia, RAN1#90, August, 2017.

[90] 3GPP, R1−1710002, Support of implicit soft combining for PBCH by Polar code construction, Huawei, RAN1# NR Ad-Hoc#2, June, 2017.

[91] 3GPP, Draft_Minutes_report_RAN1#90b, 9th − 13th October, 2017.

[92] 3GPP, R1−1704384, Further Consideration on Polar codes with maximum mother code,ZTE,RAN1 #88b April, 2017.

[93] 3GPP, R1−1713237, Segmentation of Polar codes for large UCI, ZTE, RAN1#90, August 2017.

[94] E. Arikan. Systematic Polar coding. IEEE Comm. Letters, Vol. 15, No. 8, Aug. 2011, pp. 860−862.

[95] 赵生妹. 基于译码可靠性的系统 Polar 码删余方法 [J]. 东南大学学报（自然科学版）, 2017,47(1):23−27.

[96] E. Arikan. Two-dimensional polar coding. Tenth International Symposium on Coding Theory and Applications (ISCTA' 09), July 13-17, 2009, Ambleside, UK.

[97] K. Niu, K. Chen. CRC-Aided decoding of Polar codes. IEEE Comm. Letters, Vol. 16, No. 10, Oct., 2012, pp. 1668-1671.

[98] B. Yuan. Algorithm and VLSI architecture for Polar codes decoder. A Dissertation submitted to the faculty of the graduate school of the University of Minnesota, Dissertations & Theses - Gradworks, 2015.

[99] Y. S. Park. A 4.68Gb/s belief propagation polar decoder with bit-splitting register file. Proc. IEEE Int. Symp. VLSI Circuits Digest of Technical Papers, June 2014, pp. 1 - 2.

[100] P. Giard. A Multi-Gbps unrolled hardware list decoder for a systematic Polar code. Conference on Signals, Systems & Computers, 2017, pp. 1194-1198.

[101] 3GPP, R1-1608865, Design aspects of Polar code and LDPC for NR, Huawei, RAN1#86bis, Oct, 2016.

[102] 3GPP, R1-1611081, Final Report of 3GPP TSG RAN WG1 #86bis v1.0.0, RAN1#87, November 2016.

[103] 3GPP. R1-1718505, Channel Coding for URLLC, Tsofun, RAN1#90bis, 9th - 13th, October 2017.

[104] 3GPP, R1-1705636, Evaluation of the coding schemes for very small block length, Qualcomm, RAN1#88b, April 2017.

[105] 3GPP, R1-1613086, Control Channel Complexity Considerations, Qualcomm, RAN1#87, 14th - 18th November 2016.

[106] 3GPP, R1- 1704772, Design Aspects of Polar code, Intel, RAN1#86bis, October 2016.

[107] 3GPP, R1-1704386, Considerations on channel coding for very small block length, ZTE, RAN1#88b, April 2017.

[108] 3GPP, R1-1704249, Channel coding for PBCH, Huawei, RAN1#88b, April 2017.

[109] 3GPP, R1-1610060, Evaluation of polar codes for eMBB, NTT, RAN1#86bis, October 2016.

[110] 3GPP, R1-1609583, Update on eMBB coding performance, Nokia,

RAN1#86bis, October 2016.

[111] 3GPP, R1-1610423, Summary of channel coding simulation data sharing, InterDigital, RAN1#86bis, October 2016.

[112] 3GPP, TS38.212, NR Multiplexing and channel coding (Release 15), http://www.3gpp.org/ftp/Specs/archive/38_series/38.212/ .

[113] C. Leroux, "A Semi-Parallel Successive-Cancellation Decoder for Polar Codes," IEEE Trans. on Signal Processing, Volume: 61, Issue: 2, Jan.15, 2013, pp. 289-299.

[114] 3GPP, R1-167413, Enhanced Turbo codes for NR: Implementation details, Orange and Institut Mines-Telecom, RAN1#86, August 2016.

[115] V. Miloslavskaya. Performance of binary polar codes with high-dimensional kernel. Proceedings of International Workshop on Algebraic and Combinatorial Coding Theory, 2012.6, pp. 263-268.

[116] Y. Wang. An Improved Concatenation Scheme of Polar Codes with Reed‐Solomon Codes. IEEE Communications Letters, 2017, Volume: 21, Issue: 3, pp. 468-471.

第 4 章

卷 积 码

卷积码（Convolutional Code）是一种古老而又现代的编码方式。古老是因为，它出现得很早（1955 年），已广泛应用在蜂窝通信、卫星通信和深空通信中。现代是因为，它在时下正在兴起的窄带物联网（NB-IoT）中重现活力。下面，我们来看看卷积码是如何工作的，应用在哪里，以及有什么新技术。

| 4.1 卷积码的原理 |

4.1.1 卷积码原理和解码算法

卷积码最早由 MIT 的教授 Peter Elias 于 1955 年提出 [1]，作为不同于分组码的另一套编码思路。顾名思义，卷积码可以与离散时间信号处理中的卷积滤波相类比。区别在于，卷积码多数工作在有限域，或者最常见的工作在二元域 GF(2)。这就意味着卷积码的输入、输出以及抽头的系数都是二进制。一般的二进制卷积码编码器如图 4-1 所示。

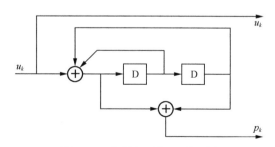

图 4-1 一般卷积码编码器的示例

图 4-1 中的冗余比特的产生可以用多项式来写成 $[1 + D^2, 1 + D + D^2]$（其中，D 为时延算子，相当于 Z^{-1}；使用时延算子之后，时域卷积运算可转化为变换域 D 的乘法运算），或者用式（4-1）表达：

$$H(D) = \frac{1 + D^2}{1 + D + D^2} \tag{4-1}$$

卷积码分为非递归（Non-recursive）和递归（Recursive）两种。图 4-1 是递归卷积码的一个例子。递归卷积码相当于一个无限冲击响应（IIR）的滤波器，带有反馈支路。简单的递归卷积就是累加器，不少地方都会用到。在 Turbo 码 [2] 出现之前，非递归卷积码的应用更加广泛，也曾创造最靠近香农极限的纪录。但是在对 Turbo 码的研究当中，人们发现在有迭代译码时，递归卷积码能够发挥重要作用。因此，卷积码近年来得到学术界和工业界的更多关注。

非递归卷积码可以类比成是一个有限冲击响应（FIR）的滤波器，没有反馈支路，如图 4-2 所示。在这个例子中，码的约束长度为 3，记忆长度为 2，有 4 种状态。非递归卷积码的生成式可以简单地写成二进制的形式。例如，图 4-2 的二进制形式是 $g = (111)_2$。当约束长度较长时，通常用八进制来表示。例如 $g = (110100101)_2$ 等价于 $g = (645)_8$。

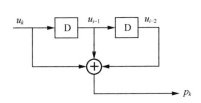

状态	u_{i-1}	u_{i-2}
0	0	0
1	0	1
2	1	0
3	1	1

图 4-2　非递归卷积码示意

卷积码的性能在很大程度上由其自由距离 d_{free} 和结构（系统形式、非系统形式、递归形式、非递归形式）来决定。使用多项式可较为方便地推算出自由距离 d_{free} 的大致状况（注：最优的 d_{free} 难以精确计算 [3]）。例如，对于一个具有 δ 个延时单元 D（时延算子或者移位寄存器）的（n，k）卷积码，其自由距离 d_{free} 为 [4]

$$d_{\text{free}} \leqslant (n - k) \cdot \left[1 + floor(\delta / k) \right] + \delta + 1 \tag{4-2}$$

在推算出最大自由距离之后，通过计算机仿真，可得到具有最大自由距离的优选的生成多项式 [5]。另外，文献 [6] 给出了生成多项式的确定方法。

卷积码除了用多项式来描述，还可以用网格图来描述，如图 4-3 所示。该网格图对应图 4-2 的卷积码生成器。在这个网格中，连线分支（branch）意味着编码器从一个状态过渡到另一个（或者同一个）状态，i 代表当前的时刻，其中如果输入的比特是 0，则连线是实线；如果输入比特是 1，则连线为虚线。每条连线旁边的标识"a/b"中的 a 代表输入比特，b 代表编码器的输出比特。

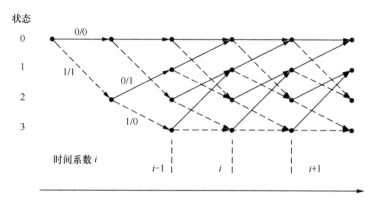

图 4-3　一个带有 4 种状态的卷积码的网格图

卷积码的最优解码方法是基于最大似然法则的 Viterbi 算法[3,7]，该算法是 Andrew Viterbi 在 1967 年首次提出的。对于卷积码，最大似然准则体现在网格中寻找最可能的路径。如果盲目寻找，即使是二元卷积码，也需要遍历 2^N 次（N 为编码后的整个序列的长度）。当序列很长时，盲目找的方法是不现实的。Viterbi 算法是一种动态规划（Dynamic Programming）的方法，使得算法复杂度与状态数成正比，而与序列长度无关。下面的例子描述了 Viterbi 算法的基本过程。为了简便起见，我们以一个两状态的非递归二元卷积码为例（如图 4-4 所示）来加以描述。这里只考虑冗余比特 x_i，相应的噪声表示为 n_i，假设噪声是 AWGN 下的噪声，方差为 σ^2。着重考察网格图从时刻 i 到（$i+1$）的过程。这里有 4 条连线分支，每一条代表在时刻 i 的编码器的输入 / 输出比特（u_i/x_i）。量度 $M_i(S)$ 包含了从 y_0 到 y_i 所积累的信息，而量度 $M_{i+1}(S)$ 是根据新的观测量 y_{i+1} 对 $M_i(S)$ 的更新。更新公式如下：

$$M_{i+1}(S=0) = \min[M_i(S=0)+(y_i-1)/(2\delta^2)]$$
$$M_{i+1}(S=1) = \min[M_i(S=0)+(y_i-0)/(2\delta^2)]$$

（4-3）

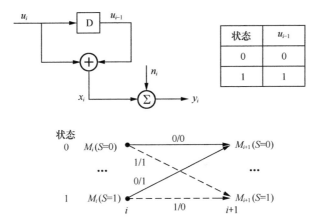

图4-4 一个带有两种状态的卷积码及其网格图

这个更新过程通常被称为"剪枝"（Pruning）。也就是，当两条连线分支同时指向一个节点[在（$i+1$）时的状态]，它们会对量度进行不同的更新。而较小量度所对应的连线会保留，而另一条被丢弃。丢弃的连线分支也被称为竞争连线（Competing Branch），保留的连线支路将连成一条路径。图4-5中的黑色粗体连线是假设编码器起始状态为0、在经历若干比特 Viterbi 解码之后的幸存路径（Survival Path）。幸存路径是最大似然意义下的最佳路径。

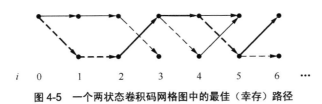

图4-5 一个两状态卷积码网格图中的最佳（幸存）路径

理论上讲，只有当整个序列都处理完以后才能得到最佳的一条幸存路径。但在实际解码中，因为存储器容量有限，所以追溯路径是在有限的数据窗内进行的。一般来讲，这个窗的长度至少得是卷积码约束长度的 4 ~ 5 倍，否则解码不收敛，达不到最大似然的效果[3]。概括地说，Viterbi 算法基本有4步。

（1）所有状态的量度 $M_0(S)$ 的初始化，除了咬尾卷积码，或一些特殊的卷积码，卷积码通常情况下初始状态设为 0，例如， $M_0(S=0)=1$ 并且 $M(S \neq 0)=0$。

（2）采用公式对量度进行更新。这一步需要"加"和"比"的运算。

（3）滑动数据窗，保留已经确定了的幸存路径，如图 4-5 的黑色粗体连线。

（4）沿着幸存路径回溯到数据窗口的起始位置，确定在这个位置上的输入比特。

Viterbi 算法的复杂度随卷积码的约束长度呈指数增长。约束长度为 7 ~ 9 的一些经典的卷积码，尽管性能不错，但运算复杂度是一个严峻的问题。另外一些算法，如 Fano 算法，虽然不是最优的，但其复杂度却较低。在 Turbo 码出现之后，业界对卷积码的研究重心不再是寻找约束长度较长的码来逼近香农极限。新的研究方向包括列表解码[8-9]、基于迭代的和积算法（SPA）[10]、诸如 $(u \mid u+v)$ 构造的新的卷积码[11] 等。

如第 2 章 LDPC 码中所介绍的信息传递（Message Passing）原理，卷积码的译码过程也可以画成因子图的形式，如图 4-6 所示。

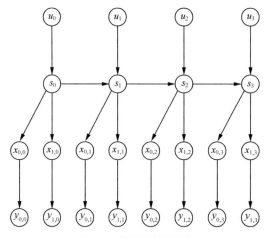

图 4-6　卷积码的因子图

卷积码的因子图与 LDPC 的因子图的不同之处如下。

● 卷积码的"校验"检点是卷积有限机的状态，而不是一个数值。有限机具有记忆性，它的状态与邻近的多个变量节点都有关系；节点之间的信息描述比较复杂，没有很好的解析表达式。

● 卷积码的因子图有较强的信息传递方向性，单方向从起始状态一直延续至末尾状态。

4.1.2　基本性能

相比一般的分组码，卷积码的性能是有优势的，但是其性能分析一直比较困难。卷积码的性能可以用一些上界来近似地描述。对于 AWGN 信道，如果采用 Viterbi 解码，卷积码误块率的上界（一致界，Union Bound）可以用式（4-4）表示 [3]：

$$P(E) \leqslant \left(\frac{L}{2}\right) \sum_{d=d_f}^{\infty} a(d) z^d \tag{4-4}$$

式中的 L 表示码块的长度，d_f 是卷积码的自由距离，$a(d)$ 是与全 0 序列距离为 d 的路径数量，z 是信噪比 γ 的函数，可以近似表示成：

$$z(\gamma) = \mathrm{e}^{-\gamma} \tag{4-5}$$

以 UMTS 标准为例，其卷积码的母码率是 1/3，生成多项式写成八进制为：$G_0 = 557$，$G_1 = 663$，$G_2 = 711$。不难通过分析得出编码序列的权重分布，用转移函数表示成：

$$T(D) = 5D^{18} + 7D^{20} + 36D^{22} + \cdots \tag{4-6}$$

式（4-6）说明在卷积码网格中，有 5 条路径的汉明距 (Hamming Distance) 为 18，有 7 条路径的汉明距为 20，有 36 条路径的汉明距为 22……考虑这些卷积码是经过精心设计的，$a(d)$ 不会随 d 的增加呈指数增长，因此可以重点关注公式的前三项。因此误块率与信噪比的上界可以用如式（4-7）表示：

$$P_e(\gamma) \leqslant \frac{L}{2\beta} \left[5\mathrm{e}^{-18\gamma} + 7\mathrm{e}^{-20\gamma} + 36\mathrm{e}^{-22\gamma} \right] \tag{4-7}$$

式子中的常系数可以用来做小范围调整，以匹配实际编码的一些特性。

以上的对卷积码的性能的分析只能给出一些较为"宽松"上界，因为各个路径彼此并不一定完全独立，如上面的式（4-6）的汉明距为 18 的 5 条路径之间，或者不同汉明距的路径之间，多多少少存在一些相关。严格来讲，它们的错误概率并不能直接相加，需要剔除交叉项（相关部分）。但这些工作在多数情况下是很困难的，难以得到误块率与信噪比之间的精确的函数关系。

对于一些约束长度较短的卷积码，如果是二元对称信道（BSC），交叉概率为 p，其相应的马尔可夫过程的转移矩阵可以用解析的方法精确描述，下面是一个例子。考虑一个简单的 1/2 码率的累加器 [1，1 + D]，相应网格图的一条连线分支的标号与输出比特的汉明距最大为 2，导致其马尔科夫链的状态数有 5 个，分别为 (2, 0)、(1, 0)、(0, 0)、(0, 1)、(0, 2)。这些状态之间的转移概率

可以用图 4-7 来描述。

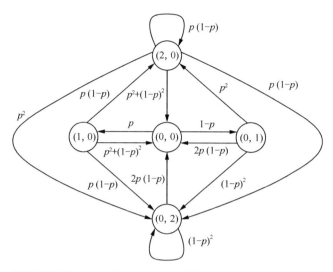

图 4-7　卷积码累加器 [1, 1 + D] 在二元对称信道（BSC）中的马尔科夫状态转移图

转移概率也可以用矩阵形式表达：

$$T=\begin{pmatrix} (1-p)^2 & 0 & 2p(1-p) & 0 & p^2 \\ (1-p)^2 & 0 & 2p(1-p) & 0 & p^2 \\ 0 & 1-p & 0 & p & 0 \\ p(1-p) & 0 & p^2+(1-p)^2 & 0 & p(1-p) \\ p(1-p) & 0 & p^2+(1-p)^2 & 0 & p(1-p) \end{pmatrix} \qquad (4\text{-}8)$$

用向量 $\boldsymbol{\pi}=\left(\pi_0,\pi_1,\cdots,\pi_{M-1}\right)'$ 表示马尔科夫链进入稳态之后从状态 0 到状态 $M-1$ 的概率，显然

$$\boldsymbol{\pi}=T'\boldsymbol{\pi} \qquad (4\text{-}9)$$

并且 $\pi_0+\pi_1+\cdots+\pi_{M-1}=1$。所以稳态时的 5 种状态的概率为：

$$\boldsymbol{\pi}=\frac{1}{1+3p^2-2p^3}\begin{pmatrix} 1-4p+8p^2-7p^3+2p^4 \\ 2p-5p^2+5p^3-2p^4 \\ 2p-3p^2+2p^3 \\ 2p^2-3p^3+2p^4 \\ p^2+p^3-2p^4 \end{pmatrix} \qquad (4\text{-}10)$$

有了这 5 种状态的概率表达式，就可以计算错误概率。注意到 Viterbi 算法会遇到两个连线分支产生同样的量度，此时有几种决胜的方式来挑选其中一条。对于投掷硬币来决胜的方法，错误概率的精确解析表达式是：

$$P_e = \frac{p^2\left(14 - 23p + 16p^2 + 2p^3 - 16p^4 + 8p^5\right)}{\left(1 + 3p^2 - 2p^3\right)\left(2 - p + 4p^2 - 4p^3\right)} \tag{4-11}$$

上面的精确解可以用 Taylor 级数展开近似，如：

$$P_e = 7p^2 - 8p^3 - 29p^4 + 64p^5 + 47p^6 + O\left(p^7\right) \tag{4-12}$$

这个卷积码的自由距为 3，其误码率的一致界为 $P_e \leqslant K \cdot p^{3/2}$。相比式（4-4），即使是解析解的近似解，也比一致界精确和细致得多。

4.1.3 解码复杂度和吞吐量分析

基本的 Viterbi 算法是严格的串行处理，复杂度与状态数目成正比。而一般情况下，卷积编码器的状态数与约束长度成指数关系。状态数目也决定了存储器的数量，因此卷积码的约束长度大多在 7 以内。有些特殊的应用，例如深空通信，约束长度可以高达 15。随着 Turbo 码的出现，人们发现增加卷积码的约束长度对性能的提升不如直接采用 Turbo 码，而 Turbo 中的卷积码单元可以十分简单。

前面介绍当中提到用时间窗滑动来降低对存储器的要求。为了提高解码的吞吐量，可以把整个码块分成若干段，每段同时并行开展 Viterbi 算法[12]，如图 4-8 所示。每段子块的长度应该至少是卷积码约束长度的 5 倍左右。

对于图 4-8 中的并行解码方式，译码的延时可以写成

$$Latency_{[\mu s]} = \frac{I \cdot \left(\left\lceil \dfrac{L}{P} \right\rceil + 2 \cdot D\right)}{f_{c[\text{MHz}]}} \tag{4-13}$$

其中，I 是绕回的次数，P 是并行度，L 是不带 CRC 的整个码块的长度，D 是重叠部分的长度，f_c 是处理时钟频率。

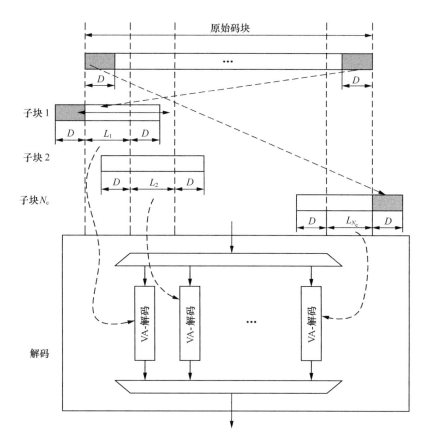

图 4-8　卷积码的并行解码，子段有部分重叠

4.1.4　咬尾卷积码（TBCC）

为了使卷积码的译码尽可能简单，经典的卷积码译码器需要知道编码时移位寄存器的初始状态（初始值）和最后一个信息比特进入编码器后移位寄存器的最终状态（终值）。如果译码器不知道移位寄存器的初始状态，则需要 2^m 次盲检以确定编码器最初使用了哪一个状态；如果译码器不知道移位寄存器的最终状态，则需要 2^m 次盲检以确定编码器最后达到了哪一个状态；如果初始状态和最终状态都不知道，则译码器需要 2^{m+1} 次盲检。其中，m 为卷积码编码器使用的移位寄存器数量，$m+1$ 为卷积码的约束长度。

移位寄存器的初始状态比较好设置，但其最终状态与待编码的最后 m 个比特有关。而每次编码时，m 个比特是会变化的，这使得译码器需要猜测 2^m 次最终状态。当移位寄存器数量比较大时（如 $m = 6$），译码器的复杂度会比较高。为降低译码复杂度，经典的卷积码编码器在编码时使得移位寄存器的初始状态和最终状态相同。例如，移位寄存器的初始值设置为全 "0"，并且在原始信息比特后面添加 m 个 "0" 以使得（非递归卷积码的）移位寄存器的终值也是全 "0"，从而使得移位寄存器的初始状态和最终状态相同。

考虑一个约束长度为 7（$m = 6$）、码率 $R = 1/3$ 的非递归卷积码，假定原始信息的长度 $k = 40$ bit，那么，如果不添加 m 个状态终结比特 "0"，则编码以后的编码字长度为 $N = k/R = 40/(1/3) = 120$ bit。因为要添加 m 个状态终结比特比特 "0"，所以编码以后的编码字长度为 $N = (k + m)/R = (40+6)/(1/3) = 138$ bit。这使得编码器有 $138/120 - 100\% = 15\%$ 的开销，导致解码器性能下降，其中，$m/(m + k)$ 称为码率损失。

当约束长度较大而原始信息的长度较短时，上述解码器性能下降较为明显。为彻底移除上述码率损失，研究人员提出了咬尾卷积码（TBCC）[3,13-14]。与图 4-1 相对应，$m = 2$ 的咬尾卷积码的 4 状态迁移图（网格图）如图 4-9 所示。假定咬尾卷积码的初始状态为 1，那么，它经过状态 $0 \rightarrow 2 \rightarrow 3 \rightarrow 3 \rightarrow 3$ 之后又回到了状态 1（如图 4-9 的黑粗线所示），这就像一条蛇咬住了自己的尾巴。文献 [3] 指出，咬尾卷积码的网格图具有严格对称性，它环绕着最终状态，并把它连到最终状态，从而形成了循环结构。

在实现上，咬尾卷积码的编码可使用下面两种方式之一。

• 对 m 个移位寄存器的初值 $\{D_1, D_2, D_3, \cdots, D_m\}$ 按倒序地设置为原始信息的最后 m 个比特 $\{B_{k-m+1}, B_{k-m+2}, B_{k-m+3}, \cdots, B_{k-m}, B_k\}$（因为是 "卷积" 的原因），即 $D_m = B_{k-m+1}$，$D_{m-1} = B_{k-m+2}$，$D_{m-2} = B_{k-m+3}$，$\cdots$，$D_1 = B_k$。其中，D_1 是最靠近输入端的移位寄存器，D_m 是最靠近输出端的移位寄存器，B_k 是原始信息的最后一个比特。设置完之后即开始编码。

• 按自然顺序对卷积码编码器注入原始信息的最后 m 个比特 $\{B_{k-m+1}, B_{k-m+2}, B_{k-m+3}, \cdots, B_{k-1}, B_k\}$ 但丢弃所有的输出，从而完成对移位寄存器的初始化。其中，B_k 是原始信息的最后一个比特。初始化之后即开始正常的编码。

咬尾卷积码的解码方法大致分成两大类 [15]。

• 最优解码算法。

• 次优解码算法。

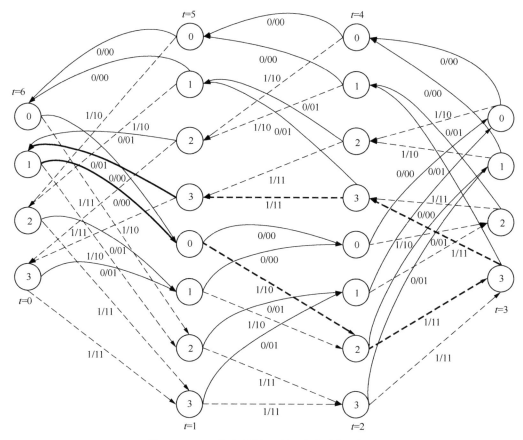

图 4-9　$m = 2$ 的咬尾卷积码的 4 状态迁移示意图

对于最优解码算法，接收端的解码步骤大致如下。

第 1 步，任意选一个初始状态。

第 2 步，采用最大似然解码（例如 Viterbi），找到一条最佳的路径，这条路径的终止状态可能是任意的。

第 3 步，考察初始状态和终止状态是否相同。如果相同，则终止；如果不同，进行第 4 步。

第 4 步，采用第 2 步的终止状态，用于设定初始状态。如果这个初始状态曾经被试过，则回到第一步，如果以前没有试过，则跳到第 2 步。

显然，从上面的步骤来看，由于接收侧事先并不知道卷积编码器的初始状态，咬尾卷积码的译码复杂度比经典的卷积码要高，需要一些"盲检"。

对于次优解码算法，大致可分成三大类[16]。

● 基于循环 Viterbi 算法（CVA，Circular Viterbi Algorithm）的译码算法，

如环绕 Viterbi 算法（WAVA）。

● 基于 Viterbi 算法和启发式搜索的混合式译码（VH，Viterbi-Heuristic）。

● 基于双向搜索的有效译码算法（BEAST，Bidirectional Efficient Algorithm for Searching code Trees）。

文献 [15] 给出了如图 4-10 所示的基于循环缓冲区的码块重构译码方法。其主要操作是，拷贝码块最前面的一部分（如图 4-10 的 L_h 这一部分）并把它放在最后面，拷贝码块最后面的一部分（如图 4-10 的 L_t 这一部分）并把它放在最前面，最终的待解码的码块大小为 $N+L_h+L_t$。其最大的优势是，在进行码块重构之后，可以使用常规的 Viterbi 算法来解码。如图 4-11 所示，相对（带尾巴的）常规卷积码，1/3 码率且有 64 状态（$m=6$）的咬尾卷积码可获得 0.1 ～ 0.6 dB 的性能增益 [17]。总的来说，咬尾卷积码还是有一定的优势。

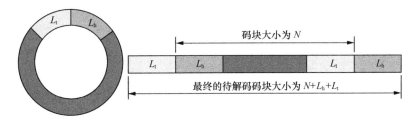

图 4-10　基于循环缓冲区的码块重构示意图 [15]

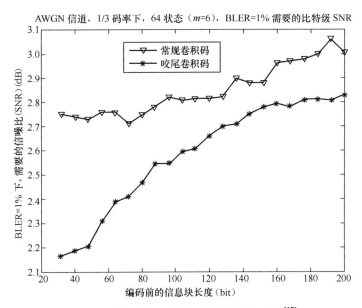

图 4-11　咬尾卷积码与常规卷积码的性能对比 [17]

|4.2 卷积码在蜂窝标准中的应用|

卷积码早已获得了广泛的应用。例如，cdma2000 中的专用控制信道[18]、WCDMA 中的业务信道[19]、LTE 中的物理下行控制信道（PDCCH）[20]。下面重点对后两种应用做简要描述。

4.2.1 3G UMTS（WCDMA）中的卷积码

UMTS 中的卷积码的约束长度为 9，状态数为 256，支持 1/2 和 1/3 的码率，分别对应的码字生成多项式为 $G_0 = (561)_8$，$G_1 = (753)_8$，以及 $G_0 = (557)_8$，$G_1 = (663)_8$，$G_2 = (711)_8$，如图 4-12 所示。应注意，这两种码率的多项式之间没有嵌套特性，在做速率匹配时不能混用。其编码字的汉明距离的分布如表 4-1 所示（其中，A_d 为最小汉明矩的路径数，C_d 为非零信息比特的个数）。

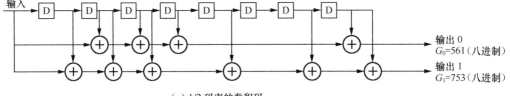

（a）1/2 码率的卷积码

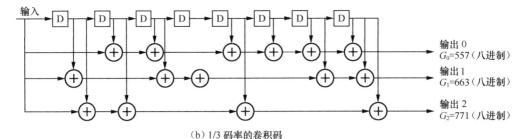

（b）1/3 码率的卷积码

图 4-12 UMTS 的 1/2 和 1/3 码率的卷积码[19]

表 4-1　UMTS 的 1/3 码率的卷积码的汉明距分布

	[557, 663, 711]	
d	A_d	C_d
18	5	11
20	7	32
22	36	195
24	85	564
26	204	1473
28	636	5129
30	1927	17434
32	5416	54092
34	15769	171117
36	45763	539486
38	131319	1667179
40	380947	5187615
42	1100932	16003037
44	3173395	49013235
46	9186269	150271658

4.2.2　LTE 中的卷积码

　　LTE 采用咬尾卷积码，用于 LTE 的下行物理控制信道（PDCCH，Physical Downlink Control Channel）和 NB-IoT 中的下行物理共享信道（N-PDSCH，Narrowband Physical Downlink Shared Channel）。LTE 卷积码的约束长度为 7，状态数为 64，支持 1/2 和 1/3 的码率，分别对应的码字生成多项式为 $G_0 = (133)_8$，$G_1 = (171)_8$，$G_2 = (165)_8$，如图 4-13 所示。这两种码率的多项式之间具有嵌套特性，很容易将速率从 1/2 匹配到 1/3，这点对 PDCCH 的速率匹配十分有用。

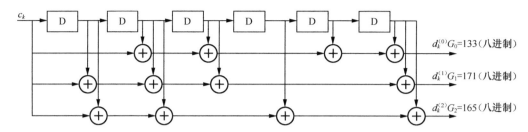

图 4-13　LTE 的 1/2 和 1/3 码率的卷积码

|4.3　卷积码的增强|

卷积码自从提出来之后，虽然大的框架没有改变，但其细枝末节有很多种衍生。下面我们看看主要有哪些变化。

4.3.1　支持多种版本冗余

LTE 卷积码的速率匹配采用的循环缓冲器（Circular Buffer）。在 LTE 中，卷积码主要用于物理控制信道，本身没有 HARQ 重传，所以不需要定义多种版本冗余（Redundancy Version）。在 NB-IoT 的下行物理共享信道中，存在 HARQ 重传，人们曾经讨论过是否需要引入多种版本冗余，但由于各种原因，并没有标准化。支持多种版本冗余的方法具体如图 4-14 所示。基本上，$k_0 \approx N_{TB}/2$。即偏移了缓冲区大小（N_{TB}）的一半左右。

通过引入多种冗余版本，在有 HARQ 重传时，卷积码的性能有所提高，如表 4-2 和表 4-3 所示。

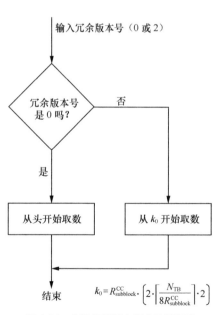

输入冗余版本号（0 或 2）

冗余版本号是 0 吗？

否

是

从头开始取数

从 k_0 开始取数

结束

$$k_0 = R_{subblock}^{CC} \cdot \left(2 \cdot \left\lceil \frac{N_{TB}}{8 R_{subblock}^{CC}} \right\rceil \cdot 2 \right)$$

图 4-14　支持多种冗余版本的卷积码

表 4-2　AWGN 信道下的 SNR 的增益（dB）

TBS	RV	[0 2 3 1]	[0 2 0 2]	[0 0 0 0]
$N_{RU}=1$	16	0	0	0
	40	0	0	0
	56	0	0	0
	104	0.30	0.22	0
	120	0.47	0.38	0
	136	0.64	0.59	0
	144	0.76	0.69	0
$N_{RU}=6$	152	0	0	0
	408	0.10	0.06	0
	712	0.23	0.13	0
	936	0.59	0.48	0

表 4-3　衰落信道下的 SNR 的增益（dB）

TBS	RV	[0 2 3 1]	[0 2 0 2]	[0 0 0 0]
$N_{RU}=1$	104	3.4	2.28	0
	120	3.61	3	0
	136	5.94	4.85	0
	144	7.32	6.46	0
$N_{RU}=6$	408	1.37	1.07	0
	712	3.33	3.14	0
	936	11.68	10.84	0

4.3.2　支持更低码率

UMTS 和 LTE 的卷积码的最低母码码率为 1/3。为了更有效地支持低信噪

比条件下的传输，需要设计更低的母码码率。一种方式是保持约束长度与 LTE 的一致，增加嵌套的生成多项式，如表 4-4 所示。其中前面 3 行是 LTE 已有的 1/3 码率的多项式。第 3 ~ 5 列分别对应的是最小汉明距离和该距离的路径数。随着 n 的增加，码率进一步降低，最小汉明距离也在增加。

表 4-4　嵌套的约束长度为 7 的生成多项式 [21]

n	多项式	d_f	A_d	C_d
1	133	—	—	—
2	171	10	11	36
3	165	15	3	7
4	117	20	2	3
5	135	25	1	1
6	157	30	1	2
7	135	36	4	8
8	123	40	1	1
9	173	46	3	6
10	135	51	2	4
11	171	56	2	3
12	135	61	1	1

4.3.3　性能更优的生成多项式

约束长度为 9 的 UMTS 的卷积码，其生成多项式还有优化的空间。例如，如果采用 $G_0 = (561)_8$，$G_1 = (753)_8$，$G_2 = (715)_8$；如表 4-5 所示，对比表 4-1，其最小汉明矩的路径数从 5 条降到了 4 条，有助于低码率、低信噪比条件下的性能提升。尽管汉明矩为 20 的路径数有所增加，但在典型的信噪比条件下，并不会有显著的负面影响。在 BLER=1% 的情况下，改进的卷积码比 WCDMA 的卷积码约有 0.3 dB 的增益，如图 4-15[21] 所示。

表 4-5 改进的约束长度为 9，码率为 1/3 的卷积码的汉明距分布[21]

d	[561, 753, 715]	
	A_d	C_d
18	4	11
20	13	49
22	28	136
24	81	496
26	235	1652
28	646	5122
30	1889	16388
32	5608	53870
34	16007	167364
36	46407	529226
38	133484	1642089
40	386574	5104883
42	1113762	15714070
44	3220414	48331307
46	9297602	147890952

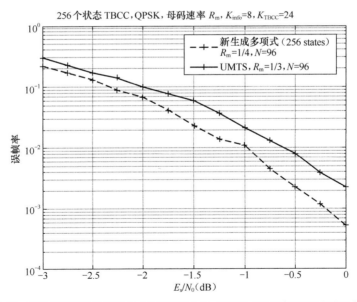

图 4-15 改进的和 UMTS 标准中的约束长度为 9，码率为 1/3 的卷积码的性能比较[21]

4.3.4 CRC 辅助的列表解码

在传统的 Viterbi 算法中，通常只输出一条最佳解码路径。然而，有时候，最佳路径可能是错误的，而次优的解码路径可能是正确路径。有鉴于此，研究人员提出了列表 Viterbi 算法（LVA）[8-9,22-25]。在列表 Viterbi 算法中，通过 CRC 校验，可以从列表中选出符合 CRC 的路径，从而可以提高列表 Viterbi 算法的性能。

CRC 辅助的列表 Viterbi 解码过程如图 4-16[24] 所示。这里面的关键点是，LVA 需要产生 L 个候选解码结果（L 个解码路径）。另外，这里面的卷积码可以是常规的带尾巴的卷积码，也可以是咬尾卷积码。

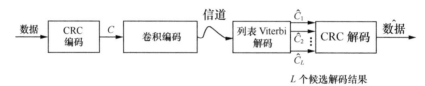

图 4-16 CRC 辅助的列表 Viterbi 解码过程 [24]

为了产生 L 个解码路径，文献 [9][25] 给出了 2 种方法：同时产生 L 个解码路径的并行 Viterbi 解码算法（PLVA）和逐个逐个地产生至多 L 个解码路径的串行 Viterbi 解码算法（SLVA）。在 SLVA 中，算法会根据前 l 个（$1 \leq l \leq L-1$，L 为列表的大小）最佳解码路径的信息找到第 $l+1$ 个最佳解码路径。寻找第 $l+1$ 个最佳解码路径的方法是，通过计算 2 个序列（或路径）度量的差值，差值最小的那个路径即为第 $l+1$ 个最佳解码路径[22,25]。由于 PLVA 需要计算和存储 L 个解码路径的度量值，故 PLVA 算法的复杂度为传统 Viterbi 算法的复杂度的 L 倍。由于 SLVA 只有在前 l 个解码路径都出错的情况下才会去产生第 $l+1$ 个解码路径，故算法复杂度是可变数（如与数据长度、约束长度、信噪比等有关）。在实现上，考虑到复杂度，L 不能太大。

SLVA 需要 2 个操作：初始化和循环路径寻找。初始化步骤如下。

- 设置已找到的最佳路径数 $l = 1$。
- 用 VA 算法得到最佳路径状态序列，达到每一时刻、每一状态的最佳路径，达到每一时刻、每一状态的最佳路径状态度量。
- 构造最佳路径状态矩阵（用于记录 L 个最佳路径状）、与下一候选路径的汇合点向量、用于记录沿 L 个最佳路径度量差值的矩阵（初始化成无穷大）、用于记录每个最佳路径度量值的矩阵。

循环路径步骤如下。

● 第 1 步，计算沿第 l 个最佳路径的度量差值，并保存在相应位置。

● 第 2 步，在最佳路径度量差值的矩阵分别找前 l 行的最小值，并将其时刻存储在"与下一候选路径的汇合点向量"中，分别计算穿过该时刻的候选路径的累积路径度量。

● 第 3 步，在第 2 步中所求的 l 个候选路径的累积路径度量最大的路径即为第 $l+1$ 个最佳解码路径，然后在"与下一候选路径的汇合点向量"中存储汇合时刻。

● 第 4 步，将相应候选路径的相应汇入点扣除（将"最佳路径的度量差值"设成无穷大）。

使用上述 SLVA（或 PLVA；文献 [9][25] 指出，它们的性能几乎相同）算法后的仿真性能如图 4-17 所示。从图中可以看出，在 FER（BLER）为 1%、$L = 8$ 时，SLVA 比 VA 可获得约 0.8 dB 的性能增益。文献 [9] 的测试结果表明，在卷积码 $[561; 753]_8$、块长度 $k = 148$ bit、CRC = 16 bit、$m = 8$、$L = 2$、BLER 接近 1% 的情况下，PLVA 比 VA 可获得约 0.4 dB 的性能增益。这与图 4-17 的 SLVA 算法的性能是很接近的。

卷积码 $[27; 15]$Oct 的性能，AWGN，k=236 bit，CRC=16 bit，4 个尾比特（m=4），1/2 码率

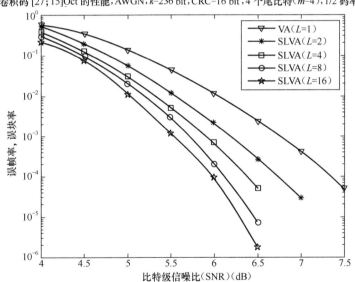

图 4-17　AWGN 信道下，SLVA 的仿真性能 [25]

文献 [26] 给出一种每码块添加 CRC 的方式（TBCC with per code-block CRC）来辅助列表解码，从而可以提高解码性能。其基本思路是，在解码的每

一个阶段，可以用 CRC 来选择解码路径，修剪掉不符合 CRC 的路径。其 1024 列表的每阶段 LVA 算法（PSLVA）性能接近 16 列表的 LVA 算法的性能。总的来说，CRC 辅助的列表 Viterbi 解码在复杂度不太高的情况下，可在一定程度上提高解码性能。

根据文献 [27]，相对 Viterbi 算法，PLVA 需要更高的复杂度，复杂度基本上与 L 成正比关系。在实际系统中，考虑到复杂度和性能的折中，选取 PLVA（$L = 4$ 或者 8）比较合适。另外，随着 L 的增加，由 CRC 校验次数增加带来的 CRC 漏检的概率也会增加。PLVA 仿真中，在相同信噪比下，PLVA（$L=4$）的 CRC 漏检概率是 Viterbi 算法 CRC 漏检概率的 2 ~ 3 倍。CRC 漏检的增加也是实际应用中对 L 进行选择的一个考虑因素，但一般情况下，只要 L 不是很大，PLVA 的漏检概率都能接受。

从本质上来说，文献 [27] 的漏检等价于 FAR。因为 LVA 总会输出一条路径——无论 CRC 是对还是错。如果 CRC 是正确的，但数据（包括 CRC 的比特）是错的，那么这属于 FAR，即 LVA 的 FAR 大约是 Viterbi 算法的 $\log_2(L)$ 倍。即 $FAR = 2^{\log_2(L) - CRC\text{-}LWNGTH}$。

综上所述，卷积码经过这么多年的发展，虽然有一些缺点（如不适合长码），但在其合适的应用场合下（如物联网中的短码）仍然有改进和优化的空间。

| 参考文献 |

[1] P. Elias. Coding for noisy channels. Ire Convention Record, 1955.6, pp. 37 – 47.

[2] C. Berrou, et. al. Near Shannon limit error-correcting coding and decoding: Turbo Codes. Proc. IEEE Intl. Conf. Communication (ICC 93), May 1993.

[3] S. Lin(美) 著. 晏坚，译. 差错控制编码（原书第 2 版）. 北京：机械工业出版社，2007.

[4] R. Hutchinson. Convolutional codes with maximum distance profile. Systems & Control Letters, 2005, 54 (1), pp. 53–63.

[5] Mats Cedervall. A fast algorithm for computing distance spectrum of convolutional codes. IEEE Transactions on Communications, 35(6), pp. 1146–1159.

[6] CN201210382553.9. 吴湛击 . 兼容卷积码生成多项式确定方法、编码方法及编码器 . 北京邮电大学 , 2012.10.

[7] A. J. Viterbi. Error bounds for convolution codes and an asymptotically optimal decoding algorithm. IEEE Trans. on Information Theory, 1967, 13 (2):260 − 269.

[8] N. Seshadri. List Viterbi decoding algorithms with applications. IEEE Trans. Comm., vol. 42, April 1994, pp. 313–323.

[9] 王志斌 . 卷积码译码次优路径算法在第三代移动通信中的应用 . 西安电子科技大学硕士论文 , 2009.1.

[10] 李校娟 . 卷积码的译码算法研究 . 西安电子科技大学硕士论文 , 2010.1.

[11] G. La Guardia. Convolutional codes: techniques of construction. Computational and Applied Mathematics, July 2016, vol. 35, no. 2, pp 501 − 517.

[12] C. Lin. A tiling-scheme Viterbi Decoder in software defined radio for GPUs. International Conference on Wireless Communications, 2011, pp. 1 − 4.

[13] G. Solomon. A connection between block and convolutional codes. Siam Journal on Applied Mathematics, Oct. 1979, 37 (2), pp. 358–369.

[14] H. Ma. On tail-biting convolutional codes. IEEE Trans. on Communications, 2003, 34 (2), pp. 104–111.

[15] 马金辉 . 一种高效咬尾卷积码译码器的设计与仿真 . 电子元器件应用 , 2010 (7), pp. 61–63.

[16] 王晓涛 . 基于可信位置排序的咬尾卷积码译码算法 . 电子与信息学报 , 2015, 37(7). pp. 1575 − 1579.

[17] 3GPP, R1-071323. Performance of convolutional codes for the E-UTRA DL control channel, Motorola. RAN1#48bis, March 2006.

[18] 3GPP2, C.S0002-0 v1.0 Physical Layer Standard for cdma2000 Spread Spectrum Systems. Oct. 1999.

[19] 3GPP, TS25.212 V5.10.0 -Multiplexing and channel coding (FDD) (Release 5). June 2005.

[20] 3GPP. TS36.212 V14.0.0 -Multiplexing and channel coding (Release 14). Sept. 2016.

[21] 3GPP, R1-1608871. On TBCC generator polynomials, Ericsson,

RAN1#86bis. Oct. 2016.

[22] T. Hashimoto. A list-type reduced-constraint generalization of the Viterbi algorithm. IEEE Trans. on Information Theory, vol. 33, no. 6, Nov.1987, pp. 866-876.

[23] B. Chen. List Viterbi algorithms for wireless systems. IEEE 51st Vehicular Technology Conference Proceedings, Vol. 2, 2000, pp. 1016 - 1020.

[24] D. Petrovic. List viterbi decoding with continuous error detection for Magnetic Recording. IEEE Global Telecommunications Conference, 2001, pp.3007 - 3011.

[25] 郝芳芳. 列表 Viterbi 译码算法及其应用. 中国科技论文在线. http://www.paper.edu.cn, 2011.

[26] 3GPP, R1-162213. TBCC: rate compatibility: high level design, Qualcomm, RAN1#84b, 2016. 4.

[27] 魏岳军. 3GPPUMTS 和 LTE 系统中的信道译码算法研. 上海交通大学的博士论文, 2013.

第5章

Turbo 码

Turbo 码是由 C. Berrou 等人于 1993 年发明的性能优越的编码方法[1]，该码性能离香农限只有 0.5dB。经过二十多年的发展，Turbo 码已在 3G WCDMA[2]、4G LTE[3] 等移动通信系统中广泛应用。在 5G-NR 的研究阶段[4-5]，Turbo 码 2.0[6-7] 也是 5G-NR 信道编码的候选方案之一。这一章先描述 Turbo 码的原理，然后了解它在 4G LTE 中的应用情况，最后描述 Turbo 码 2.0。

| 5.1 Turbo 码原理 |

1993 年 Turbo 码[1] 的发明掀起了信道编码理论和技术的一场革命，在理论和工程实现上都产生深远意义。

- 理论方面的意义：进一步印证了只有通过对大数据块的随机编码才能有效地逼近香农极限。受到 Turbo 码的构造的启发，一些信息论的学者重新研究 20 世纪 60 年代初 Gallager 发明的 Low Density Parity Check（LDPC）码[8-9]。LDPC 码尽管从表面上看是一种分组码，不同于 Turbo 码中的卷积码模块。但是，LDPC 码的构造强调通过低密度（Low Density）和大码块内校验节点（Check Nodes）的远距离互联，达到随机编码的效果，这点与 Turbo 编码的构造原理是相同的。根据这个原理，学者们对 LDPC 码的设计进行优化，得到一系列性能优良的 LDPC 码，它们的性能都十分逼近香农极限[10]。

- 对现实技术的意义：用迭代译码的方式大大降低了译码的复杂度。大数据块随机类码的最优解码是个难题，其复杂度随码块的长度呈指数上升。而迭代译码的复杂度仅仅与迭代的次数有关，每一次迭代的运算量与以前的信道码译码没有太大的区别。当然，迭代译码的过程是非线性的，如果工作点不合适，迭代不会收敛，在下面的介绍中我们会举例说明。

鉴于 Turbo 码的优异性能和工程易实现性，它被广泛地应用在第三代 [2] 和第四代 [3] 蜂窝通信。

5.1.1　Turbo 码之前的级联码

顾名思义，级联码（Concatenated Codes）是指将两个以上的单个的信道编码采用串行（Serial Concatenation）或者并行（Parallel Concatenation）的方式级联起来，中间可以经过交织器（Interleaver）来连接。早在 1965 年，Forney 就提出串行级联码。之后的十几年里，串行级联码在空间通信中得到较多的应用。这个期间主要研究的是内码为卷积码，而外码为 Reed-Solomon 码。

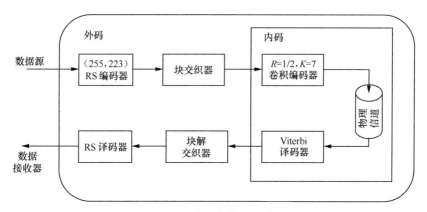

图 5-1　Turbo 出现之前的一种级联码

图 5-1 是为深空通信订立的一个标准，外码 Reed-Solomon 为（255，223），它的原始多项式为：$p(x) = x^8 + x^7 + x^2 + x + 1$，生成多项式是：$g(x) = \prod_{j=112}^{143} \left(x - \alpha^{11j} \right)$，其中，$\alpha$ 是多项式 $p(x)$ 的根。内码卷积码为 1/2 码率，约束长度为 7，生成多项式是：$g_1 = 1111001$，$g_2 = 1011011$。总的码率是 0.437。Reed-Solomon 码具有多元特性，可以有效地纠正卷积码出现错误时的突发性错误。外码和内码之间的交织器对性能也有一定的影响。

对于图 5-1 的内码和外码结构，进一步提高性能的途径大致有两条：第一条，增加卷积码的约束长度，这种方法的增益比较有限，而且会极大地增加译码复杂度；另一条途径是在译内码时产生软信息（Soft Information）。这个软信息包含"硬判决"结果，以及这个判决是对还是错的概率。能够产生软信息的译码算法有 BCJR 和 SOVA，我们稍后会详细叙述这两种算法。通过第二条途径，RS 码与卷积码的串行级联码的性能得到了一定的提升，但并未有重大突破。

5.1.2　并行级联卷积码

与早期的级联码不同，经典的 Turbo 编码器由两个子编码器（Constitute Encoder，分量编码器）并行级联而成[11]。它们之间通过一个 Turbo 码内部交织器（Inner Interleaver）连接，如图 5-2 所示。系统比特 u_k 一路直接进入并串打孔器（MUX Puncturer），另一路经过第一子编码器编码，生成冗余比特 p_k^1，第三路先通过一个交织器，然后经过第 2 子编码器编码，生成冗余比特 p_k^2。这两路冗余比特流也进入并串打孔器，在打孔之前的母码率（Mother Code Rate）为 1/3。注意到两个子编码器都是卷积码，具有相同的生成多项式（注意：这 2 个卷积码编码器不一定要相同。实际上，有时候，在使用 2 个不同的卷积码编码器时，Turbo 码具有更好的性能[12-13]）。与通常用的前向式卷积码不同，Turbo 子编码器是递归的（Recursive），有自反馈，这是 Turbo 码性能优越的其中一个重要原因（另一个重要原因是 Turbo 码具有内部交织器）。并串打孔器起到匹配速率的作用。相比早期级联码，Turbo 码的精妙之处在于使用了迭代译码，使软信息所起的作用得到更大的发挥，能够在迭代过程中不断地提炼。

另外，Turbo 码的分量编码器也可以使用其他的码，例如，BCH 码、RM 码等。文献 [14] 研究了（扩展）汉明码、Hadamard 码作为分量码的 Turbo 码。其研究结果显示，对于使用扩展汉明码作为分量码的 Turbo 码，其性能离香农限为 1 dB 左右。

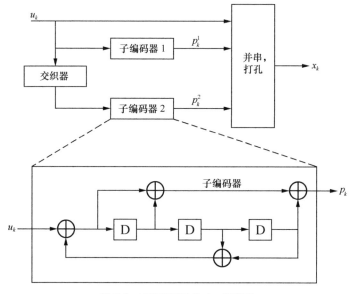

图 5-2　UMTS/LTE Turbo 编码器

5.1.3　解码算法

Turbo 码解码有两大特点：（1）工作在软比特（Soft Bits）和软信息上（Soft Information）；（2）迭代解码。具体体现就是外信息（Extrinsic Information）在双引擎子解码器（Double Turbo Engine，也是选用 Turbo 一词的原因）之间逐步刷新，置信度愈来愈高，如图 5-3 所示。其中，y 是解调器生成的对比特观测量的对数似然比（LLR，Log-Likelihood Ratio），是一种软信息。经过去打孔器（De-puncturer）得到 3 路 LLR：y_s，y_p^1 和 y_p^2，分别对应系统比特，子编码 1 的冗余比特和子编码 2 的冗余比特。子解码器 1（Decoder 1）根据 y_s，y_p^1 以及来自子解码器 2（Decoder 2）的 ext_{21} 来计算每个比特为 0 或 1 的后验概率（APP，A Posteriori Probability），算出的比特的后验概率减去先验概率（Prior probability），得到子解码器 1 对于增加比特置信度的"净"贡献，以 ext_{12} 表示；同理，子解码器 2（Decoder 2）根据 y_s，y_p^2 以及来自子解码器 1（Decoder 1）的 ext_{12} 来计算每个比特为 0 或 1 的后验概率，算出的比特的后验概率减去先验概率（Prior Probability），得到子解码器 2 对于增加比特置信度的"净"贡献（Net Contribution）ext_{21}。往复迭代多次后（如 30 次），将比特的置信度输出，从而得到解码信息。

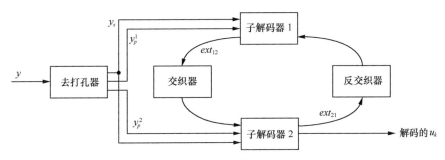

图 5-3　Turbo 解码器的流程图

Turbo 码的结构也可以用广义的因子图来描述，如图 5-4 所示，其中的卷积码部分的因子图在第 4 章有过介绍。这里相当于将两个卷积码并行级联，达到 1/3 码率。注意到它们之间需要通过一个交织器，将信息比特的位置打乱，形成另一套的状态序列。

使用后验概率的最优算法是 BCJR 算法[21]。为说明方便，图 5-5 给出了一个简单的卷积码的解码网格（Trellis）。这个卷积码的有限机有两个移位寄存器，共 4 个状态，实线代表输入比特为 0 时，有限机状态的转移（State Transition）。虚线代表输入比特为 1 时，有限机状态的转移。有限机初始的状态为 0（第一状态，对应码块的开始），中止状态也为 0，对应码块的末尾。

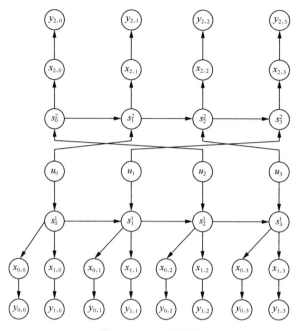

图 5-4 Turbo 因子图

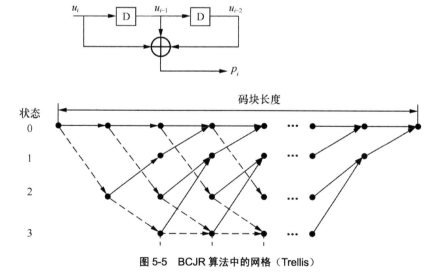

图 5-5 BCJR 算法中的网格（Trellis）

对于任意一个比特，例如第 i 个信息比特，它的置信度以 LLR 来衡量，可以表达成：

$$L(u_i) = \log\left(\frac{p(u_i = 1|\boldsymbol{y})}{p(u_i = 0|\boldsymbol{y})}\right) \tag{5-1}$$

在给定的一系列观测量 $\boldsymbol{y}$（一般是解调器的输出；对应于一个码块），第 i 个比特是 1 和是 0 的概率之比取对数。由于编码网格的状态只与上一次的状态和当前的转移概率有关，是一个马尔可夫过程（Markov Process），所以式（5-1）可以重写成

$$L(u_i) = \log\left(\frac{\sum_{S_1} \alpha_i(s')\gamma_i(s',s)\beta_i(s)}{\sum_{S_0} \alpha_i(s')\gamma_i(s',s)\beta_i(s)}\right) \tag{5-2}$$

其中，$\alpha_i(s')$ 是在观测到从序列开始一直到第 i-1 个量的条件下，编码有限机在 i 时刻的状态为 s' 的概率，$\beta_i(s)$ 是在观测到从序列末尾一直到第 i+1 个量的条件下，编码有限机在 i+1 时刻的状态为 s 的概率。$\gamma_i(s',s)$ 是在观测值为 y_i 条件下，有限机从 i 时刻的状态 s' 到 i+1 时刻的状态 s 的概率。$\gamma_i(s',s)$ 部分地取决于先验概率。BCJR 算法基本上可以总结成：先计算 $\gamma_i(s',s)$，前向从码块起始到码块结尾，算出 $\alpha_i(s')$。然后从码块结尾到码块起始，算出 $\beta_i(s)$。具体地，$\gamma_i(s',s)$ 项可以表示成：

$$\gamma_i(s',s) = p(S_{i+1} = s|S_i = s') \tag{5-3}$$

观测量 y_k 对应的是有限机从状态 s' 到 s，因此式（5-3）可以进一步写成

$$\gamma_i(s',s) = p(s|s')p(y_i|S_i = s', S_{i+1} = s) = p(u_i)p(y_i|u_i) \tag{5-4}$$

式（5-4）右边有两项。第一项是比特的先验概率，这个值在解码之初是等概率的，但第一次迭代以后，这个先验概率会根据外信息而不断地更新。第二项是假定编码器有限机经历了从状态 s' 到 s 的过渡，观测到 y_k 的概率。第二项取决于网格的结构（确定性的）和信道的特点。对于噪声方差为 σ^2 的 AWGN 信道，第二项可以写成

$$\begin{aligned} p(y_i|u_i) &\propto \exp\left[-\frac{(y_i^s - u_i)^2}{2\sigma^2} - \frac{(y_i^p - p_i)^2}{2\sigma^2}\right] \\ &= \exp\left[-\frac{(y_i^s)^2 + u_i^2 + (y_i^p)^2 + p_i^2}{2\sigma^2}\right] \cdot \exp\left[\frac{u_i y_i^s + p_i y_i^p}{\sigma^2}\right] \end{aligned} \tag{5-5}$$

将式（5-5）代入式（5-4），得到：

$$\gamma_i(s',s) = B_i \exp\left[\frac{y_i^s(2u_i-1)+p_iy_i^p}{\sigma^2}\right]$$ （5-6）

式（5-6）中的 p_i 是冗余比特，由 u_i 和编码器决定。B_i 是一个非零常数，在式（5-2）中可以抵消掉。

$\alpha_i(s')$ 可以通过式（5-6）来回归计算，其中需要对连接到状态 s 的以前所有状态 s' 集合 A 的转移概率求和，即

$$\alpha_i(s) = \sum_{s'\in A}\alpha_{i-1}(s')\gamma_i(s',s)$$ （5-7）

编码器的初始状态是 0，所以

$$\alpha_0(s=0)=1 \text{ 同时 } \alpha_0(s\neq 0)=0$$ （5-8）

$\alpha_i(s')$ 的回归式计算在网格中是按照前向方向的。

$\beta_i(s)$ 同样是通过式（5-6）来回归计算，其中需要对连接到状态 s' 的以前所有状态 s 集合 B 的转移概率求和，即

$$\beta_{i-1}(s') = \sum_{s\in B}\beta_i(s)\gamma_i(s',s)$$ （5-9）

编码器的在末尾比特 N 的状态是 0，所以

$$\beta_N(s=0)=1 \text{ 同时 } \beta_N(s\neq 0)=0$$ （5-10）

$\beta_i(s)$ 的回归式计算在网格中是按照后向方向的。

概括起来，BCJR 算法大致分为如下 4 步运算。

● 第 1 步，分别根据式（5-8）和式（5-10）对 $\alpha_0(s)$ 和 $\beta_N(s)$ 进行初始化；

● 第 2 步，对于每个观测量 y_i，根据式（5-6）计算 $\gamma_i(s',s)$，根据式（5-7）计算 $\alpha_i(s)$，将所有时间点和所有状态下的 γ 和 α 值保存；

● 第 3 步，接收到了所有的观测量 $\{y_0,y_1,\cdots,y_N\}$ 之后，用递归的方式，根据式（5-9）计算 $\beta_i(s)$；

● 第 4 步，将 $\alpha_i(s)$，$\gamma_i(s',s)$ 和 $\beta_i(s)$ 连乘，根据式（5-2），把所有对应于 $u_i=1$ 或者 $u_i=0$ 的连线分支加起来。

从上面的解码过程来看，BCJR 算法的复杂度还是很高的。每个时刻的连线分支总数取决于卷积码的状态数，这与约束长度呈指数关系。所需要的内存与数据序列的长度成正比。在具体的工程实现当中，BCJR 算法可以并行处理，即将较长的码块分成若干个小块，也称处理窗口，在多个块中同时进行前向和

后向的计算。一般地，每个并行处理的子块的大小应至少是所用卷积码的约束长度的 5 倍。

考虑 BCJR 算法的复杂度。一些非最优，但对算法复杂度的减小有帮助的算法得到工业界的关注，其中之一就是 soft-Output Viterbi Algorithm (SOVA)。与通常的 Viterbi 算法不同，SOVA 能够提供每个比特的软信息，而不仅仅是找到一条最佳的路径。在 SOVA 的计算当中，幸存路径的概率信息和与之相竞争的路径的概率信息都会保留，而且先验概率可以融入进来以提高后验概率。图 5-6 是 SOVA 的示意图。

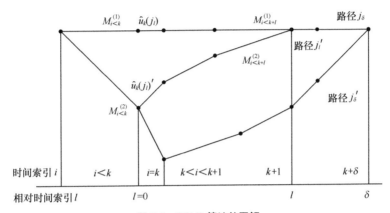

图 5-6 SOVA 算法的图解

考虑在时间 $i = k$（相对于 $l = 0$），网格中有两个节点分别具有量度 $M_{i<k}^{(1)}$ 和 $M_{i<k}^{(2)}$。这里我们用符号 $i < k$ 来强调这两个量度都是积累得来的。$\hat{u}_k(j_l)$ 和 $\hat{u}_k(j'_l)$ 是基于在时间节点（$k+l$）的竞争路径 j'_l 和在时间节点（$k+\delta$）的竞争路径 j'_δ，这两条竞争路径都是相对于全 0 的幸存路径 j_δ。$M_{i<k+l}^{(1)}$ 和 $M_{i<k+l}^{(2)}$ 是在时刻 l 的两个量度，分别对应于幸存路径 j_δ 和一条竞争路径 j'_l。

在时刻 k，选择路径 j 和收到序列 $y_{j \leqslant k}$ 的联合概率可以写成：

$$P\left(path = j, y_{j \leqslant k}\right) \propto \exp\left[M_k\left(s\right)\right] \tag{5-11}$$

量度 $M_k\left(s\right)$ 与路径 j 上的编码器的状态有关。从图 5-6 可以看出，SOVA 试图计算在 Viterbi 译码后的 δ 时间内，比特 u_k 的置信度。在经典 Viterbi 算法中，在时刻 k 更新完量度之后，$M_k\left(s\right)$ 中具有较小量度所对应的路径 $path=j$ 被选为每个状态的幸存路径。在时刻 $k+\delta$，只是挑选幸存路径 j_δ，丢弃竞争路径 j'_δ（终止在同样的网格节点）。在 SOVA 算法中，还要进行额外的一步运算，即所有的竞争路径 j'_l 的信息也要考虑。定义累积至时刻 $k+l$ 时，幸存路径 j_l 和

竞争路径 j_l 的量度差为：

$$\Delta_k^l = M_{k+1}\left(s^{(j_l)}\right) - M_{k+1}\left(s^{(jl)}\right) \geqslant 0 \tag{5-12}$$

如果 Δ_k^l 越大，说明幸存路径确实是 j_l。通过式（5-12），可以计算选择 j_l 作为幸存路径的概率为：

$$
\begin{aligned}
P_l(\text{Correct}) &= \frac{P\left(path = j_l, y_{j \leqslant k+l}\right)}{P\left(path = j_l, y_{j \leqslant k+l}\right) + P\left(path = j_l', y_{j \leqslant k+l}\right)} \\
&= \frac{\exp\left[M_{k+1}\left(s^{j_l}\right)\right]}{\exp\left[M_{k+1}\left(s^{j_l}\right)\right] + \exp\left[M_{k+1}\left(s^{jl}\right)\right]} \\
&= \frac{\exp\left(\Delta_k^l\right)}{1 + \exp\left(\Delta_k^l\right)}
\end{aligned}
\tag{5-13}
$$

从而得到

$$\Delta_k^l = \log \frac{P_l(\text{Correct})}{1 - P_l(\text{Correct})} \tag{5-14}$$

幸存路径的对数似然比（LLR）就是式（5-12）的量度差。比特 u_k 的 LLR 可以近似写成

$$L(u_k) = u_k \cdot \log \frac{\prod_{l=0}^{\delta}\left[1 + \exp\left(\Delta_k^l\right)\right] - \prod_{l=0}^{\delta}\left[\exp\left(\Delta_k^l\right) - 1\right]}{\prod_{l=0}^{\delta}\left[1 + \exp\left(\Delta_k^l\right)\right] - \prod_{l=0}^{\delta}\left[\exp\left(\Delta_k^l\right) - 1\right]} \approx u_k \cdot \min_{l=0,\cdots,\delta}\left(\Delta_k^l\right) \tag{5-15}$$

对于幸存路径上的每一个网格节点，沿着竞争路径回溯到时间 k。如果竞争路径导致的判断 $\hat{u}_k\left(j_l'\right)$ 与基于幸存路径的判断 $\hat{u}_k\left(j_l\right)$ 不一致，则更新比特 u_k 的对数似然比。

SOVA 可以包含 $\hat{u}_k$ 的先验概率，所以式（5-12）可以修改为

$$\Delta_k^l = M_{k+1}\left(s^{(j_l)}\right) - M_{k+1}\left(s^{(jl)}\right) + 0.5 \cdot L(u_k) \tag{5-16}$$

这里的 $L(u_k)$ 是比特 $\hat{u}_k$ 的先验概率，即其他译码器输出的外部信息（Extrinsic Information）。

Turbo 的解码过程本身是很复杂的，带有很强的非线性特点。其突出表现是，解码的收敛速度与信噪比和码字长度等因素有很大的关系。收敛速度直

接决定接收端所需要进行的迭代次数，这是工程上十分关心的。描述迭代类的译码算法（包括针对 Turbo 码和 LDPC 码的算法）收敛情况的一个有效工具是 EXIT 图[18-19]。在一个 EXIT 图里，通常有两条曲线，分别反映了每个子解码器在比特置信度意义上的输入 / 输出"响应"函数。图 5-7 是一个例子。解码从最左下角的输入置信度（Input Reliability）开始，我们看到随着解码迭代次数的增加，比特置信度在两条曲线的映射之间交替增长，越来越大，向右上角递进。

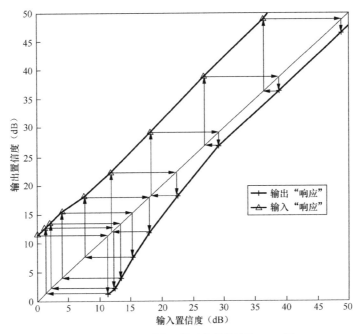

图 5-7　反映迭代类解码算法收敛特性的 EXIT 图

5.1.4　基本性能

自 1993 年引入 Turbo 码以来，人们对于 Turbo 码的认识在不断地深入。理论方面的一个重要进展是性能界的研究[15-16]和 Turbo 码译码对最大似然译码的等效性[17]。这有助于 Turbo 码的性能预测和设计。简要地讲，如果交织器是均匀的随机分布（Uniformly Random），采用递归卷积码作为子编码器，可以估计在最大似然意义下的误码率。需要指出的是对于 Turbo 码，相应的最大似然解码器十分复杂，前面介绍的"Turbo"迭代译码是一种次优但比最优的最大似然法简单许

多的算法。在 AWGN 信道最大似然意义下的误码率可以近似成：

$$P_b \approx \max_{w \geq 2} \left[\frac{w \cdot n_w}{N} \cdot Q\left(\sqrt{\frac{r \cdot d_{w,\min}^{\mathrm{TC}} \cdot E_b}{N_0/2}} \right) \right] \tag{5-17}$$

其中，w 是未编码序列输入的汉明权重，n_w 是对应于 Turbo 编码后码字最小权重为 $d_{w,\min}^{\mathrm{TC}}$ 的权重为 w 的输入序列的数目。n_w 和 $d_{w,\min}^{\mathrm{TC}}$ 都跟交织器有关。$d_{w,\min}^{\mathrm{TC}}$ 本身受限于子卷积编码后的最小权值 $d_{w,\min}^{\mathrm{CC}}$。N 是交织器的大小，r 是码率。E_b 是平均每比特的接收信号能量，$N_0/2$ 高斯白噪声的双边功率谱密度。函数 $Q(z)$ 的定义是：

$$Q(z) = \frac{1}{\sqrt{2\pi}} \int_{t=z}^{+\infty} \exp\left(-t^2/2\right) \mathrm{d}t \tag{5-18}$$

从式（5-17）可以看出交织器的长度 N 对性能影响很大：一般来说 N 越大，误码概率越低。式（5-17）也说明递归卷积码（RSC）的重要性（对于 RSC，$w \geq 2$，即至少要有 2 个比特发生错误才能成为一次错误事件；而对于非递归卷积码，$w \geq 1$，即只要有一个比特发生错误就成了一次错误事件；低重量的码字及其分布对编码器的性能影响很大）。尽管单独的递归卷积码从汉明距离的角度来看，并不具有强的纠错能力，但经过交织器的随机化以后分集度大大增加，从而使得 Turbo 码的总的性能提高很多。交织器的"增益"可以用图 5-8 来形象地描述。

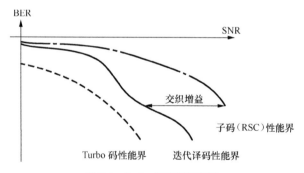

图 5-8　Turbo 码性能示意图

在图 5-8 中有 3 条 BER 与 SNR 的曲线。其中子码的性能界可以用式（5-19）表示

$$P_b = Q\left(\sqrt{\frac{r \cdot d_{w,\min}^{\mathrm{TC}} \cdot E_b}{N_0/2}} \right) \tag{5-19}$$

虚线对应的是 Turbo 码的性能界，如式（5-17）所示。黑实线是采用迭代译码情况下的 Turbo 码的性能界。由于存在式（5-17）中的 $1/N$，Turbo 码性能界（误码率）也远低于子卷积码的性能界。而迭代译码时的性能在不同信噪比时很不一样。当信噪比很低时，Turbo 码的性能与子卷积码的相近。随着信噪比的提高，在很窄的区间，Turbo 码的误码率迅速地降低，形成所谓的瀑布效应。当信噪比进一步增加时，Turbo 码的性能只是逐渐地提高，贴近 Turbo 码的性能界。

|5.2 LTE 的 Turbo 码|

LTE 的 Turbo 码[3]使用了带有二次项置换多项式（QPP）内部交织器的并行级连卷积码（PCCC）。它与 WCDMA 的 Turbo 码[2]的最大差异就是使用了不同的交织器（WCDMA 的 Turbo 码内部交织器为块交织器）。

5.2.1 LTE 的 Turbo 码的结构

LTE 的 Turbo 码的结构如图 5-9 所示。通过与图 5-2 对比可知，相对常规的 Turbo 码，LTE 的 Turbo 码的主要差异在于：各个分量编码器使用各自的尾比特来进行状态终结（如图 5-9 中的虚线部分）、没有"删余或打孔环节"（实际上，这一环节已放到"速率匹配"中去了）。

8 状态的分量编码器的传输函数（生成矩阵）为

$$G(D) = \left[1, \frac{g_1(D)}{g_0(D)}\right] \tag{5-20}$$

其中，$g_0(D) = 1 + D^2 + D^3$；$g_1(D) = 1 + D + D^3$。

在第 5.1.2 节提到，在使用 2 个不同的卷积码编码器时，Turbo 码有时候有更好的性能[12-13]。那 LTE 为什么要使用相同的卷积码编码器？这主要是因为，使用相同的编码器可降低设备的复杂度（使用一个编码器，然后时分地编码；译码器亦可时分地译码；特别地，对低成本终端可以这样做）。

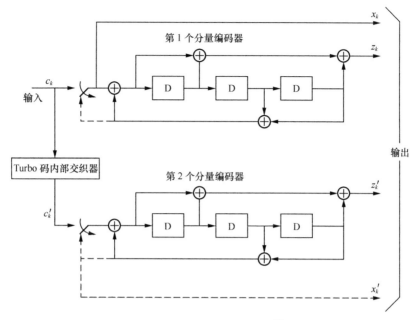

图 5-9 LTE 的 Turbo 码结构[3]

5.2.2 LTE Turbo 码的 QPP 交织器

Turbo 码的性能一般并不十分依赖于子编码器的优化。往往由简单多项式生成的卷积编码器就能使 Turbo 码的性能满足需要，编码复杂度也不高。因此，Turbo 码在应用领域的研究集中在 Turbo 交织器的构造和相应的有效解码算法。在标准化方面则主要体现在 Turbo 交织器的选取。Turbo 码的交织器设计是 4G 标准中信道编码的重要部分。

Turbo 码交织器有两大基本类型：随机交织器和确定性交织器。随机交织器的最基本的方式是伪随机数生成器。当码块长度很长时，伪随机生成的交织器性能能够逼近香农极限。但是当码块长度较短时，伪随机交织器不能实现"彻底"的交织。一种较常用的增强为"S-Random"交织器。相比纯粹的伪随机交织器，"S-Random"交织器可以保证对于任意一对相距为 S 的输入点，经历重排之后，其输出的一对点的距离不会在 S 以内。这样能够抑制一个分量码（Component Code）的突发错误事件不会影响到其他的分量码。这对提高 Turbo 码在短码时的性能起重要作用。图 5-10 是一个 S-Random 交织器的例子。

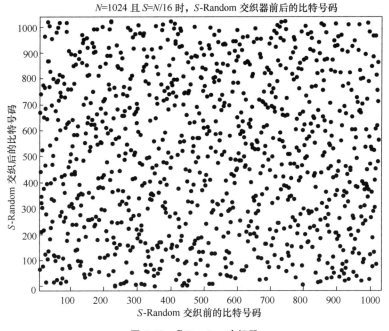

图 5-10　S-Random 交织器

随机交织器需要编码器和译码器都存储一个交织器表。对于许多工程实现，当码块很大或者需要有多个不同的交织器时，需要很大的存储量，从而会增加硬件成本。因此，从实用角度来看，确定性交织器更加可取。其交织和解交织过程完全通过算法导出，无需存储整个交织器。在众多的确定性交织器种类当中，二次项（Quadratic）交织器是一类研究较多的类别，它基于二次同余（Quadratic Congruence）算法。对于一个 $N = 2^n$ 大小的交织器，其基本形式可以写成 [22]

$$c_i = \mathrm{mod}\left[\frac{k \cdot i \cdot (i+1)}{2}, N\right] \qquad (5\text{-}21)$$

其中系数 k 是奇数。这样得到的交织器即在位置 c_i 的数据经过交织之后换到位置 $\mathrm{mod}(c_{i+1}, N)$

$$\pi_{\mathrm{QN}} : c_i \to \mathrm{mod}(c_{i+1}, N), \forall i \qquad (5\text{-}22)$$

图 5-11 所示的是一个二次项交织器的例子。尽管二次项的确定性交织器的性能不如 S-Random 的随机交织器的性能，但二次项交织器可以达到随机交织器的平均性能 [22]。

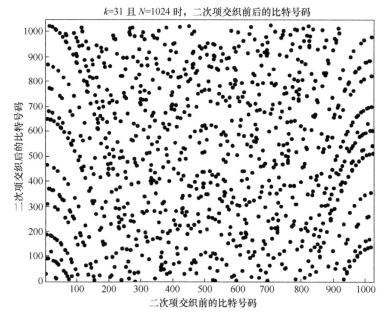

k=31 且 N=1024 时，二次项交织前后的比特号码

图 5-11 二次项交织器（图的左边和右边有较明显的抛物线：ˎ 和 ˏ）

LTE 的 Turbo 交织器是基于二次项交织器，也称二次项置换多项式（QPP，Quadratic Permutation Polynomials）交织器 [3]。如果用 K 代表一个信息码块的长度，对于第 i 个比特，经过 QPP 交织后的顺序变为：

$$\pi(i) = \text{mod}\Big[\big(f_1 \cdot i + f_2 \cdot i^2\big), K\Big] \tag{5-23}$$

这里的 f_1 和 f_2 均小于 K。QPP 的较为简单的生成多项式使工程实现更容易，例如 QPP 地址的计算可以采用递归方式，无须显式的乘法或者取模计算，如下。

$$
\begin{aligned}
\Pi(x+1) &= f_1 \cdot (x+1) + f_2 \cdot (x+1)^2 &\quad \text{mod} \quad K \\
&= \big(f_1 x + f_2 x^2\big) + \big(f_1 + f_2 + 2f_2 x\big) &\quad \text{mod} \quad K \\
&= \Pi(x) + g(x) &\quad \text{mod} \quad K
\end{aligned}
\tag{5-24}
$$

这里 $g(x) = \text{mod}\Big[\big(f_1 + f_2 + 2 \cdot f_2 \cdot x\big), K\Big]$ 可以递归式的计算

$$g(x+1) = g(x) + 2f_2 \quad \text{mod} \quad K \tag{5-25}$$

因为 $\Pi(x)$ 和 $g(x)$ 都小于 K，其中的取模计算退化成比较运算。图 5-12 是一个使用 QPP 交织器之后的数据分布图。

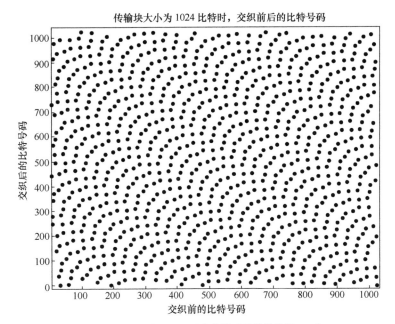

图 5-12　QPP 交织器（图中有较明显的抛物线：⌒）

QPP 交织器给 Turbo 设计提供了很大的优化空间，不但可以提高 Turbo 码的性能，而且可以增强解码器的并行处理能力。在 QPP 交织器的具体设计中，通过对系数 f_1 和 f_2 的优化选取，使得 LTE Turbo 具有如下几个特点，见表 5-1。

- 性能上相当或是优于 UMTS（WCDMA）Release 6 版本的 Turbo 码。
- 交织器的结构十分规则，最小单元为 8 bit（1 byte）。当 K 在 40 和 512 之间，步长是 1 byte；当 K 增大到 512，步长增到 2 byte；当 K 再增大到 1024，步长增到 4 byte；当 K 大于 2048，步长增到 8 byte。
- 有较小的填充比特开销（Padding Overhead），在整个码长范围不超过 63 bit。
- 在所支持的所有码长范围都能提供灵活的结构尺寸，方便并行处理。

表 5-1　LTE 各个码长（K 值）所对应的 f_1 和 f_2 值

K	f_1	f_2	⋮	K	f_1	f_2
40	3	10	⋮	3264	443	204
⋮	⋮	⋮	⋮	⋮	⋮	⋮
408	155	102	⋮	6144	263	480

5.2.3　链路性能

图 5-13 是 AWGN 信道下不同长度的码块要达到 1% 的误块率（BLER，Block Error Rate）所需要的信噪比[20]，这里假设理想的信道估计，采用 QPSK 调制，码率为 1/3，单次传输，所以对应的频谱效率为 2/3 = 0.667 bit/（s·Hz）。码块的长度包括了 LTE 的物理共享信道所支持的所有尺寸。可以看出，增大码块长度最多能带来 1.4 dB 左右的增益。当码块长度到 1000 bit 时已得到大部分的增益。

另外，从图 5-13 还可看到，Turbo 码性能随码块长度的变化曲线比较平滑，基本是单调下降，没有 UMTS 的 Turbo 码所表现的跳动现象。这有利于资源调度器对链路进行较精准的自适应，从而可以提高系统的整体性能。

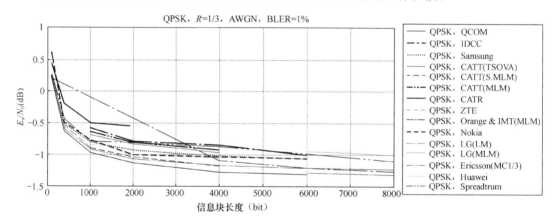

图 5-13　LTE 码块长度与性能的关系[20]

图 5-14 是在 AWGN 信道、理想信道估计、BLER = 10% 和单次传输（没有 HARQ）情形下，频谱效率与 SNR 的曲线。这主要反映了信道编码和调制的仿真性能。该图还显示了所用的最高调制阶数 64QAM 对应的信道容量极限。（从 CQI 推导的）仿真性能与理论信道容量极限的差距在 2 ~ 5 dB；真实的频频效率（传输块大小除以 1 ms 的时间再除以 20 MHz 的带宽）与理论信道容量差异较大（主要是由于控制信道的开销、循环前缀、导频开销、最高码率为 0.93、20 MHz 下有 2 MHz 的保护带）。

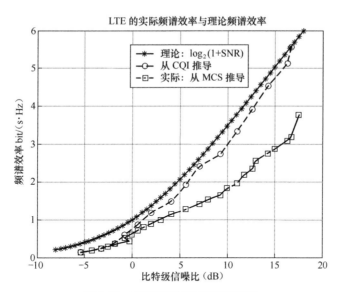

图 5-14　LTE 信道编码与调制的性能

5.2.4　解码复杂度分析

　　Turbo 译码器的每一个子译码器中的核心运算是 BCJR 算法[21]，它们是串行处理的。为了提高译码器的吞吐量，BCJR 通常采用滑动窗的软入软出（Sliding-window Soft-input Soft-output）的实现方法。在这种译码架构下，一个码块分成多个子码块。每一个子码块一般配备一个单独的 BCJR 运算单元。一个子码块又分成若干个窗，在窗的层面上，BCJR 的运算是串行的。前向状态度量在第 m 个窗末尾的值将被用作第 $m+1$ 窗的起始的前向状态度量。后向状态度量的初始化比前向的要难一些，具体的实现方法各异。比较经典的一种称为 Acquisition Runs（ACQ）的方法可以对窗的边界条件和子码块边界条件进行初始化，如图 5-15 所示。在每一个窗内，需要计算"哑"的后向状态度量（β_d），前向状态度量（α），后向状态度量（β）以及似然比（LLR）。

　　另外一种解决后向状态度量初始化的方法是状态度量传播（SMP，State-Metric Propagation），如图 5-16 所示，适合在大规模集成电路（VLSI）中

实现。SMP 无需哑的后向状态度量的计算，而是利用上一次迭代中得到的"β"和"α"。

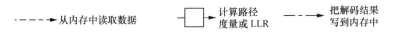

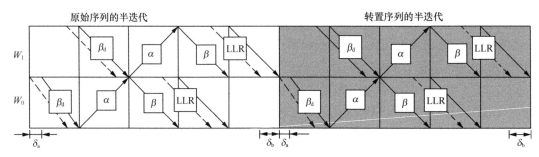

图 5-15 ACQ 译码构架

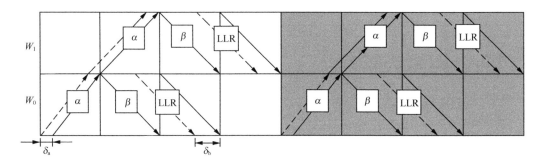

图 5-16 SMP 译码构架

Turbo 码的解码复杂度如表 5-2[23] 和图 5-17[24] 所示。大致来说，Log-MAP 算法最复杂，简化后的 Max-Log-MAP 算法次之。另外，解码复杂度会随着信噪比的提升而降低 [24]。

总的来说，Turbo 码性能优异，但解码复杂度偏高。

表 5-2 信息长度为 4032 bit 时 Turbo 码 3 种解码算法的复杂度[23]

算法	Log-MAP	Max-Log-MAP	TSOVA
加法	774 144	516 096	262 080
取最大值	258 048	258 048	68 544
LUT 查找表	1 548 288	0	0
总的计算量	2 580 480	774 144	330 624

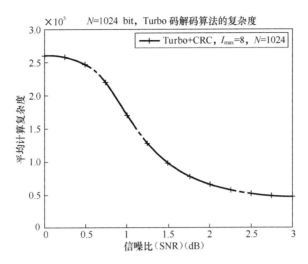

图 5-17　Turbo 码解码算法的复杂度

| 5.3　Turbo 码 2.0 |

2016 年 8 月，一些公司和研究机构提出了俗称"Turbo 码 2.0"的 Turbo 码增强方案（咬尾 Turbo 码、新的打孔方案、交织方案等）[6-7]。

5.3.1　更长的码长

Turbo 码适合于长码。码长越大，其性能越接近香农限。但是，随着码长的增加，其解码复杂度和时延都越来越大，这限制了其实用性。当然，适当增加可获得一定的性能增益而其复杂度又不会增加得太多。

在 LTE 中，Turbo 码的最大码长为 6144 bit。超过 6144 bit 的信息块将会分成多个小于 6144 bit 的多个子块。

文献 [7] 提出把 Turbo 码的最大码长增加到 8192 bit。其主要原因是，5G–NR 要支持的数据速率会更高，信息块会更大。

5.3.2　更低的码率

在 LTE 中，Turbo 码的母码码率为 1/3。通过打孔、重复方式可改变码率。

如图 5-18[7] 所示，通过引入更多的校验比特分支，可使 Turbo 码支持更低的母码码率（如达到 1/5）。这比简单的重复更具有性能优势。

如图 5-19 所示，在 QPSK 调制方式和 BLER = 10% 下，相对从 1/3 重复到 1/5 码率的 Turbo 码，原生的 1/5 码率的 Turbo 码有 0.5 dB 的性能增益[25]。

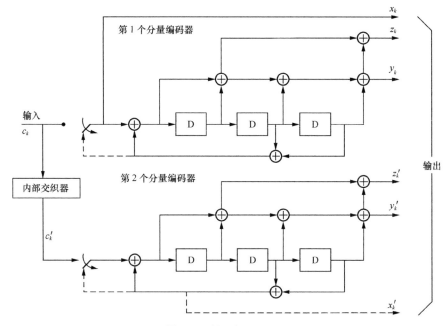

图 5-18　低码率 Turbo 码

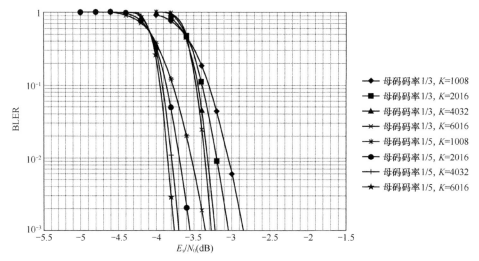

图 5-19　Turbo 码在原生的 1/5 码率和从 1/3 重复到 1/5 码率下的性能比较[25]

5.3.3　咬尾 Turbo 码

在 LTE Turbo 码中，为使编码器的状态回归到状态 0（有助于解码；解码器不用猜测编码器的结束状态），需要在每个分量编码器的待编码信息末尾添加 3 个尾比特。这 3 个尾比特来自各自分量编码器的编码之后的最后 3 个比特（例如，在图 5-18 中，取的是第 2 个移位寄存器和第 3 个寄存器异或之后的值——需要把输入端的开关打到下面这一侧）。当输入信息比特比较短时（如 40 bit），这个使状态回归的开销就显得很大（开销有 $3 \times 3 = 9$ bit；占比为 $9/(40 \times 3+9) = 6.9\%$），使得 Turbo 码在短码的时候缺乏竞争力。

为使 Turbo 码在短码时也有良好的性能，文献 [6] 和 [26] 提出了咬尾 Turbo 码。在 TBCC 中，由于 TBCC 使用了前馈卷积码，因此，TBCC 的编码前后状态保持一致的方法比较简单——将最后 m 个信息比特作为移位寄存器的初始值即可（其中，m 为卷积码的移位寄存器的数量）。而对于咬尾 Turbo 码，由于其使用了反馈卷积码，因此，其编码前后状态保持一致的方法有些复杂。其主要方法是在 2 个内部编码器中进行循环编码 [6]（进行 2 次编码），这使得编码前后的状态保持一致，如图 5-20 和图 5-21 所示。下面举例说明。

第 1 步，从全状态 0 开始，咬尾 Turbo 码的分量编码器对待编码信息（例如，在图 5-20 中，待编码信息是 "01101101"）进行编码，但忽略所有的输出。这需要记录下最后 k 时刻的结束状态 S_k。由图 5-20 可知，起始状态为 $S_0 = 0$，而结束状态为 $S_k = 5$。

第 2 步，根据表 5-3 查找上述结束状态 S_k 的值（这个例子中是 $S_k = 5$）所对应的起始状态 S_c。由表 5-3（第 2 列）可知，$S_c = 1$。

第 3 步，从上述的起始状态 S_c 开始（在该例子中是 $S_c = 1$），对咬尾 Turbo 码的分量编码器进行实际的编码（在该例子中，待编码信息是 "01101101"）。由图 5-21 可知，起始状态为 $S_c = 1$，且结束状态为 $S_c = 1$，即有 $S_k = S_c = 1$。

应注意，对于不同的生成多项式，表 5-3 的状态查找表不同。另外，文献 [6] 指出当码长是周期 P（这里 $P = 7$）的倍数时，递归卷积码不存在咬尾状态，从而没有咬尾 Turbo 码。

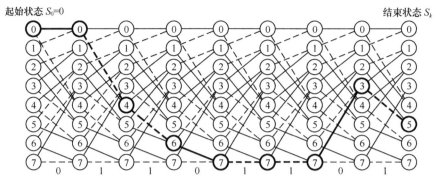

图 5-20 咬尾 Turbo 码的状态迁移图[6]（第 1 步）

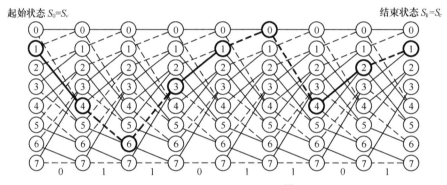

图 5-21 咬尾 Turbo 码的状态迁移图[6]（第 2 步）

表 5-3 咬尾 Turbo 码的状态查找表

S_k \ $k \bmod 7$	1	2	3	4	5	6
0	0	0	0	0	0	0
1	6	4	3	2	5	7
2	3	5	4	6	7	1
3	5	1	7	4	2	6
4	7	2	1	5	6	3
5	1	6	2	7	3	4
6	4	7	5	3	1	2
7	2	3	6	1	4	5

如图 5-22 所示，咬尾 Turbo 码可降低误码平台[6]。这主要归功于，咬尾 Turbo 码可减少由尾比特产生的低重码字的概率，并且在高码率（$R = 8/9$）、信息长度为 6000 bit、QPSK 调制、BLER = 10% 下，咬尾 Turbo 码约有 0.1 dB 的增益。文献 [27] 的图 3.10 显示，在 1/2 码率、信息长度为 40 bit、BPSK 调制、BER = 10^{-5} 下，（相对带尾巴的 Turbo 码）咬尾 Turbo 码约有 0.2 dB 的增益。

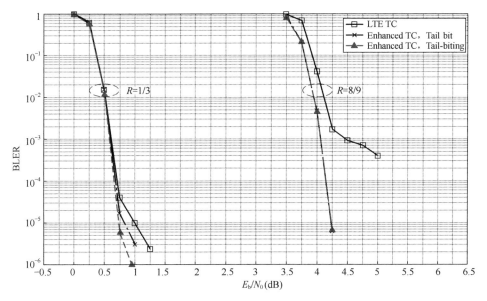

图 5-22　咬尾 Turbo 码的性能（K=6000 bit）

5.3.4　新的打孔方式

新的打孔方式[6] 综合考虑了打孔后 2 个内部编码器的汉明距离和 2 个内部编码器的互信息。另外，新的打孔方式对系统比特和校验比特使用不同的打孔图样，但对 2 路校验比特使用相同的打孔图样。这样做的好处是，增大了编码后的汉明距离（LTE 的打孔和交织是分开设计的，在长码下没有问题，但在短码下可能会导致汉明距离变小），从而使接收端能通过迭代方式，最大限度地"猜"出被打孔的数据。

5.3.5　新的交织器

LTE 的 QPP 交织器是一个固定的交织器，不会随码率变化（注：这里指交织器没有跟码率捆绑起来——每种码率使用不同的交织器）。而文献 [6] 中提

到的新交织器能随码率变化，从而能更有效地打散原来的信息比特顺序，从而能更好地对抗突发干扰。其操作方法是

$$j = \prod(i) = \left(P_i + S_{i \bmod Q}\right) \bmod K \tag{5-26}$$

其中，P 和 K 互为素数，Q 是 K 的约数（因子），S_i 是 Q 的同余类（Congruence Class），且与 K 和码率有关。使用上述交织器之后，不但读写不冲突（可减少时延），而且能在不同的码率下使用不同的打散方式，从而能更好地纠正突发错误。如图 5-23 所示，在使用了上述新的打孔模式和新的交织器之后，在高码率（$R = 4/5$）、信息长度为 96 bit、QPSK 调制、BLER = 10% 下，增强的 Turbo 码约有 0.3 dB 的增益（中低码率下增益不明显）。

综上所述，Turbo 码性能优越，编码构造比较简单，但解码就比较复杂了。新的 Turbo 码 2.0 做了一些改进，提高了其性能。

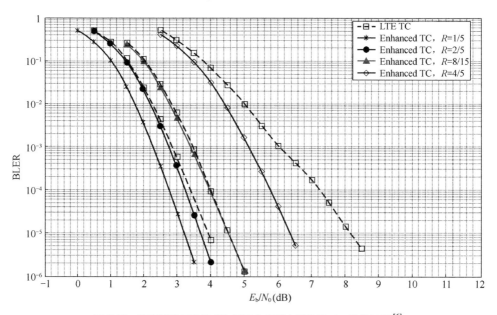

图 5-23　使用新的打孔模式和新的交织器之后的 Turbo 码的性能 [6]

| 参考文献 |

[1] C. Berrou, et. al. Near Shannon limit error-correcting coding and

decoding：Turbo Codes, Proc. IEEE Intl. Conf. Communication (ICC 93), May 1993, pp. 1064-1070.

[2] 3GPP. TS25.212 V5.10.0 -Multiplexing and channel coding (FDD) (Release 5). June 2005.

[3] 3GPP. TS36.212 V14.0.0 - Multiplexing and channel coding (Release 14). Sept. 2016.

[4] 3GPP. R1-163662, Way Forward on channel coding scheme for 5G New Radio, Samsung. RAN1#84bis. April 2016.

[5] 3GPP. Draft Report of RAN1#84bis. April 2016.

[6] 3GPP. R1-167413, Enhanced turbo codes for NR: implementation details, Orange and Institut Mines-Telecom, RAN1#86. August 2016.

[7] 3GPP. R1-164361, Turbo code enhancements, Ericsson, RAN1#85. May 2016.

[8] R. G. Gallager. Low-density parity-check codes. IRE Trans. Inform. Theory, vol. 8, Jan. 1962, pp. 21 - 28.

[9] R. G. Gallager. Low density parity-check codes. MIT, 1963.

[10] S. Y. Chung. On the design of low-density parity-check codes within 0.0045 dB of the Shannon limit. IEEE Communications Letters, vol. 5, no. 2, 2001, pp. 58-60.

[11] S. Lin（美）著. 晏坚，译. 差错控制编码（原书第 2 版）. 北京：机械工业出版社，2007.

[12] P. C. Massey. New developments in asymmetric Turbo Codes. Proc. 2nd International Symposium on Turbo Codes. September. 2000, pp. 93 - 100.

[13] O.Y. Takeshita. Asymmetric turbo-codes. IEEE International Symposium on Information Theory, 1998, 3 (3), pp.179.

[14] 邓家梅. Turbo 码几个关键问题的研究. 上海大学博士论文，1999.

[15] S. Benedetto. Design of parallel concatenated convolutional codes. IEEE Trans. on Comm., 1996, 44 (5), pp. 591-600.

[16] S. Benedetto. Design guidelines of parallel concatenated convolutional codes. Proc. of IEEE Global Telecommunications Conference, 1995, 3, vol.3, pp.2273-2277.

[17] T. Richardson. The geometry of turbo-decoding dynamics. IEEE Trans. on Info. Theory, 2000, 46 (1), pp. 9-23.

[18] S. ten Brink. Convergence of iterative decoding. Electronics Letters, 35(10), May 1999, pp. 1117-1119.

[19] S. ten Brink. Convergence behavior of iteratively decoded parallel concatenated codes. IEEE Trans. on Commu., vol. 49, no. 10, Oct 2001, pp. 1727 - 1737.

[20] 3GPP. R1-1610423, Summary of channel coding simulation data sharing, InterDigital, RAN1#86bis. October 2016.

[21] L. Bahl. Optimal decoding of linear codes for minimizing symbol error rate. IEEE Trans. on Information Theory, vol. 20, no. 3, March 1974, pp, 284 - 287.

[22] J. Sun. Interleavers for turbo codes using permutation polynomials over integer rings. IEEE Trans. on Information Theory, vol. 51, no. 1, Jan. 2005, pp. 101-119.

[23] 3GPP. R1-1608768, Performance of Turbo codes with high speed decoding algorithm for NR, CATT, RAN1#86bis. October 2016.

[24] 陈凯. 极化编码理论与实用方案研究. 北京邮电大学博士论文, 2014.3.

[25] 3GPP. R1-166897, Turbo code enhancement and performance evaluation, LG Electronics, RAN1#86. August 2016.

[26] 3GPP. R1-061050, EUTRA FEC Enhancement, Motorola, RAN1#44bis. March 2006.

[27] 杨凡. 短帧长Turbo码的编码方案与性能研究. 西安电子科技大学硕士论文, 2013.1.

第6章

外　码

外码是指在主要的编码方式之外，再加上一层其他的码而构成的编码方式。

主要的编码方式称为内码，如图 6-1 所示。例如，第 2 章描述的 Polar 码是内码，若在 Polar 码之外再加上一个 CRC，那么 CRC 是 Polar 码的外码。

读者已经知道，增加外码（CRC）之后，外码会占用一些资源，使码率升高，从而可能会降低解码性能。那么，为什么要引进外码呢？

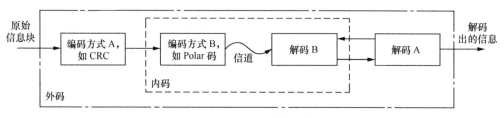

图 6-1　外码和内码的关系

| 6.1　信道特性与外码 |

在无线移动通信系统中，由于无线信道中存在多径、多普勒效应、障碍物等影响，移动设备接收到的信号质量变化较大，这容易使数据在传输过程中出错[1]。通常，传输过程中会出现随机错误（单个零散的错误）或突发错误（成片的大量错误），甚至同时存在这两类错误。另外，有的解码方案会导致错误传播，甚至扩散成大量错误。

在 5G-NR 中，一个 UE 的高优先级的 uRLLC 业务可能会打掉另一个 UE 的低优先级的 eMBB 业务的部分资源[2-3]，如图 6-2 所示。这时候，UE1 的 eMBB 业务会出现突发错误。

图 6-2　高优先级的 uRLLC 业务打掉低优先级的 eMBB 业务[2]

为了减少或消除上述错误，提升解码性能，有时会引进外码。一些码长较短的码（如短的 RM 码），则无须外码，否则会导致码率升高，得不偿失。另外一些码（如 LDPC 码）自带校验功能[4]，可以不用外码，或者使用对码率影响小一些的外码（如长度短一些的 CRC）。在协议层面上，外码和内码可以不在同一协议层。例如，内码（如 Turbo 码）工作在物理层，而外码（如 RS 码）工作在 MAC 层[5-6]；内码可以以软判决的方式向外码提供软信息。

综合起来，外码的主要作用是用来纠正内码解码过程中可能存在的错误、减少误码平台（Error Floor），但是否使用外码，依赖于其应用环境。通常，根据外码与内码的协作情况，将外码分成两类：显式外码和隐式外码。显式外码更为常见，下面先介绍显式外码。

6.2　显式外码

这里面主要包括常见的显式外码和不太常见的包编码（Packet Coding）[1-2,7-8]。

6.2.1　常用外码

常见的显式外码包括：CRC、RS 码、BCH 码等。它们通常应用在主要编码方案之外。

● CRC。CRC 小巧精悍。一般地，CRC 常用来检测错误（当然，单独使用时也能纠正少量错误）。Tal 和 Vardy 称 CRC 为 "genie"[9]，足以看到 CRC 的强大之处。当然，"genie" 广义是指外码。如图 6-3 所示[10]，在使用 24 bit 的

CRC、Polar 码母码长度 $N = 1024$、码率 $R=1/2$、列表深度 $L = 8$、BLER $= 10^{-3}$ 下，相对没有 CRC 这个外码，Polar 码有 0.4 dB 左右的性能增益。

• 奇偶校验（PC）。其作用与 CRC 类似，只是其长度较短（一个比特根据其产生的移位寄存器，也可产生多个比特的 PC[11]），这里就不再介绍了。

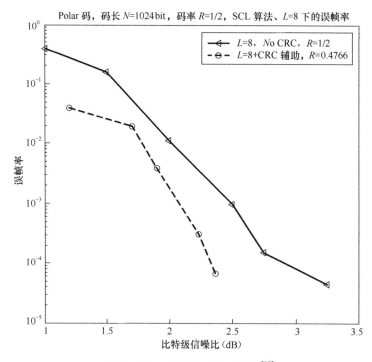

图 6-3　外码（CRC）的编码增益[10]

• RS 码[12-13]。RS 码由 Reed 和 Solomon 于 1960 年发现[12]。它的纠正突发错误的能力相当强大。1 个（$q-1$, $q-2$, $t-1$, $2t+1$）的 RS 码能纠正 t 个突发错误。如图 6-4 所示[10]，在使用（255, 247, 9）的 RS 码、Polar 码母码长度 $N = 1024$、码率 $R = 1/2$、列表深度 $L = 8$、BLER $= 10^{-3}$ 下，相对没有 RS 码这个外码，Polar 码有 0.25 dB 左右的性能增益。另外，也可从图 6-4 看出，在低误块率区域，RS 码可快速地使曲线进入瀑布区。

• BCH 码[13-15]。BCH 码由 Bose、Chaudhuri 和 Hocquenghem 于 1960 年发现[14-15]。它常用于纠正随机错误。如图 6-4 所示[10]，在使用（63, 57）的内级联的 BCH 码、Polar 码母码长度 $N = 1024$、码率 $R = 1/2$、列表深度 $L = 8$、BLER $= 10^{-3}$ 下，相对没有 BCH 码这个外码，Polar 码有 0.1 dB 左右的性能增益。

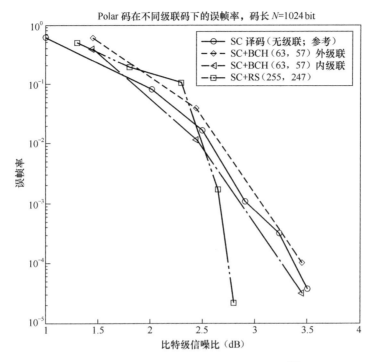

Polar 码在不同级联码下的误帧率，码长 N=1024 bit

图 6-4 外码（RS 码或 BCH 码）的编码增益[10]

6.2.2 包编码（Packet Coding）

物理层包编码方案[1-2,7-8]是在传统数据包的基础上添加一个包编码，即在所有纠错编码块（Code Word）之外再增加一个异或（奇偶校验）包。这样操作的目的在于，通过在所有的码块间建立校验关系，可在接收端译码时提高整个数据包传输的可靠性。

在传统数据包中（包含多个纠错编码块的），每个码块之间不存在任何关系，即使使用了交织器（如将所有码字相互进行交织）。这里要介绍的是，在所有码块之间添加一个校验包，然后将每个码块以及校验包进行打孔去掉一些比特，使得所有码块和校验包的总长度和传统数据包的大小一样。

1. 包编码方案

具体包编码方案如图 6-5 所示。总流程是：对源数据包进行码块分割 → 添加码块的 CRC → 纠错编码 → 包编码（奇偶校验，异或）→ 比特选择 → 得到发送的数据包。对比传统数据包，这里主要是添加了包编码方案和一个比特选择模块。

包编码方法为：将所有纠错块的对应比特异或得到一个校验包，如有 N 块

纠错编码块，所有 N 块码块中第 i 比特构成一个信息序列 S，对 S 进行包编码（异或或者奇偶校验）得到校验包 C_N。当然，这里的包编码可以采用其他的编码方式，如多重奇偶校验码、汉明码等。由于采用了包编码，使得数据块长度变长了（多出一个校验包），因此需要一个比特选择模块，将一些比特打孔掉，使得整体数据块长度保持不变。

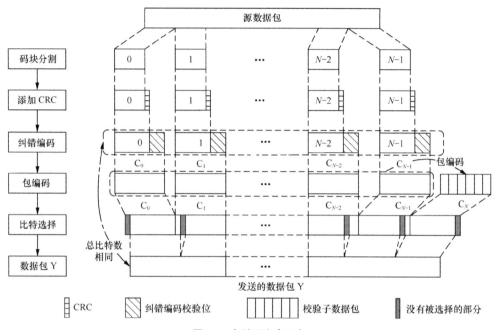

图 6-5　包编码方案示意

在比特选择上，主要是比特选择后的总数据大小要与包编码之前的总比特数相等。每个纠错编码码块和校验包打掉的比特数基本按照均匀打掉原则（尽量对每个码块打掉相同的比特数目）确定。这里假定的纠错编码方法采用 LDPC 编码，码块长度固定为 672 bit，提升值（Lifting Size，也称为扩展因子，或者子矩阵的大小）为 42，基础矩阵大小是 $M_b \times N_b$，其中 N_b 固定等于 16。被打掉的比特数确定如下：

● 如果码块数小于等于 15，则每个 LDPC 码块打掉 42 bit，这里的 42 恰好是等于提升值的大小，剩余 $672 - 42 \times N$ bit 由校验包打掉；

● 如果码块数大于 15，则让每个码块和校验包共同分担被打掉的比特，这使得所有码块和校验包性能接近，从而可以让整体数据包的性能达到最优。

这样设计原因有以下几方面。

（1）如果 LDPC 码块中有打掉的比特数多于一个提升值，那么就会跨越在两个提升值之间，如图 6-6 所示。举一个比较极端的例子，如打掉最前面 84 bit，那么就会导致 LDPC 码译码器（Min-Sum 算法）中所有校验方程都变得无用，没有外信息的更新，译码性能变得很差。

42	42														
0	0	0	0	0	0	0	0	0	0	0	0	0	-1	-1	-1
8	16	40	34	32	12	22	36	18	13	19	0	-1	0	-1	-1
30	20	18	22	38	2	6	28	32	37	26	21	31	-1	0	-1
40	24	12	20	10	14	2	30	16	19	34	18	-1	13	5	0

图 6-6　LDPC 码块中打掉比特数示例

（2）校验包的数据尽量多一些，即校验包打掉的比特数尽量少一些，可以充分利用包编码的校验关系，提高译码性能。

（3）尽量将需要打掉的比特数平均到每个码块和校验包中，使得所有码块的性能基本一致。这样就可以使得整个数据包的误包率性能（PER、FER、BLER）得到提高。

所有 N 个 LDPC 码块需要打掉的比特数分别为：$e_0, e_1, e_2, \cdots, e_{N-1}$，校验包需要打掉的比特数为 f_0。当 $N \leqslant 15$ 时，它们的取值如下

$$e_i = 42, \quad i = 0, 1, 2, \cdots, N-1 \tag{6-1}$$

$$f_0 = 672 - \sum_{i=0}^{N-1} e_i \tag{6-2}$$

当 $N > 15$ 时，$e_0, e_1, e_2, \cdots, e_{N-1}$ 的取值如下（f_0 的取值与上式相同）

$$e_i = 1 + \mathrm{floor}\left[672 / (N+1)\right], \quad i = 0, 1, 2, \cdots, G-1 \tag{6-3}$$

$$e_i = \mathrm{floor}\left[672 / (N+1)\right], \quad i = G, G+1, G+2, \cdots, N-1 \tag{6-4}$$

其中，

$$G = 672 - (N+1) \cdot \mathrm{floor}\left[672 / (N+1)\right] \tag{6-5}$$

例如，假设 LDPC 码块数 $N=10$，则 $e_i = 42$，$i = 0, 1, 2, \cdots, 9$ 且 $f_0 = 252$；又如，假设 LDPC 码块数 $N=100$，则 $e_i = \begin{cases} 7, & \text{当} i = 0, 1, 2, \cdots, 65 \\ 6, & \text{当} i = 66, 67, 68, \cdots, 99 \end{cases}$，且 $f_0 = 6$。

2. 具体比特选择方法

每个 LDPC 码块打掉比特的位置不同，也会影响整体数据包的译码性能，所以需要选择一种最优的比特选择方法，使得接收译码性能最好。其主要是以仿真结果

为较好方法的判定依据来进行选择。在这里,笔者主要以码块数 $N = 10$ 为例进行介绍,对应每个 LDPC 码块打掉的比特数为 42,而校验包打掉的比特数为 252。

方法 1:每个 LDPC 码块都是从后到前打掉一些比特,而校验包是从前到后打掉一些比特。具体如图 6-7 所示。

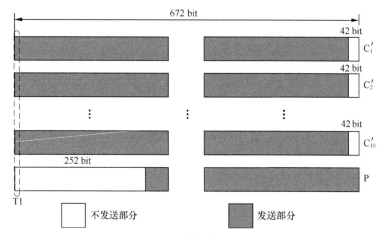

图 6-7 比特选择示意

仿真结果如图 6-8 和图 6-9 所示,分别对应码率 R 为 1/2 和 13/16 的情况。码块数分别有 2、10、50 和 100。从这些图可以看出,在码率比较低的情况下,各种码块数情况下 LDPC 码都存在性能增益。但是在高码率情况下,码块数为 2 和 10 的情况,LDPC 码就没有增益了(或者是负增益),即码块数较多时才有增益(校验比特要足够多才能把错误纠正过来)。

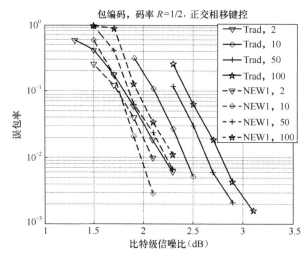

图 6-8 方法 1 下码率 $R = 1/2$ 时的仿真结果("Trad"为传统方法,"NEW1"为包编码)

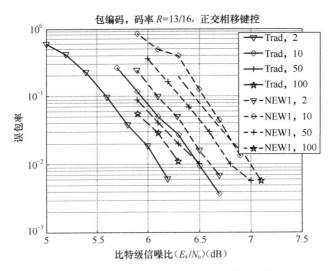

图6-9　方法1下码率 $R = 13/16$ 时的仿真结果（"Trad"为传统方法，"NEW1"为包编码）

方法2：每个LDPC码块都是从前到后打掉一些比特，而校验包是从后到前打掉一些比特。具体如图6-10所示。

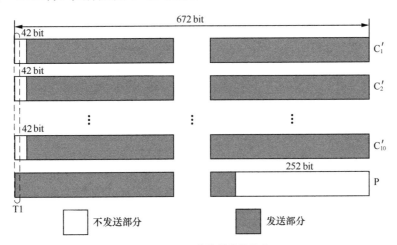

图6-10　另一种比特选择示意

仿真结果如图6-11和图6-12所示，分别对应码率 $R = 1/2$ 和13/16的情况。码块数有2、10、50和100。从图中可以看出，在码率比较低的情况下，各种码块数情况下，LDPC码都存在性能增益，只是在码块数为2的情况下性能增益较少。但在码率为13/16情况下，码块数为2的情况下，LDPC码就没有性能增益了，其他都有性能增益。

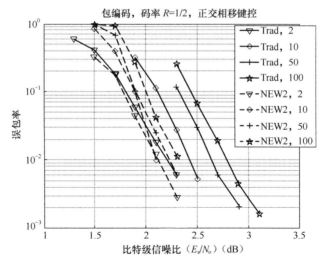

图 6-11 方法 2 下码率 $R = 1/2$ 时的仿真结果（"Trad"为传统方法，"NEW2"为包编码）

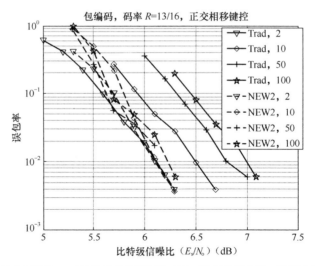

图 6-12 方法 2 下码率 $R = 13/16$ 时的仿真结果（"Trad"为传统方法，"NEW2"为包编码）

方法 3：每个 LDPC 码块依次从后到前打掉一些比特，而且所有 LDPC 码块和校验包打掉的比特索引都不重合，如图 6-13 所示。

仿真结果如图 6-14 和图 6-15 所示，分别对应码率 $R = 1/2$ 和 13/16 的情况。码块数有 2、10、50 和 100。从这些图中可以看出，在各种码率和码块数情况下都存在性能增益。

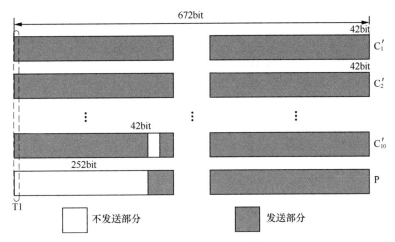

图 6-13 又一种比特选择示意

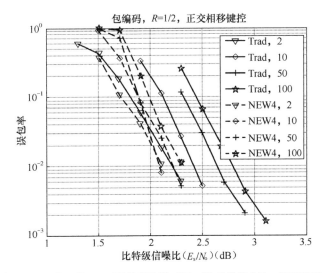

图 6-14 方法 3 下码率 R 为 1/2 时的仿真结果（"Trad"为传统方法，"NEW4"为包编码）

方法 4：每个 LDPC 码块依次从前到后打掉一些比特，而且所有 LDPC 码块和校验包打掉的比特索引都不重合，如图 6-16 所示。

仿真结果如图 6-17 和图 6-18 所示，分别对应码率 R = 1/2 和 13/16 的情况。码块数有 2、10、50 和 100。从这些图中可以看出，在各种码率和码块数情况下都存在性能增益。

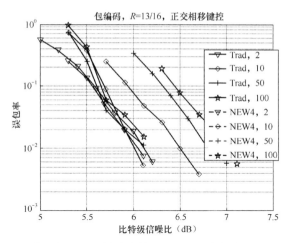

图 6-15　方法 3 下码率 R 为 13/16 时的仿真结果（"Trad"为传统方法，"NEW4"为包编码）

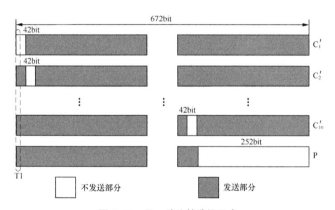

图 6-16　另一种比特选择示意

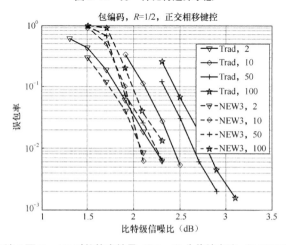

图 6-17　方法 4 下 R = 1/2 时的仿真结果（"Trad"为传统方法，"NEW3"为包编码）

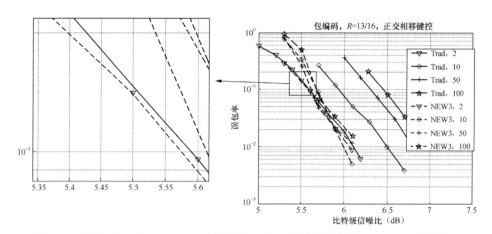

图 6-18　方法 4 下码率 $R = 13/16$ 时的仿真结果（"Trad"为传统方法，"NEW3"为包编码）

从以上仿真分析结果来看，最后两种方法比较有效，都有性能增益，两种方案其实非常类似。在此选择最后一种方案作为最终的比特选择方法。

另外，如图 6-19 所示，文献 [2] 的仿真结果显示，使用类似于包编码的外码之后，外码可有效地对抗由 uRLLC 引起的信道删除错误（uRLLC 会打掉 eMBB 的资源）。在图 6-19 中，即使有部分符号被打掉，但通过外码，接收端仍然能够有效地解码，从而使得其吞吐率能达到比较高的水平（如图 6-19 中的圆圈线）。而在没使用外码时，其吞吐率迅速降低，解码性能严重受删除符号的影响（如图 6-19 中的星号线）。

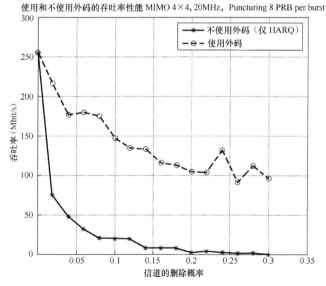

图 6-19　使用和不使用外码的吞吐率性能 [2]

3. 译码算法

从包编码的编码规则可以看出，包编码就是一种级联码（内编码和外编码）：首先进行 LDPC 编码，然后再对总的编码字进行奇偶校验编码。包编码也可看作是一种块编码：行编码采用 LDPC 编码，而列编码采用奇偶校验编码。因此，它可以采用多种译码方式。

方法 1：常规方法：LDPC 译码→异或译码→ LDPC 译码

把包编码当作一种级联码，译码方法是：先进行 LDPC 码译码，然后再判断是否正确（例如，通过 CRC 来判断；或者，通过检验 $H \cdot C = 0$ 来判断）。如果正确，则不需要再进行奇偶校验译码，直接将结果输出；如果不正确，则需要进行奇偶校验译码（各个 LDPC 码块之间进行 LLR 合并），然后再进行 LDPC 译码，而后输出译码结果。具体流程如图 6-20 所示。

方法 2：奇偶校验译码→ LLR 合并→ LDPC 译码

如图 6-21 所示，在解码之前先进行奇偶校验译码，将各个码字的 LLR 进行合并，然后再进行 LDPC 译码。在奇偶校验译码过程中，先进行的 LLR 合并都是采用信道解调出来的 LLR，并且计算的外信息需要乘以系数 0.4，而本身（当前所更新的 LDPC 码字）都是采用信道解调后的 LLR 信息，LDPC 译码采用 Min-sum 算法。这种方法有一些缺陷：必须等到所有 LDPC 码块全部接收完才能进行译码，因此缓存和时延都比较大。

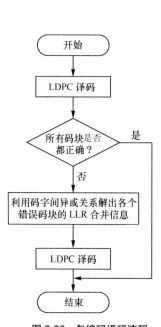

图 6-20　包编码译码流程

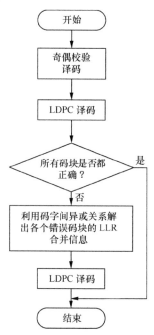

图 6-21　先进行奇偶校验译码的流程

方法 3：多次迭代

在译码中可以把整个数据包当作一个大的块编码，行编码是 LDPC 编码，列编码是奇偶校验编码；可以采用迭代算法进行译码，使得各个码字之间可以比较充分地传递信息。具体流程如图 6-22 所示。在以下的仿真结果中，最大迭代次数为 7 次。迭代中，奇偶校验译码中本身 LLR 都是采用信道解调后的 LLR 信息，而其他的 LLR 采用 LDPC 译码后的 LLR 信息（需要乘以系数 0.5）。当然，该译码方法也有缺陷：需要循环多次进行迭代译码，多次重复 LDPC 译码，这样势必会较多地增加时延。

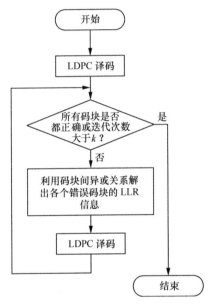

图 6-22　进行多次迭代译码流程

AWGN 信道下的结果如图 6-23 和图 6-24 所示（码率 R = 1/2 和 13/16 码率）。这里只给出了源数据包含有 LDPC 码块数为 20 的仿真结果。其中，"Trad"表示传统数据包的性能曲线；"Method 1"表示采用常规的译码方法的性能曲线，即先进行 LDPC 译码，然后进行奇偶校验译码，再进行 LDPC 译码；"Method 2"表示采用先进行奇偶校验译码，然后进行常规的译码方法的性能曲线；"Method 3"表示采用迭代多次进行译码方法的性能曲线。

从这两个图可以看出，"Method 1"和"Method 2"的性能基本一样，在码率 R = 1/2 情况下，比传统数据包性能约好 0.3 dB（性能图中没有补偿由于增加 CRC 而引起的开销；下同）；在码率 R = 13/16 情况下，比传统数据包性能约好 0.5 dB。"Method 3"（最多迭代 7 次）的仿真性能在码率 R = 1/2 的情况下，

比传统数据包性能约好 0.7 dB；在码率 $R = 13/16$ 情况下，比传统数据包性能约好 1 dB。

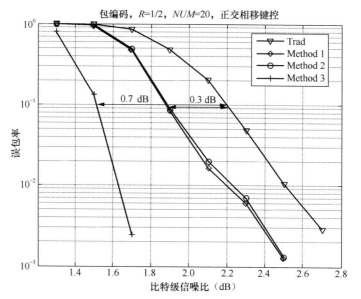

图 6-23　码率为 $R = 0.5$ 下的各种译码算法仿真结果
（"Trad"为传统方法，"Method 1/2/3"为包编码）

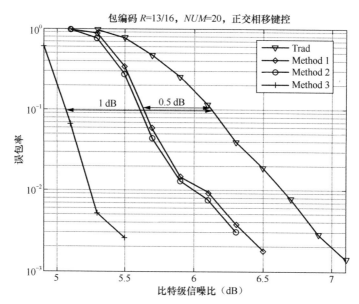

图 6-24　码率为 $R = 13/16$ 下的各种译码算法仿真结果
（"Trad"为传统方法，"Method 1/2/3"为包编码）

4. 包编码在衰落信道下的仿真结果

信道1：简单瑞利信道。简单瑞利信道模型为 $R = H \times S + N$，其中 R 为接收的信号；H 为瑞利信道系数，是随机产生的，在此其方差等于 1，期望值为 0；S 是发送的原始信号的调制符号；N 是随机噪声。

其仿真结果如图 6-25 所示。在图中，"Trad"是传统数据包的性能，"NEW1"是数据包编码的正常译码的性能（没有进行迭代下的仿真），"NEW2"是数据包编码在迭代 6 次下的仿真性能。从图 6-25 中可以看出，包编码方案都是存在性能增益的，迭代次数越多则性能增益越大。

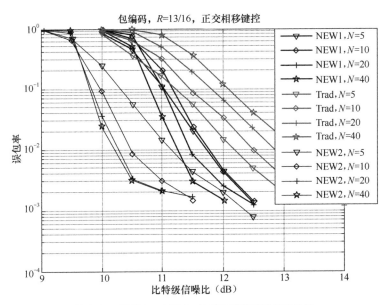

图6-25　码率 $R = 13/16$，简单瑞利信道的仿真性能
（"Trad"为传统方法，"NEW1/2"为包编码）

信道2：扩展步行者信道模型（EPA，Extended Pedestrian A model）。仿真结果如图 6-26 和图 6-27 所示，分别对应没有在单个 OFDM 符号内进行交织及在单个 OFDM 符号内进行星座调制符号交织。从仿真结果可以看出，不交织时：码块数较少时，没有性能增益（或者增益不明显）；块数较多时，有一些性能增益；迭代次数增益会改善性能，且增益较大。

信道3：扩展典型城区信道（ETU，Extended Typical Urban model）。仿真结果如图 6-28 和图 6-29 所示，分别对应没有在单个 OFDM 符号内进行交织及在单个 OFDM 符号内进行星座调制符号交织。从仿真结果可以看出，不交织时：码块数较少时，没有性能增益（或者增益不明显）；块数较多时，有一些性能增益；迭代次数增益会改善性能，且增益较大。

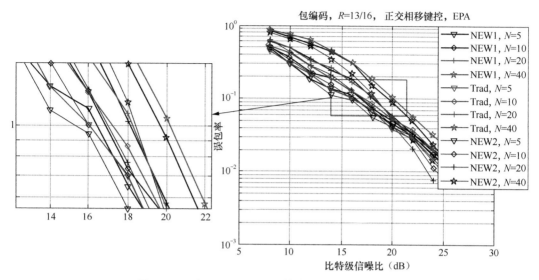

图 6-26 码率 $R = 13/16$，EPA 信道，不交织的仿真性能
（"Trad"为传统方法，"NEW1/2"为包编码）

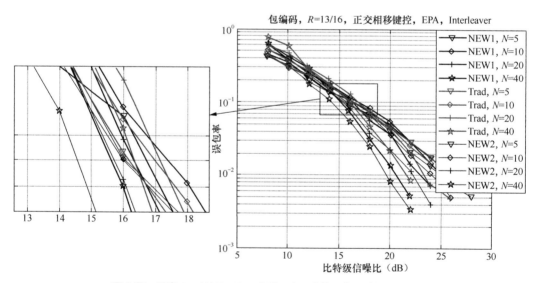

图 6-27 码率 $R = 13/16$，EPA 信道，有星座符号交织时的仿真性能
（"Trad"为传统方法，"NEW1/2"为包编码）

从总情况来看，包编码在合适的应用场景下能够提供性能增益，特别是，码块数较多、迭代次数较多的情况。

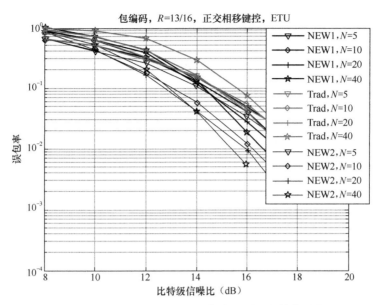

图 6-28　码率 R = 13/16，ETU 信道，不交织的仿真性能
（"Trad"为传统方法，"NEW1/2"为包编码）

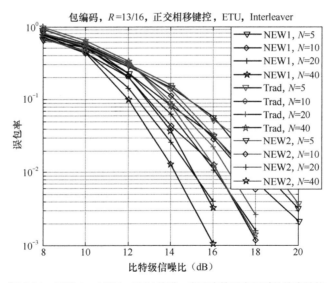

图 6-29　码率 R = 13/16，ETU 信道，有星座符号交织时的仿真性能
（"Trad"为传统方法，"NEW1/2"为包编码）

| 6.3　隐式外码 |

隐式外码是指内码和外码混为一体，不太容易区分出来的编码方式。在译码时，可以先译出隐式外码，然后再把译码结果传递给内码；也可先译出内码，然后再把译码结果传递给隐式外码；或者迭代地相互传递。

第 3 章描述的 2D-Polar 码 [16] 可以被看作是隐式外码加内码的编码方案。在该编码方案中，隐式外码是分组码，内码是 Polar 码。第 5 章描述的 Turbo 码，我们可以把其中的一个分量码看作是另一个分量码的隐式外码。

最为神奇的是 LDPC 的自带校验功能 [4]。文献 [4] 显示，其 LDPC 编码方法除了提供编码功能之外还可提供 8 比特 CRC 功能。或者说，文献 [4] 的 LDPC 隐含了 8 比特 CRC 外码。更进一步，我们可以认为 LDPC 是一个特别大的 CRC，将内码和外码完全地融合而不露任何痕迹。

| 6.4　小结 |

本章描述了信道编码中的外码：常见的外码、不常见的外码和深藏不露的外码。在码长较小时，通常是不会有外码的。在码长较大时，外码能够提升解码性能。

| 参考文献 |

[1] 3GPP. R1-1608976, Consideration on Outer Codes for NR, ZTE, RAN1#86bis, October 2016.

[2] 3GPP. R1-164703, Outer erasure code use cases and evaluation assumptions, Qualcomm, RAN1 #85, May 2016.

[3] 3GPP. R1-164667, Outer erasure code for efficient multiplexing, InterDigital Communications, RAN1 #85, May 2016.

[4] 3GPP. R1-1705864, Channel coding for PBCH, Nokia, RAN1#88bis, April 2017.

[5] 3GPP2. C.S0054-0 Version 1.0 -CDMA2000 High Rate Broadcast- Multicast Packet Data Air Interface Specification, February 2004.

[6] P. Agashe. cdma2000 High Rate Broadcast Packet Data Air Interface Design, IEEE Communications Magazine, February 2004, 42 (2), pp. 83-89.

[7] J. Xu, Physical Layer Packet Coding: Inter-Block Cooperative Coding for 5G, IEEE Vehicular Technology Conference, 15-18 May 2016, pp. 1-5.

[8] ETSI, A Novel Hybrid ARQ Scheme Using Packet Coding, ETSI Workshop on future radio technologies - Air interfaces, January 2016, Sophia Antipolis, France.

[9] I. Tal, A.Vardy. List decoding of polar codes. Information Theory Proceedings (ISIT), 2011 IEEE International Symposium.

[10] 王继伟. 极化码编码与译码算法研究 [D]. 哈尔滨工业大学, 2013.

[11] 3GPP. R1-1700088, Summary of polar code design for control channels, Huawei, RAN1 Ad-Hoc Meeting, USA , January 2017.

[12] I. Reed and G. Solomon, Polynomial Codes Over Certain Finite Fields, Journal of the Society for Industrial & Applied Mathematics, 1960, 8(2):300-304.

[13] Shu Lin(美)著, 晏坚, 译. 差错控制编码(第 2 版). 北京 : 机械工业出版社, 2007, 6.

[14] A. Hocquenghem. Codes correcteurs d'erreurs. Chiffres, 1959, 2(2):147-156.

[15] R.C. Bose, DK Ray-Chaudhuri. On a class of error correcting binary group codes, Information & Control, 1959, 3(1):68-79.

[16] E. Arikan. Two-dimensional polar coding, Ten-th International Symposium on Coding Theory and Applications (ISCTA'09), July, 2009, Ambleside, UK.

第 7 章
其他高级编码方案

前面几章的 LDPC、Polar 码、卷积码、Turbo 码都是在二进制伽罗华域 GF(2) 上描述的。实际上，它们也可在多元域中工作 [如 GF（4）甚至更高]。本章主要描述多元域 LDPC（Non-binary LDPC Codes）[1-2]、多元域重复累积码（RA 码)[3]、格码 [4] 及基于喷泉码 [5] 的自适应编码等。

| 7.1 多元域 LDPC 码 |

7.1.1 概念

多元 LDPC 码 [1-2] 是由 Davey 和 MacKay 在 1998 年首次提出。为方便区分，记二元 LDPC 码为 BLDPC 码，多元 LDPC 码为 QLDPC 码。与 BLDPC 码不同（只有"0"和"1"这两个码字），QLDPC 码定义在伽罗华域 $GF(q)$ 上（q 为素数的幂；例如，q 取 2 的整数次幂），有 q 个码字。

QLDPC 码的编码过程基本上与 BLDPC 码相同。这里只叙述其奇偶校验矩阵 $\boldsymbol{H}$ 的构造过程。矩阵 $\boldsymbol{H}$ 一样满足稀疏矩阵的要求，与 BLDPC 码不同的是 $\boldsymbol{H}$ 中的元素均为 $GF(q)$ 上的元素。这使得 QLDPC 的奇偶校验阵比 BLDPC 的奇偶校验阵更复杂。一般地，类似于常规的 LDPC 码，QLDPC 有随机构造法和准循环构造法这两种构造方法。

QLDPC 码的解码也可以借鉴 BLDPC 解码算法，但是其解码要比 BLDPC 码复杂度高。这些算法大致有置信传播算法（BP）、改进的 BP 算法与扩展的最小和（EMS，Extended Min-Sum）算法 [6]。其中，改进的 BP 算法是常用的译码算法。由于 BP 算法存在大量的乘法运算，硬件复杂性较高。为了降低复杂度，程序员可以在对数域中完成译码。改进的 BP 算法也可以使用 FFT 运算提高运算速度。因此 BP 算法也有许多衍生的算法：Log–BP、FFT–BP、Log–FFT–BP 等。

QLDPC 码具有消除小环（特别是 4 环）的潜力，可以获得更好的纠错性能。在磁盘存储系统、深空通信等数字通信中，信道产生的错误往往是突发的，而 QLDPC 码可以将多个突发比特错误合并成较少的多元符号错误。因此，其抗突发错误能力比 BLDPC 码强。现代通信系统中，由于需要信息传输速率越来越快，调制技术也趋向于使用高阶调制方案。由于多元码是基于高阶有限域设计的，因此，它非常适合与高阶调制方案相结合、能提供更高的数据传输速率和频谱效率的场合。

7.1.2　多元 LDPC 码比特交织编码调制（BICM）方案

多元 LDPC 码 BICM 方案如图 7-1 所示。

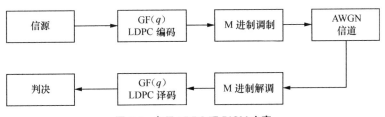

图 7-1　多元 LDPC 码 BICM 方案

BICM 的算法流程包括如下步骤：

（1）随机信源数据通过一个码率为 R 的多元 LDPC 编码器；

（2）编码器输出经过调制器输入高斯信道；

（3）解调器对接收到的信道接收值进行 ML 检测，输出每个符号的后验概率（概率域解码），或者 LLRs（对数域解码）；

（4）解调器输出的后验概率，送入多元 LDPC 解码器。解码器采用概率域或对数域的迭代解码算法，输出每个符号的后验概率；

（5）判决器对译码器传送来的伪后验信息进行判决输出。如果属于码字空间，译码停止，否则继续（4）迭代译码，直至达到预先设置的最大迭代次数。

为验证上述方案的性能，我们仿真了上述多元 LDPC 码 BICM 方案。仿真条件设置为：码率 R=1/2、600 个有限域符号、QPSK 调制、AWGN 信道。从图 7-2 的仿真结果可以看出，随机构造的 GF(16) 规则 (2, 4) LDPC 码（第一个数 "2" 表示列重——每列中 "1" 的数量；第二个数 "4" 表示行重——每行

中"1"的数量）在 QPSK 调制下 BER=6×10^{-5} 时，相较于同条件下二元规则 (3, 6) LDPC 乘积码有约 0.35 dB 的性能增益。图 4.17 和图 4.18 也显示[7]，在 AWGN 信道、BPSK 调制、BLER = 1% 下，多元 LDPC 码比二元 LDPC 码有约 0.2 dB 的性能增益。

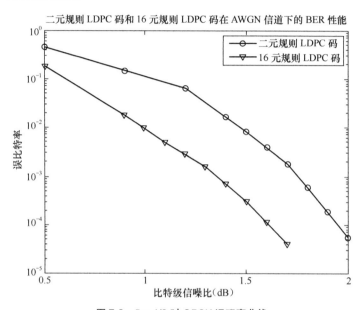

图 7-2 R = 1/2 时 QPSK 误码率曲线

7.1.3 多元码调制映射方案

多元域编码因其优异的纠错性能，良好的抵御突发错误能力，更容易和高阶调制、多天线、多载波技术相结合（从而提供更高的传输速率和高频谱效率），特别适用于未来带宽资源有限条件下的高速数据传输，如宽带多媒体、移动视频、影像等应用。

在高阶正交振幅调制（QAM）星座下，星座图中的每个星座点所含比特的可靠性存在差异。可靠性越高的比特判决，出错的可能性越小；可靠性越低的比特判决，出错的可能性越大。例如，在 LTE 的 64QAM 星座图调制中，一个星座点所包含 6 个比特里前两个比特的可靠性最高，中间两个比特的可靠性次之，最后两个比特的可靠性最低。如果将多元码对应的二元比特分别映射到多个调制符号的星座点可靠性不同的比特位置上，则可以得到星座图分集增益。

在衰落信道下,多元域码的一个域元素对应的多个二元比特可分别映射到多个调制符号上。这使得每个域元素经历多个不同的子信道,从而进一步获得时间分集增益和频率分集增益。下面考察调制映射方案设计。

方案一:交织映射(IM)方式。将每个多元码字对应的二进制序列中相同位置的比特做不同比特数的循环移位,再按列映射到调制符号上,如图 7-3 所示。

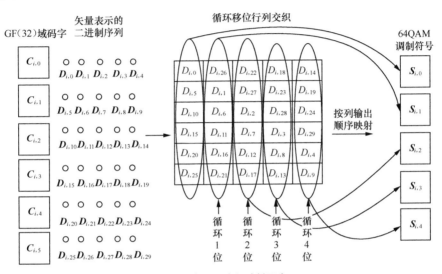

图 7-3　多元码交织映射示意

方案二:IQ 映射方式。将每个多元码字对应的二进制比特序列按顺序映射到调制符号的 I 路或 Q 路。与普通格雷映射不同的是,第一个码字按顺序映射到各调制符号的 I 路上,第二个码字按顺序映射到调制符号的 Q 路上,如图 7-4 所示。

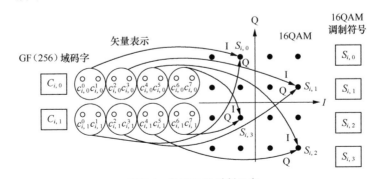

图 7-4　多元码 IQ 映射示意

将以上两种映射方案和普通格雷映射做对比仿真，并与相同条件下的使用 GF(2) 下的 Turbo 码做比较。

第 1 种仿真条件是：ETU 衰落信道、终端移动速率为 30 km/h、GF(16) 域多元码、信息位长为 2160 bit、码率 $R = 3/4$、16QAM 调制、10 MHz 带宽、1024 点 FFT。仿真结果如图 7-5 所示。

从图中可看出，Gray 映射和 Turbo 码性能几乎一致，在 BLER = 1% 时，交织映射（IM）方式和 IQ2 方式性能相对 Turbo 码分别有 0.45 dB 和 0.15 dB 的增益。

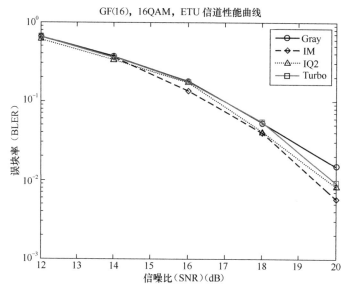

图 7-5　GF（16）在 ETU 信道下的仿真结果

第 2 种仿真条件：EPA 衰落信道、移动速度 3 km/h、GF（16）域多元码、信息位长 2160 bit，码率 $R = 3/4$、16QAM 调制、10 MHz 带宽、1024 点 FFT。仿真结果如图 7-6 所示，在 BLER = 6% 时，Gray 映射与 Turbo 的性能相同；IQ2 映射方式和交织映射映射方式相比 Turbo 码有 0.4 dB 和 0.65 dB 的增益。

第 3 种仿真条件：EPA 衰落信道、移动速率 3 km/h、GF（64）域多元码、信息位长 2880 bit、码率 $R = 2/3$、64QAM 调制、10 MHz 带宽、1024 点 FFT。仿真结果如图 7-7 所示。在图中，在 BLER = 6% 时，Gray 映射和 IQ2 映射相比 Turbo 码有 0.6 dB 增益，交织映射 IM 相比 Turbo 码有 0.9 dB 增益。

第 4 种仿真条件：ETU 衰落信道、移动速率 30 km/h、GF（64）域多元码、信息位长 2880 bit、码率 $R = 2/3$、64QAM 调制、10 MHz 带宽、1024

点 FFT。仿真结果如图 7-8 所示，在 BLER = 3% 时，Gray 映射相比 Turbo 码有 0.15 dB 增益，交织映射 IM 和 IQ2 映射相比 Turbo 码有 0.4 dB 的增益。

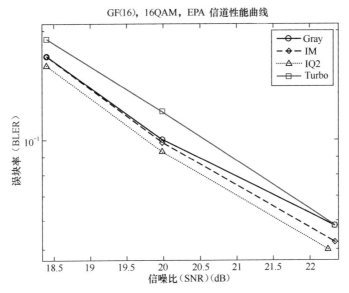

图 7-6　GF（16）在 EPA 信道下的仿真结果

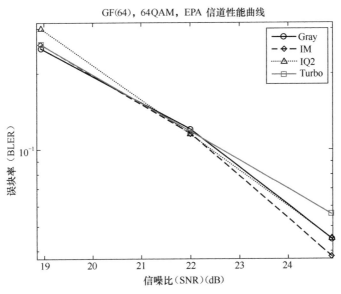

图 7-7　GF(64) 在 EPA 信道下的仿真结果

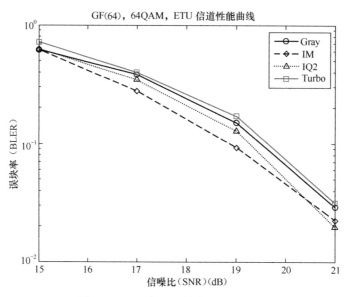

图 7-8　GF64 在 ETU 信道下的仿真结果

从上面这些仿真结果可以看出，在 ETU 和 EPA 信道下，多元码优化映射方案（IM 交织映射和 IQ2 映射）相对 Turbo 码有 0.1~0.9 dB 不等的增益。

| 7.2　多元域 RA 码 |

RA 码是在 Turbo 码和 LDPC 码的基础上提出的一种信道编码方案。RA 码可以被视为一类 Turbo 码，也可被视为一类 LDPC 码。它综合了 Turbo 码和 LDPC 码的优点：不仅具有 Turbo 编码的简单性，而且具有 LDPC 的并行译码特性。RA 码使用线性时间编码和并行译码。此外，多元 RA 码在有限域非零元的选择上有更高的自由度，更容易避免因子图中小环的产生。与 Turbo 码（二元 LDPC 码，二元 RA 码）相比，多元 RA 码具有更好的纠错性能。尤其在高阶调制下，其可以实现很低的误块率。多元 RA 码在保留传统 RA 码编码高效的同时，还具有多元码良好的纠错性能。

多元 RA 码[3,7]可以通过加权 RA 码（WNRA, Weighted Non-binary RA）实现。通过加权将二元 RA 码推广到 GF(q) 上。系统多元 RA 码是由重复器、交织器、加权器、组合器和累加器组成，如图 7-9 所示。长为 k 的信息 $m=[m_1, m_2, m_3, \cdots, m_k]$，经重复器重复 p 次后得

$$m^{(1)} = m^{(2)} = \cdots = m^{(p)} = [m_1, m_2, m_3, \cdots, m_k] \tag{7-1}$$

图 7-9 多元系统 RA 编码结构

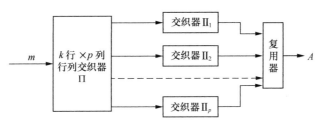

图 7-10 交织器结构

在交织器中(如图 7-10 所示)，由 p 个内交织序列 $\Pi^{(1)}$，$\Pi^{(2)}$，$\cdots$，$\Pi^{(p)}$ 分别对信息序列 $m^{(1)}, m^{(2)}, \cdots, m^{(p)}$ 进行交织，其中 $\Pi^{(1)} = [\pi_1^{(i)}, \pi_2^{(i)}, \cdots, \pi_k^{(i)}]$，$i = 1, 2, \cdots, p$。交织后输出序列 $B^{(1)}, B^{(2)}, \cdots, B^{(p)}$，其中 $B^{(i)}$ 是 $m^{(i)}$ 经 $\Pi^{(i)}$ 交织后的输出。交织可表示为

$$B^{(1)} = [b_1^{(i)}, b_2^{(i)}, \cdots, b_k^{(i)}] = [m_{\pi_1^{(i)}}, m_{\pi_2^{(i)}}, \cdots, m_{\pi_k^{(i)}}], \quad i = 1, 2, \cdots, p \tag{7-2}$$

将交织后的 p 个输出序列复合，得

$$A = [\theta_1, \theta_2, \cdots, \theta_{k \cdot p}] = [B^{(1)}, B^{(2)}, \cdots, B^{(p)}] = [b_1^{(1)}, \cdots, b_k^{(1)}, b_1^{(2)}, \cdots, b_k^{(2)}, \cdots, b_1^{(p)}, \cdots, b_k^{(p)}] \tag{7-3}$$

将复合后的序列 A 输入加权器、组合器。设加权序列 $W = [w_1, w_2, w_3, \cdots, w_{k \times p}]$，其中 $w_i \in \mathrm{GF}(q)$，$i = 1, 2, \cdots, k \cdot p$，组合器参数为 a，加权、组合后的输出为

$$r_i = \theta_{(i-1) \cdot a + 1} \times w_{(i-1) \cdot a + 1} + \cdots + \theta_{(i-1) \cdot a + a} \times w_{(i-1) \cdot a + a}$$

$$= \sum_{m=1}^{a} a_{(i-1) \cdot a + m} \times w_{(i-1) \cdot a + m}, \quad i = 1, 2, \cdots, k \cdot p / a \tag{7-4}$$

然后经累加器累加，计算得到 $k \cdot p / a$ 个校验位 P。设累加因子 $\alpha \in \mathrm{GF}(q)$，$\beta \in \mathrm{GF}(q)$，累加运算表达式为 $1/(\alpha + \beta \cdot D)$，则

$$p_1 = r_1 / \alpha, \quad p_i = [(p_{i-1} \cdot \beta) + r_i] / \alpha, \quad i = 2, 3, \cdots, k \cdot p / a \tag{7-5}$$

最后输出码字 $c = [m_1, m_2, \cdots, m_k, p_1, p_2, \cdots, p_{k \cdot p/a}]$，码长 $n = k + k \cdot p / a$，码率 $R = k / n = k / (k + k \cdot p / a) = a / (a + p)$。当重复次数 p、组合参数 a 给定时，可以编码得到 (p, a) 规则 RA 码。改变 k、p 和 a 值，可以构造不同码长，不同码率的 RA 码。

与上述编码过程相对应，该 RA 码的奇偶校验矩阵 $\boldsymbol{H}$ 可以分为两部分 $\boldsymbol{H} = [\boldsymbol{H}_1 \ \boldsymbol{H}_2]$。$\boldsymbol{H}_1$ 是列重为 p，行重为 a 的稀疏矩阵，其非零元素的分布由交织器参数 c 决定，非零元素的值由加权器的加权序列决定；$\boldsymbol{H}_2$ 是一个由累加器决

定的双斜对角矩阵 [参见式（7-6）]。

$$H_2 = \begin{bmatrix} \alpha & & & & \\ \beta & \alpha & & & \\ & \beta & \alpha & \cdots & \\ & & \vdots & \beta & \alpha \\ & & & \beta & \alpha \end{bmatrix} \tag{7-6}$$

图 7-11 是系统 RA 码的二分图。在构造多元 RA 码时，交织器和加权器的设计是非常重要的。特别是，在采用置信传播译码时，它关系到因子图中是否存在小环，还关系到校验矩阵 $\boldsymbol{H}$ 的结构。

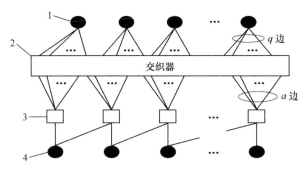

图 7-11　系统 RA 码二分示意

7.2.1　交织器

交织器由一个外部的行列交织器 Π，p 个列内交织器 Π_1，Π_2，…，Π_p 和一个复用器共同组成。具体的交织过程如下。

（1）首先将经过重复器的信息 b 输入外交织器 Π，Π 是一个 k 行 p 列的行列交织器，其中每一列都是信息序列 $m = [m_1, m_2, m_3, \cdots, m_k]$ 的转置。

（2）将 Π 的每一列进行行内交织。将 Π 的第 1 列经过交织器 Π_1 得到 b_1'；将 Π 的第 2 列经过交织器 Π_2 得到 b_2'；以此类推，直到将 Π 的第 p 列经过交织器 Π_p 得到 b_p'。

（3）将步骤（2）中的输出序列 $b_1', b_2', \cdots, b_p'$ 依次复用得到交织器的输出序列 b'。

外交织器 Π 的第 i 列的列内交织器 Π_i 由式（7-7）确定。

$$\pi_i(x) = \begin{cases} c_i & , \ x = 1 \\ \left[\pi_i(x-1) + c_i \right] \bmod k, & x \neq 1 \end{cases} \tag{7-7}$$

其中，$x \in \{1,2,\cdots,k\}$ 表示交织前的位置，$\pi_i(x)$ 表示经过 Π_i 交织后的位置，c_i 是一个常量，在一个 Π_i 内不变。对于任意两个列内交织器 Π_i 与 Π_j，如果 $i \neq j$，则 $c_i \neq c_j$。如果用 R_i 表示矩阵 H_1 中与交织器 Π_i 对应的行集合 [如式（7-8）]，用 d_i 表示 R_i 中每行任意两个非零元素之间的距离，则从式（7-7）可以看出，对于所有的 $x \in \{1,2,\cdots,k\}$，当 $\pi_i(x) > \pi_i(x-1)$ 时，$d_i \in \{c_i, 2c_i, \cdots, (a-1)c_i\}$；当 $\pi_i(x) < \pi_i(x-1)$ 时，$d_i \in \{k-c_i, k-2c_i, \cdots, k-(a-1)c_i\}$。

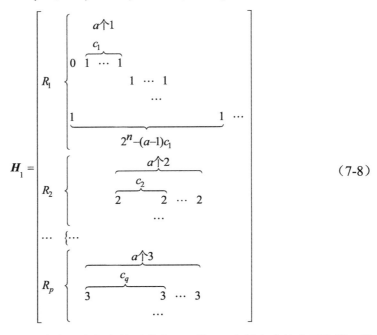

$$（7\text{-}8）$$

图 7-12 给出校验矩阵中通常存在的两类小环。将 H_1 内部产生的小环为第一类环，H_1 和 H_2 之间产生的小环为第二类环，因为 H_2 结构简单，因此很容易避免其内部产生小环。

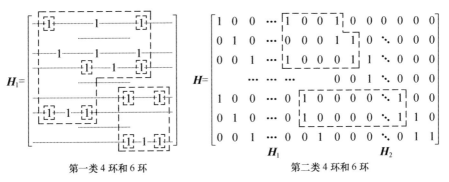

图 7-12　校验矩阵中小环的示意

若构造具有循环结构且无 4 环存在的校验矩阵 H，则参数 k，a 和 c 需要满足以下条件：

（1）k 能被 a 整除；

（2）$c_i < k/a$；

（3）c_i 是大于 1 的素数，且与 $t_1, \cdots, t_s$ 都互素；

（4）$d_i \neq d_j$；其中 $i, j \in \{1, 2, \cdots, p\}, i \neq j$，$x \in \{1, 2, \cdots, k\}$。经过进一步研究，可以在交织参数的集合中，选择出没有第一类 6 环和第二类 6 环的 RA 码的参数。构造无 6 环的校验矩阵 H，参数还需满足两个条件，如下：

（5）$d_i + d_j \neq d_l$，其中 $i, j, l \in \{1, 2, \cdots, p\}$，$i \neq j, i \neq l, j \neq l$；并且 $d_i \in \{c_i, 2c_i, ..., (a-1)c_i, k-c_i, k-2c_i, ..., k-(a-1)c_i\}$，$i \in \{1, 2, \cdots, p\}$；

（6）$d'_j \neq 2 \times tap$，$j = 1, 2, \cdots, k$，其中 d'_j 表示 H_1 的第 j 列中任意两非零元素之间的距离（其值可以通过对 H_1 搜索得到），tap 表示 H_2 中双对角线之间的间隔（如图 7-12 中 H_2 的双对角线间隔为 $tap=1$）。

从图 7-12 中可见，条件（5）保证了 H_1 中任意 3 个不同行中不产生 6 环，从而可以避免第一类 6 环产生。此外，搜索满足条件（6）的 tap 值，根据 tap 值确定 H_2 结构，就可以避免校验矩阵 H 中出现第二类 6 环。在设计过程中，如果码长不是非常短，就可以找到满足以上条件的交织参数 c 和 tap，继而构造出无 4 环和 6 环的校验矩阵。通过编程对校验矩阵进行小环搜索，可证实此方法所构造的校验矩阵中确实不存在 4 环和 6 环。

7.2.2 加权器

长度为 k 的输入信息序列 M，经过重复 p 次后形成序列 b，经过交织器的置换后得到序列 b'。加权器 $W = (w_1, w_2, \cdots, w_{k \times p})$，其中 $w_i \in \mathrm{GF}(q)$，$i = 1, 2, \cdots, k \times p$。加权序列的值决定 H_1 中非零元素的值。例如，当组合参数是 a 时，则 $w_1, w_2, \cdots, w_a$ 就是 H_1 中第一行的非零元素。$w_{i \times a+1}, w_{i \times a+2}, \cdots, w_{(i+1)a}$ 就是第 i 行的非零元素。为了使 H_1 具有式（7-8）所示的准循环特性，这里的加权序列形式为

$$W = \left[\underbrace{w_1 ... w_1}_{i_1} \underbrace{w_2 ... w_2}_{i_2} ... \underbrace{w_p ... w_p}_{i_p} \right]$$，且参数需要满足以下 3 个条件：

（1）$w_j \in \mathrm{GF}(q), j = 1, 2, \cdots, p$；

（2）$k = t_1^{n_1} \times t_2^{n_2} \cdots t_s^{n_s}$（$t_1$，$\cdots$，$t_s$ 是不同的素数）；

（3）i_1，i_2，$\cdots$，i_p 是零或者 k 的正整数倍，且满足 $i_1+i_2+\cdots+i_p=p\times k$。

结合交织器中交织序列的产生原则，为了便于理解和避免准循环结构校验矩阵中产生小环，通常可以取 $i_1 = i_2 = \cdots = i_p = k$。

7.2.3　组合器与累加器

对加权序列中的元素每 a 个一组在有限域 $GF(2^s)$ 上进行求和，得到一个长度为 $k\times p/a$ 的序列 $R=[r_1,r_2,\cdots,r_{k\times p/a}]$。累加器的有限域表达式是 $1/(\alpha+\beta D)$，$\alpha,\beta\in GF(2^s)$，对应的 $\boldsymbol{H}_2$ 如图 7-12 的右侧所示。另外，累加器加权后可以采用广义的累加器结构如 $1/(\alpha-\beta D^t)$ 或 $1/(\alpha-\beta D^t-\gamma D^s)$ 来优化设计（t，s 均为正整数）。

7.2.4　译码

多元 RA 的译码可以采用基于因子图的多元 LDPC 的置信传播译码 BP、LOG-BP 与扩展最小和（EMS）译码 [6]。

|7.3　格码|

在 m 维实数域的欧氏空间 R^m 中，由 n 个线性独立的向量构成的线性组合的全体的集合，在线性组合系数为整数时，这样的集合被称为一个 m 维欧氏空间 R^m 中的 n 维格 [8]。一个 n 维格可通过 $n \times n$ 的生成矩阵 $\boldsymbol{G}$ 来表示，如式（7-9）所示。

$$\boldsymbol{G}=[\boldsymbol{g}_1,\boldsymbol{g}_2,\cdots\boldsymbol{g}_n]=\begin{bmatrix} \boldsymbol{g}_{11} & \boldsymbol{g}_{12}, & \cdots & \boldsymbol{g}_{1n} \\ \boldsymbol{g}_{21} & \boldsymbol{g}_{22} & \cdots & \boldsymbol{g}_{2n} \\ \vdots & & \cdots & \vdots \\ \boldsymbol{g}_{n1} & \boldsymbol{g}_{n2} & \cdots & \boldsymbol{g}_{nn} \end{bmatrix} \tag{7-9}$$

其中，$\boldsymbol{g}_1,\boldsymbol{g}_2,\cdots,\boldsymbol{g}_n\in R^n$ 均为实数。

格中的任意一个点可以由生成矩阵 $\boldsymbol{G}$ 和整数系数 u 计算出来，如式（7-10）所示。

$$\boldsymbol{\varLambda}=u\cdot\boldsymbol{G} \tag{7-10}$$

其中，$u=[u_1,u_2,\cdots,u_n]$，$u_1,u_2,\cdots,u_n\in Z^n$ 均为整数。

在 m 维实数域欧氏空间 R^m 中，通过生成矩阵 $\boldsymbol{G}$ 和整数形成区域 $u\in Z^n$ 定

义为 n 维欧氏空间的格码（Lattice Code），其码字是位于该成形区域 u 中所有格点的集合 [8]。

1988 年，美国 Codex 公司的 Forney 提出了"陪集码"的概念 [9]。该概念包含了格码。2003 年，Shalvi 提出了信号码（Signal Codes）[10]。本质上，信号码也属于格码。2007 年，以色列 Tel Aviv 大学的 N. Sommer 等人在格码的基础上，首次提出了一种基于 LDPC 码的新型信道编码技术：低密度格码（LDLC，Low-Density Lattice Codes）[4]。它是一种实用的、能够达到 AWGN 信道容量的好码 [11-12]，并且它的译码复杂度仅随码长线性增长 [10]。

LDLC 的码字 x 是通过整数信息矢量 b 的 n 维欧氏空间的线性变换来生成，即：$x=G \cdot b$。G 被称为 LDLC 的生成矩阵，它是由 n 个线性无关的列向量构成非奇异矩阵，并且其行列式满足 $|\det(G)|=1$。同时，定义校验矩阵 $H=G^{-1}$，并且规定 H 是一个稀疏矩阵。

与 LDPC 类似，LDLC 同样可以使用 Tanner 图和校验矩阵进行描述，并且 LDLC 也有着稀疏校验矩阵，这个特性使我们可以利用 BP 迭代算法来构造高效的译码算法，使译码复杂度与码长呈线性关系。然而，与 LDPC 不同的是，LDLC 的编码和信道均采用实代数运算。这一特性使得 LDLC 码非常适用于加性高斯白噪声信道，这也简化了编译码的收敛性分析。研究表明，利用迭代译码算法，LDLC 的性能能够达到高斯白噪声信道的理论极限 [11-12]。另外，LDLC 与其他传统的信道编码相比，LDLC 编码没有引入冗余，码率为 1，因此可以在不拓展信号带宽的前提下获得编码增益和整形增益以达到信道容量，频带利用率高。LDLC 码的这些优势，使它虽然提出得晚，但已迅速成为编码领域的一个研究热点。它具有以下特点。

● 基于位置矩阵 P 或循环移位构造一个类似于拉丁幻方阵的校验矩阵。矩阵中的非零元素是稀疏的，取值范围是实数，且所有行以及所有列的度都等于一个常数 d。

● 码率 R 为 1，在不扩展带宽前提下具有高效的编码增益和整形增益。

● 应用 Jacobi 迭代方法求解线性方程组实现高效编码，编译码复杂度低。

● 置信传播（BP，Belief-Propagation）译码算法传递的是在 $(-\infty, +\infty)$ 上的概率密度函数，而不是最大似然比，且具有的低密度特性使迭代译码算法的复杂度为线性的，同时具有良好的译码收敛性。

● 能获得距香农极限仅有 0.5dB 的信道容量 [4]。

LDLC 是继 Turbo 码、LDPC 码后的又一种极具潜力的高效信道编码技术，具有优异的性能。但它仍是一种新码，目前对 LDLC 码的研究还处在初级阶段。对它的研究主要包括校验矩阵 H 的构造、整形和译码算法以及判定是否能应用到

MIMO、OFDM 和协作通信等实际的通信系统中 [13]。它为今后先进的编码技术研究指明了一个重要的方向。

LDLC 应用于高斯白噪声信道中的系统模型如图 7-13 所示。首先，我们需要构造一个性能优异的校验矩阵 $\boldsymbol{H}$，然后用该校验矩阵对信源进行迭代编码。编码之后还需要对码字进行整形，以限制发送码字的发射功率，从而实现在有限功率的高斯白噪声信道中传播。在接收端对消息进行 BP 迭代译码之后，进行取模运算，以恢复出发送的码字。

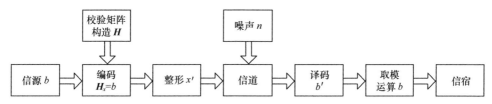

图 7-13　LDLC 应用于高斯白噪声信道中系统模型

考察一种特殊的 LDLC，即拉丁幻方 LDLC（Latin Square LDLC），它有若干特殊性质：

- 校验矩阵 $\boldsymbol{H}$ 中所有行以及所有列的度都等于一个常数 d；
- 校验矩阵 $\boldsymbol{H}$ 的每一行和每一列都有着相同的 d 个非零元素，不同的仅是非零元素排列的位置和顺序以及每个非零元素的符号。定义该 d 个非零元素按从大到小顺序的排序为生成序列，即若 $h_1 > h_2 > h_3 \cdots > h_d$，则该 LDLC 的生成序列为 $\{h_1, h_2, h_3, \cdots, h_d\}$。

根据定义，编码码字 x 就是通过整数信息矢量 $\boldsymbol{b}$ 的线性变换而来，即 $x = \boldsymbol{G} \cdot \boldsymbol{b}$。与校验矩阵 $\boldsymbol{H}$ 不同，LDLC 的生成矩阵 $\boldsymbol{G} = \boldsymbol{H}^{-1}$ 不具有稀疏性。从而通过此方法实现编码的运算复杂度及存储量均为 $O(n^2)$，即与码长呈平方关系。相比较 $O(n)$ 的译码复杂度，这样的编码方案显然是不可取的。

为了降低 LDLC 的编码复杂度，我们可以利用校验矩阵 $\boldsymbol{H}$ 的稀疏性，通过应用 Jacobi 迭代方法求解线性方程组 $\boldsymbol{H} \cdot x = \boldsymbol{b}$ 来实现高效编码。但是应用 Jacobi 迭代法的前提是校验矩阵 $\boldsymbol{H}$ 中的主对角线元素为非零值，如果其对角线元素为零，则需要先对 $\boldsymbol{H}$ 进行行变换。LDLC 的编码运算可以用式（7-11）表示

$$x^{(t)} = \tilde{\boldsymbol{b}} - \tilde{\boldsymbol{H}} \cdot x^{(t-1)} \tag{7-11}$$

初始码字向量 $x^{(0)} = 0$；t 为迭代次数。其中 $\tilde{\boldsymbol{H}}$ 是由校验矩阵 $\boldsymbol{H}$ 经行初等变换之后再除以每一行的最大值之后，再使对角线元素清零得来，即

$$\tilde{\boldsymbol{H}} = \boldsymbol{D}^{-1} \boldsymbol{H}_1 - \boldsymbol{I} \tag{7-12}$$

其中，H_1 为校验矩阵经初等行变换后的矩阵，D^{-1} 是 H_1 对角线元素的倒数组成的对角矩阵，$b = D^{-1} \cdot \tilde{b}$。因为 $\tilde{H}$ 是稀疏的，因此其运算复杂度何存储度均为 $O(n)$。在进行迭代时，式（7-12）必须保证运算结果收敛性。对于校验矩阵 H，其满足以下两个条件就可以保证迭代过程是收敛的。

• H 的维数较大，而度数很小（一般 $n \geqslant 100$ 而 $d \leqslant 10$）。

• 生成序列中的最大元素值 $h_1 = 1$，且保证

$$\alpha = \sum_{i=2}^{d} h_i^2 \Big/ h_1^2 < 1 \tag{7-13}$$

为了将 LDLC 实际应用于能量受限的高斯白噪声信道（AWGN），我们必须对编码之后的码字进行整形。整形的主要目的是限制发送码字的功率，避免出现过大的码字能量。简单来说，整形的主要目的是将信源 b 映射为 b'，使得编码之后的码字 $x' = G \cdot b'$ 被限制在一个有限的整形区域中。这样整形操作之后将会大大降低码字的平均功率。研究发现，性能最好的整形算法的 Voronoi 区域是球形的，也就是最小距离量化法。但是这种方法复杂度太高，实现困难。所以学术界致力于研究次优的整形算法。下面介绍的基于超立方体整形算法就是一种易于实现的次优的整形算法。

首先，对校验矩阵 $H = TQ$ 进行分解（对 H' 进行 QR 分解），得到 T 是一个下三角矩阵，而 Q 是一个正交矩阵。假设 $b' = b - Lk$，我们的目的是要找到 k，使得 x' 满足 $x' = H \cdot b'$ 被限制在一个超立方体内。将 $H = TQ$ 代入，得到 $T \cdot \tilde{x} = b'$，其中 $\tilde{x} = Qx'$，得到 $\tilde{x}$ 后，可以通过 $x' = Q^T \tilde{x}$，求得整形之后的码字，这样得到的 x' 属于一个"旋转"后的超立方体，整形之后的码字不再是均匀分布的，但是最终能够获得不错的整形增益。

通过仿真，可以验证整形后码字的平均功率变小，仿真参数设置如下。

码长 $n = 500$，权重 $w = 5$，生成序列为 $h = \left\{1, \sqrt{7}, \sqrt{7}, \sqrt{7}, \sqrt{7}\right\}$，标准星座 $L=3$，信源的取值范围为 $\{0,1,2\}$。仿真结果如图 7-14 和图 7-15 所示。由图中可见，修正前信源 b 的取值幅度一般较大，取值范围为 $[0,2]$，经过修正后，信源 b' 取值一般在 $[-1,1]$ 之间，很少有取值为 ± 2 的位置。同时，没有整形的码字取值幅度较大，经过整形之后的码字取值幅度较小，都被限制在 $-L/2 \leqslant x \leqslant L/2$ 之间。根据公式

$$P_{av} = \frac{1}{N} \sum_{i=1}^{N} \|x_i\|^2 \tag{7-14}$$

计算发送码字的平均功率，可以得到当码长 $n = 500$ 时，没有整形的平均功率为 $P_{av_n} = 1.96 \times 10^3$。而经过整形之后，码字的平均功率为 $P_{av_s} = 2.5 \times 10^2$。由此

可见，整形后码字的平均功率得到了有效地减小。

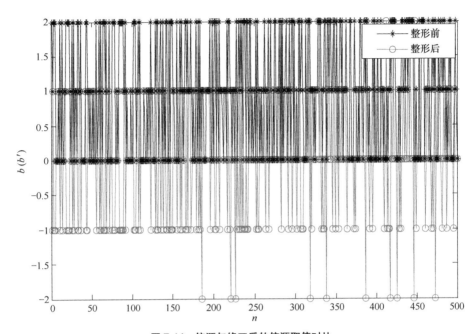

图 7-14 信源与修正后的信源取值对比

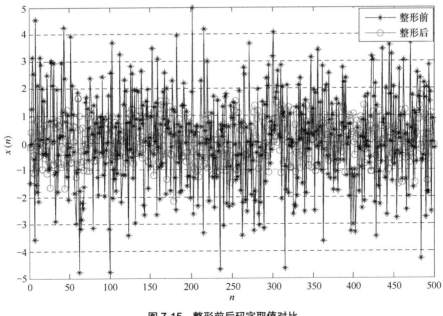

图 7-15 整形前后码字取值对比

为考察研究 LDLC 码作为一种极具潜力的高效信道编码技术的优异性能，

将 LDLC 码与 Turbo 高阶调制方案在不同频谱效率条件下进行了仿真对比，分析了两者的性能差异。仿真参数设置如表 7-1 所示。

表 7-1 LDLC 的仿真参数设置

		信息位长 / 维度（bit）	LDLC 进制数 / 码率（Turbo）+ QAM 阶数	频谱效率（bit/ 调制符号）
第一组	LDLC	200/500/1200	2	2
	Turbo	200/512/1216	1/2 Turbo + 16QAM	
第二组	LDLC	200/500/1200	3	3.2
	Turbo	192/512/1152	4/5 Turbo + 16QAM	
第三组	LDLC	200/500/1200	4	4
	Turbo	200/512/1216	4/5 Turbo + 32QAM	
第四组	LDLC	200/500/1200	8	6
	Turbo	184/472/1152	7/8 Turbo + 128QAM	

仿真结果及分析如下。

第一组：图 7-16 给出了二进制 LDLC 码和码率 $R=1/2$ Turbo 在 16QAM 下的性能对比，即频谱效率为 2 bit/ 调制符号。仿真结果显示，在频谱效率为 2 的情况下 Turbo + 16QAM 的性能优势较为明显。例如，信息位为 1216 bit 的 Turbo 码在 BER=10^{-5} 条件下与维度为 1200 的 LDLC 码相比误码率性能有大约 0.4 dB 的增益，并且由于 Turbo 码的性能曲线更为陡峭，Turbo 码的性能增益随着 E_b/N_0 变大而增加。

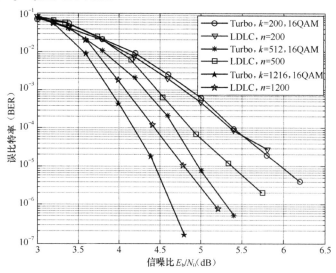

图 7-16 频谱效率为 2 bit/ 调制符号 LDLC 码与 Turbo + 高阶调制的性能

第二组：频谱效率为 3.2 bit/ 调制符号的情况下，LDLC 码与 Turbo + 高阶调制的误比特性能如图 7-17 所示。图中可见 LDLC 码的误比特性能优于 Turbo + 高阶调制方案的误比特性能。维度为 1200 的 LDLC 码在 BER=10^{-5} 条件下与信息位为 1216 bit 的 Turbo 码 + 16QAM 方案相比，大约有 0.6 dB 的性能增益。

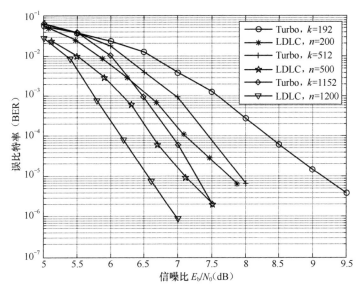

图 7-17　频谱效率为 3.2 bit/ 调制符号 LDLC 码与 Turbo + 高阶调制的性能

第三组：频谱效率为 4 bit/ 调制符号的情况下，LDLC 码与 Turbo + 高阶调制的误比特性能如图 7-18 所示。从仿真结果中可以看到在相同（或相近）信息位长度条件下，LDLC 码的误比特率性能优于 Turbo + QAM 编码 / 调制方案的性能。维度为 1200 的 LDLC 码在 BER=10^{-5} 条件下与信息位为 1216 bit 的 Turbo 码 + 32QAM 方案相比，有大约 0.8 dB 的性能增益。

第四组：频谱效率为 6 bit/ 调制符号的情况下，LDLC 码与 Turbo + 高阶调制的误比特性能如图 7-19 所示。与上面的结果类似，在相同或相近信息位长度情况下，LDLC 码的误比特率性能优于 Turbo + QAM 编码 / 调制方案的性能。维度为 1200 的 LDLC 码在 BER=10^{-5} 条件下与信息位为 1216 bit 的 Turbo 码 + 128QAM 方案相比，性能增益约为 1.2 dB。

综上所述，在频谱效率低的情况下（如 2 bit/ 调制符号），Turbo+ 高阶调制的误比特率性能优于 LDLC 码。而频谱效率高的情况下（如 3.2 bit/ 调制符号），LDLC 码的误比特率性能优于传统 Turbo 码在高阶调制下的性能。随着频谱效率的增大，LDLC 的优势体现的越发明显。由此可见，LDLC 码是一种

高频带利用率的信道编码方案。

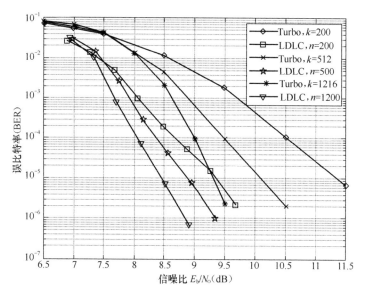

图 7-18　效率为 4 bit/ 调制符号条件下 LDLC 与 Turbo + 高阶调制的性能

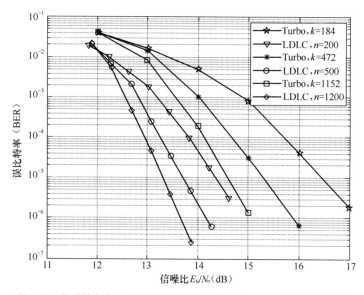

图 7-19　频谱效率为 6 bit/ 调制符号 LDLC 码与 Turbo + 高阶调制的性能

7.4　基于无速率码的自适应编码

脊髓码（Spinal 码）[5,14] 是一种在时变信道中适用的无速率码，是一种接近香农容量限的好码。其核心是对输入消息比特连续使用伪随机哈希函数（Hash Function）结合高斯映射函数不断产生伪随机截断的高斯符号。相比于现存的信道编码，Spinal 码可以在码长很短的条件下接近香农容量。在较好的信道条件下，Spinal 码的性能是优于现存的信道编码加高阶调制方案的。Spinal 码的编码器如图 7-20 所示。

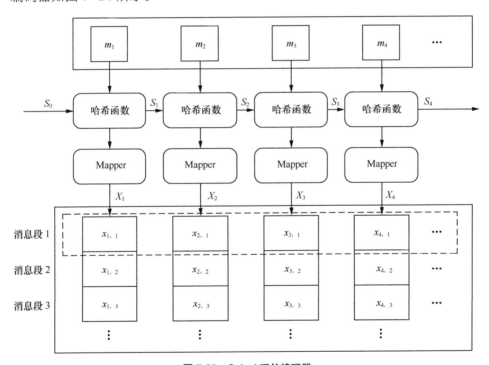

图 7-20　Spinal 码的编码器

n-bit 信息序列首先分割成等长的 n/k 个信息段，然后通过以 s_0 为初始状态的哈希函数，$h:\{0,1\}^v \times \{0,1\}^k \to \{0,1\}^v$，依次生成 n/k 个 v-bit 哈希状态。之后通过高斯映射[5]，$f:\{0,1\}^v \to X^{v/c}$，按照每 c 个比特映射成一个量化的高斯符号的方式，将二进制的哈希向量映射成信道输入。

Spinal 码的传输以消息段（Passage，Pass，信息段）为单位，如图 7-20

中所示的虚线框所示。每一个传输单元为一个 Pass，传输至接收端能够正确译码为止。由编码结构可以看出，Spinal 码的码结构类似卷积码的结构，也是一个树码。但是由于状态数过大，使得基于 Trellis 结构的译码器（Vitebi 译码，BCJR 译码）无法应用。第一个 Spinal 的实际译码算法是一个基于码树搜索的贪婪算法，被称为冒泡（Bubble）译码器。该算法在截断后的每一层中搜索 $B2^k$ 个节点。因此，其复杂度为 $O\left[nB2^k\left(\log B+k+v\right)\right]$[5]。

为了降低译码的复杂度，我们给出了一个基于树结构码的堆栈译码的前向堆栈译码 (FSD，Forward Stack Decoding) 算法。该算法的主要思想如下：将码树分割成 $\left\lceil\dfrac{n}{kD}\right\rceil$ 个层，除最后一层外的每一层由 D 深度的码树部分组成（当 $D/\left(n/k\right)$ 时，最后一层的深度也为 D）。之后在每一层进行以 ML 量度为度量的堆栈译码，找到一个在该层最优的 D 深度节点，并将其与另外 $B-1$ 个节点 D 深度次优节点作为下一层的初始译码节点。若在某一层中，在堆栈溢出之前无法找到最优的 D 深度节点，则将该层的译码过程中已找到的 B 个 D 深度节点输出至下一层。一个 $n=48$，$k=8$ 的 Spinal 码，经过 Bubble 译码器和 FSD 译码器在实高斯信道下的速率性能和复杂度仿真分别如图 7-21、图 7-22 所示。其中两个译码器的参数 B 为 16，FSD 译码器的最大堆栈长度为 6656。从图中可以看出，在低信噪比时，Spinal 码的性能与香农极限较为接近。但在高信噪比下（相当于高阶调制情况），与香农极限的差距还比较大。第 3.4 节[15] 的仿真结果也显示类似的性能。

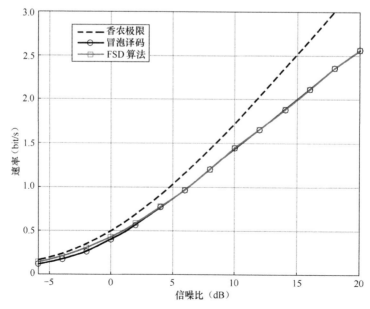

图 7-21　Bubble 译码和前向堆栈译码算法性能比较

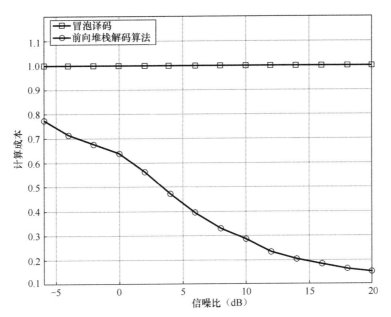

图 7-22 Bubble 译码和前向堆栈译码算法复杂度比较

由于每一次进行 Bubble 译码的计算量（将算法访问码树中的点的个数看作计算量）为固定值，因此图 7-22 中的复杂度按照以 Bubble 译码器的计算量为标准 1 进行归一化。可以看出，FSD 译码器和 Bubble 译码器的速率性能相同，但复杂度大为降低。随着信噪比的增加，FSD 译码器的运算量降低。在 SNR 为 20 dB 时，FSD 译码器的运算量仅仅为 Bubble 译码器的 15.37%。

|7.5 阶梯码|

阶梯码（Staircase Codes）是由 B. P. Smith 于 2012 年提出的一种前向纠错码[16]。由于其编码字的排列与阶梯相似，因此称其为阶梯码。阶梯码的提出目的是为了解决下列几个问题：首先，在高速光纤信道中（如 100 Gbit/s 的光传输网），设备需要低成本、低时延、高速地处理数据，因此，次数过多的迭代解码是不合适的；其次，光传输网要求相当低的误码平台（如 10^{-15}），这要求解码器能够快速地收敛到其要求的工作点上；最后，光传输网要求高的传输效率，即其码率要比较高（如 $R = 239/255$），这需要译码器在高码率下性能良

好。下面，我们来看看其编码原理。

7.5.1 编码

考虑如图 7-23 所示的具有无限长度的编码字块 B_0，B_1，B_2，$\cdots$，B_i，$\cdots$，每个码块 B_i 都是一个 $m \times m$ 的矩阵。其中，$i \in Z^+$ 为正整数。为讨论方便，这里限制码块 B_i 的元素都来自 GF(2)（实际上，阶梯码也可工作在多元域）。通常地，需要对第一个码块 B_0 初始化成全 0 值。每两个水平方向放置的码块组 $[B_{2k}^T, B_{2k+1}]$，$k = 0,1,2,3,\cdots$ 的每一行都是一个分量码 C（如汉明码、BCH 码、RS 码、Golay 码等）的编码字；每两个垂直方向放置的码块组 $[B_{2k+1}, B_{2k+2}^T]$，$k = 0,1,2,3,\cdots$ 的的每一列都是一个分量码 C 的编码字。应注意，阶梯码中每一个阶梯的左边的码块 B_{2k}，$k = 0,1,2,3,\cdots$ 是转置着放置的（矩阵的转置，如 B_2^T）。

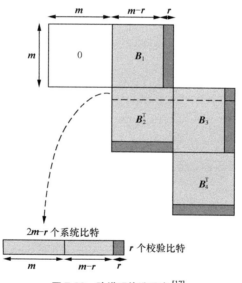

图 7-23 阶梯码构造示意 [17]

假设分量码 C 是系统码形式的（如 Golay 码），并且把上述矩阵转置（如 B_2^T）看作是一种交织操作（不过，只有一半的系统比特参与了交织，而不是码长内的全部比特都参与了交织），我们可以把阶梯码看作是一种（简化的）Turbo 码，或者是一种分组卷积码（校验比特会不断地向后传递），如图 7-24 所示。因此，B. P. Smith 说阶梯码的概念来自卷积码和分组码的组合。

在图 7-24 中，输入的信息比特为 $[S_1, S_2]$，它与输出的系统比特为 $[S_1^T, S_2]$

可以认为是没差异的（除了比特顺序的不同之外）。校验比特 P_1 只与系统比特 S_1（及上一个阶梯的系统比特与校验比特）有关。校验比特 P_2 与系统比特 S_1、S_2 和校验比特 P_1 有关。因此，在使用线性分组码作为分量码的时候，总的编码复杂度大致为 $O(N)$，N 为码长。

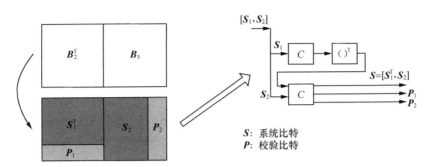

图 7-24　阶梯码类似于 Turbo 码

7.5.2　解码

解码可以是基于校正子（Syndrome）的方法，它比用于 LDPC 的消息传递算法（BP 算法）更为有效[16]。

解码可以迭代地进行。对于接收到的码块组 $[\boldsymbol{B}_{2k}^{\mathrm{T}}, \boldsymbol{B}_{2k+1}]$，$k = 0,1,2,3,\cdots$，首先进行水平方向的解码。通过校正子的计算，可纠正这一行中最多 $(r-1)/2$ 个错误。然后，进行垂直方向的解码。最后，更新水平方向的校正子和垂直方向的校正子。由于垂直方向的校验比特 P_1 会作用到水平方向的校验比特 P_2，而水平方向的校验比特 P_2 会继续作用到下一级台阶的垂直方向的校验比特 P_1，因此，解码过程和校正子更新是一个循环迭代的过程。该过程一直持续到预定的迭代次数。

在使用线性分组码作为分量码的时候，总的解码复杂度大致为 $O(I \cdot N + I \cdot N) = O(2 \cdot I \cdot N)$，"2" 指解码和校正子更新，$I$ 为迭代次数，N 为码长。考虑到高速光传输网络中延时不能太大，迭代次数一般较小（如 15 ~ 25 次）。

7.5.3　性能

阶梯码的 BER 性能如图 7-25 所示。可以看出，在码率 $R = 239/255$ 和

BER $= 10^{-15}$ 时，它离香农极限仅为 0.56 dB。同时，它比 RS 码 (255,239) 的性能好 3.5 dB。在 BER $= 10^{-15}$ 时，阶梯码没有出现误码平台。

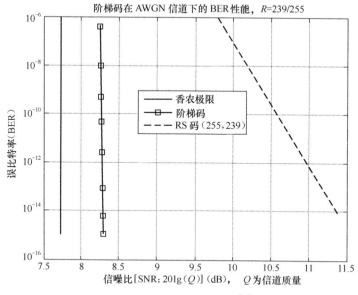

图 7-25　阶梯码的仿真结果[16]

7.5.4　未来演进方向

阶梯码至少在光纤通信中编码简单、性能优越。将来，把它引进无线通信也有可能。文献 [18] 研究了阶梯码在无线通信中的高速率应用。将来，其可能的发展方向有以下几个方面。

- 新的排列方式（交织方式）。例如，每个阶梯是由 3 个码块组成的（重叠两个码块）。
- 其他的分量码，如（扩展的）RM 码、LDPC 码[19]。
- 新的比特收集方式，可以进一步提高码率。
- 新的解码方式（如迭代解码）。

综上所述，一些高级编码方案（如多元 LDPC）性能上是非常优越的。当然，其复杂度也偏高。随着技术的发展，各种障碍将会逐步消失或减轻，这些技术也会逐步应用起来。

参考文献

[1] M.C. Davey. Low-density parity check codes over GF(q), IEEE Communications Letters, Vol. 2, Issue: 6, June 1998, pp. 165 - 167.

[2] D. J. C. Mackay. Evaluation of Gallager codes of short block length and high rate applications, Springer, New York, 2001, pp. 113-130.

[3] 涂广福. 重复累积码置信传播译码算法 [D], 西安电子科技大学, 2014.

[4] N. Sommer. Low-Density Lattice Codes, IEEE Trans. on Information Theory. 2008, 54 (4), pp. 1561-1585.

[5] J. Perry. Spinal codes, Acm Sigcomm Conference on Applications. 2012, pp. 49-60.

[6] X. Ma, Low complexity X-EMS algorithms for nonbinary LDPC codes. IEEE Trans. on Communications, v.60, no.1, Jan 2012, pp. 9-13.

[7] 林伟. 多元 LDPC 码：设计、构造与译码 [D]. 西安电子科技大学, 2012.04.

[8] 钱本增. 低密度格码 (Low-Density Lattice Code) 的研究 [D], 北京交通大学, 2013.3.

[9] D. J. Forney, Coset codes. II. Binary lattices and related codes, IEEE Trans. on Information Theory, 1988, 34 (5), pp.1152-1187.

[10] O. Shalvi. Signal Codes. Proc. Inf. Theory Workshop, 2003, pp. 332 - 336.

[11] R. Urbanke. Lattice codes can achieve capacity on the AWGN channel, IEEE Trans. on Information Theory, 1998, 44 (1), pp.273-278.

[12] U. Erez. Achieving 1/2 log (1+SNR) on the AWGN channel with lattice encoding and decoding, IEEE Trans. on Information Theory, 50 (10), 2004, pp. 2293-2314.

[13] 王晓松. 下一代无线通信系统中调制与编码关键技术研究 [D]. 东北大学, 2009.7.

[14] J. Perry. Rateless spinal codes. Proc. of 10th ACM Workshop on Hot Topics in Networks - HotNets '11 (2011) pp. 1-6.

[15] 李娟. 无速率Spinal码译码算法研究及复杂度分析[D]. 西安电子科技大学，2015.11.

[16] B. P. Smith. Staircase Codes: FEC for 100 Gbit/s OTN. IEEE/OSA Journal of Lightwave Technology, vol. 30, no. 1, Jan. 2012, pp. 110 – 117.

[17] A. Sheikh. Probabilistically-Shaped Coded Modulation with Hard Decision Decoding and Staircase Codes, submitted to IEEE Trans. on Information Theory.

[18] P. Kukieattikool. Staircase Codes for High-Rate Wireless Transmission on Burst-Error Channels, IEEE Wireless Communications Letters, Vol. 5, No. 2, April 2016, pp. 128-131.

[19] IETF. Simple Low-Density Parity Check (LDPC) Staircase: Forward Error Correction (FEC) Scheme for FECFRAME. Internet Engineering Task Force, Request for Comments: 6816, Category: Standards Track, ISSN: 2070-1721.

缩略语

缩略语	英文全称	中文全称
π/2-BPSK	π/2-Binary Phase Shift Keying	旋转 90°（π/2）的二进制相移键控
128QAM	128-Quadrature Altitude Modulation	128- 正交幅度调制
16QAM	16-Quadrature Altitude Modulation	16- 正交幅度调制
1G	1st Generation Mobile Communication	第一代移动通信系统
256QAM	256-Quadrature Altitude Modulation	256- 正交幅度调制
2G	2nd Generation Mobile Communication	第二代移动通信系统
32QAM	32-Quadrature Altitude Modulation	32- 正交幅度调制
3G	3rd Generation Mobile Communication	第三代移动通信系统
3GPP	3rd Generation Partnership Project	第三代移动通信合作伙伴项目
4G	4th Generation Mobile Communication	第四代移动通信系统
5G 5G-NR	5th Generation Mobile Communication	第五代移动通信系统； 5G 新无线电接入技术
64QAM	64-Quadrature Altitude Modulation	64- 正交幅度调制
APP	A Posteriori Probability	后验概率
AWGN	Additional White Gaussian Noise	高斯加性白噪声
B-DMC	Binary-Discrete Memoryless Channel	二进制离散无记忆信道

续表

缩略语	英文全称	中文全称
BEC	Binary Erasure Channel	二元删除信道
BER	Bit Error Rate	误比特率
BG	Base Graph	基本图
BICM	Bit Interleaver Coding and Modulation	比特交织编码调制
BLER	BLock Error Rate	误块率
BP	Belief Propagation	置信传播
BPSK	Binary Phase Shift Keying	二进制相移键控
BSC	Binary Discrete Symmetric Channel	二元对称信道
CA-PC-Polar	CRC-aided-Parity Check-Polar Code	循环冗余校验（CRC）辅助的奇偶校验 Polar 码
CA-Polar	CRC-aided Polar Code	循环冗余校验（CRC）辅助的 Polar 码
CA-SCL	Successive Cancellation with List for CRC-aided Polar Code	用于 CA-Polar 的串行消去—列表（解码算法）
CDMA	Code Division Multiple Access	码分多址
CNU	Check Node Unit; Constraint Node Unit	校验节点单元；约束节点单元
CQI	Channel Quality Indicator	信道质量指示
CRC	Cyclic Redundancy Check	循环冗余校验
D-CA-Polar D-CRC-Polar Dist-CA-Polar	Distribution CRC-aided Polar Code	分布式 CRC 辅助的 Polar 码
DCI	Downlink Control Information	下行控制信息
DE	Density Evolution	（概率）密度演进
eMBB	enhanced Mobile BroadBand	增强的移动宽带
EPA	Extended Pedestrian a Model	扩展步行者信道模型
ETU	Extended Typical Urban Model	扩展典型城区信道
EXIT Chart	EXtrinsic Information Transition Chart	外部信息迁移图
FAR	False Alarm Rate	虚警率

续表

缩略语	英文全称	中文全称
FDMA	Frequency Division Multiple Access	频分多址
FEC	Forward Error Correction	前向纠错编码
FER	Frame Error Rate	误帧率
FFT	Fast Fourier Transform	快速傅里叶变换
FFT-BP	Belief Propagation with FFT	使用 FFT 算法的置信传播
GF	Galois Field	伽罗华域
GSM	Global System of Mobile Communications	全球移动通信系统
HARQ	Hybrid Automatic Retransmission Request	混合自动重传请求
HSDPA HSPA	High Speed Downlink Packet Access; High Speed Packet Access	高速下行分组接入；高速分组接入（包括 HSDPA 和 HSUPA）
HSUPA	High Speed Uplink Packet Access	高速上行分组接入
IoT	Internet of Things	物联网
IR	Incremental Redundancy	增量冗余
KPI	Key Performance Index	关键性能指标
LDLC	Low Density Lattice Code	低密度格码
LDPC	Low Density Parity Check	低密度校验码
LLR	Log-Likelihood Ratio	对数似然比
Log-BP	Belief Propagation in Logarithm Domain	对数域的置信传播
Log-FFT-BP	Belief Propagation with FFT in Logarithm Domain	对数域的使用 FFT 算法的置信传播
Log-MAP	Maximum APP in Logarithm Domain Maximum a Posteriori Probability in Logarithm Domain	对数域的最大后验概率
LTE	Long Term Evolution	长期演进
MAC	Media Access Control	媒体接入控制层
Max-Log-MAP	Maximum-Maximum APP in Logarithm Domain Maximum-Maximum a Posteriori Probability in Logarithm Domain	取最大值的最大对数域的最大后验概率

续表

缩略语	英文全称	中文全称
ML	Maximum-Likelihood	最大似然
mMTC	Massive Machine Type Communication	海量物联网
MAP	Maximum APP Maximum a Posteriori Probability	最大后验概率
MBB	Mobile BroadBand	移动宽带
MCS	Modulation and Coding Scheme	调制编码方案
MIMO	Multiple Input Multiple Output	多天线输入多天线输出
Min-Sum	Minimum-Sum-Product Algorithm	最小"加和乘"译码算法
NR	New Radio Access Technology	新无线电接入技术
OFDM	Orthogonal Frequency Division Multiplexing	正交频分复用
OFDMA	Orthogonal Frequency Division Multiple Access	正交频分复用多址
PC-Polar	Parity Check-Polar Code	奇偶校验（PC）Polar 码
PCCC	Parallel Concatenation Convolutional Code	并行级连卷积码
PDCCH	Physical Downlink Control CHannel	物理下行控制信道
PDF	Probability Density Function; Probability Distribution Function	概率密度函数；概率分布函数
PDSCH	Physical Downlink Shared CHannel	物理下行共享信道
PER	Package Error Rate	误包率
PM	Path Metric	路径度量值
PRB	Physical Resource Block	物理资源块
PUCCH	Physical Uplink Control CHannel	物理上行控制信道
PUSCH	Physical Uplink Shared CHannel	物理上行共享信道
QAM	Quadrature Altitude Modulation	正交幅度调制
QC-LDPC	Quasi-Cyclic LDPC	准循环 LDPC 码
QLDPC	Q-array LDPCNon-binary LDPC	多元域 LDPC
QoS	Quality of Service	服务质量

续表

缩略语	英文全称	中文全称
QPP	Quadratic Permutation Polynomial	二次项置换多项式
QPSK	Quadrature Phase Shift Keying	正交相移键控
RAN	Radio Access Network	无线接入网
RE	Resource Element	资源单元
RV	Redundancy Version	冗余版本
SC; SC-L; SCL	Successive Cancellation; Successive Cancellation with List	串行消去（解码算法）; 串行消去—列表（解码算法）
SINR	Signal-to-Interference-plus-Noise Ratio	信干噪比
SNR	Signal-to-Noise Ratio	信噪比
SOVA	Soft Output Viterbi Algorithm	软输出 Viterbi 算法
TB	Transport Block	传输块
TBS	Transport Block Size	传输块大小
TBCC	Tail Biting Convolutional Code	咬尾卷积码
TDMA	Time Division Multiple Access	时分多址
TD-SCDMA	Time Division-Synchronous Code Division Multiple Access	时分同步码分多址
UCI	Uplink Control Information	上行控制信息
UE	User Equipment	用户设备；终端
UMB	Ultra Mobile Broadband	超宽带移动通信
UMTS	Universal Mobile Telecommunication System	通用移动通信系统
URLLC	Ultra Reliable & Low Latency Communication	高可靠低时延
VN	Variable Node	变量节点
VNU	Variable Node Unit	变量节点单元
WCDMA	Wideband Code Division Multiple Access	宽带码分多址
WiMAX	Worldwide Interoperability for Microwave Access	全球微波互联接入（基于 IEEE 802.16）

索 引

0～9（数字）

1G　3

1/2码率非规则LDPC选取和高斯白噪声最大允许标准差和最低E_b/N_o（表）　31

2D Polar码　151

2G　3

3G　4

3GPP　64、88、138、171、171（表）

　　共识　64

　　协议中Polar码　171、171（表）

　　协议中LDPC码（表）　88

　　最终选择序列　138

4G　4

5G-NR　5

5G　5、6

　　场景　5、6

　　主要应用（图）　6

5G系统　7

　　关键性能指标　7

　　评估方法　7

5G之花　2、2（图）

5G之网（图）　2

A～Z（英文）

ACQ译码构架（图）　228

Arikan　101、125、148、161

AWGN信道　138、165～168、201、205、251

　　1/2码率下理论BLER和仿真BLER（图）　165

　　$N = 1024$的序列可靠度（图）　138

　　Polar码、RM码与Golay码的性能对比（图）　167

　　Polar码、双RM码与双Golay码的性能对比（图）　168

　　SLVA 仿真性能（图）　205

　　SNR 的增益（dB）（表）　201

Banyan连接器　42、43

　　示意（图）　43

Banyan网络　59

BCH码　240

BCJR算法　213、214、227

　　网格（Trellis）（图）　214

BEC信道　109、138

　　$N = 1024$的序列可靠度（图）　138

BER性能　283

BG1　65～67

　　非零元素位置（图）　66

　　基本结构　65、66(图)

　　校验矩阵（表）　67

BG1和BG2在各个码长和码率的情况

　　下要达到BLER $= 10^{-2}$所需的SNR

　　（图）　86

BG2　67、67（图）、68

　　非零元素位置（图）　68

　　基本结构　67、67(图)

　　基础校验矩阵　68

　　校验矩阵（表）　68

BICM　261

　　方案　261

　　算法流程　261

BLER　164

Block-parallel　57

BP　158

Bubble译码　280、281

　　和前向堆栈译码算法复杂度比较

　　（图）　281

　　和前向堆栈译码算法性能比较

　　（图）280

CA-PC-Polar　118、120

CA-Polar码　117、120、121

CN　133

　　序列示意（图）　133

CQI　75

CQI表　75

CRC　117、122、204、238、239

　　比特　122

　　辅助 Polar 码　117

　　辅助列表Viterbi解码过程（图）204

　　辅助列表解码　204

　　生成矩阵　122

CW序列　130

D-CRC　121

Dist-CA-Polar　121

　　构造（前交织）示意（图）　121

eMBB主要部署场景的量化描述

　　（表）　6

F64变换核性能（图）　104

FAR　166

　　仿真结果（图）　166

FSD　280

　　算法　280

　　译码器　280

Full-parallel　52

G_2 Polar码（图）　133

G_8 Polar码因子图（图）　158

Gallager码　19、20、29

GF（16）在EPA信道下的仿真结果

（图）265

GF（16）在ETU信道下的仿真结果
（图）264

GF（64）在EPA信道下的仿真结果
（图）265

GF（64）在ETU信道下的仿真结果
（图）266

Golay码、RM码和Polar码最小汉明
距离（表）164

HARQ示意（图）146

Hash-Polar码构造示意（图）123

IEEE802.16e和802.11ad的基本图大
小（表）62

IM方式 263

IQ映射方式 263

Kernel矩阵 39、40
编码 40

K＝400bit下Polar码与Turbo码性能
对比（图）169

LDLC码 276
仿真参数设置（表）276

LDPC码 17～23、29、32、44、
50、59、64、74、85～87、94、
260、272、273、277
编码 21
编码器 21
产生和发展 18
二分图（Bipartite）（图）22
方向 94
构造方法 32

基本原理 20

基础矩阵设计 64

解码性能随码块长度变化
（图）74

经历AWGN信道的框图（图）21

校验矩阵 22

理论分析 29

特点 21、272

未来发展 94

系统比特数目 44

译码调度方式 50

应用于高斯白噪声信道中系统模
型（图）273

优势 277

在3GPP中的应用 87

在5G-NR中的标准进展 59

在64QAM下的性能（图）87

在短码块下的性能（图）85

LDPC码块中打掉比特数示例
（图）243

LDPC奇偶校验矩阵 38、49、50
结构（图）38

LDPC译码器 44、50、52
总体架构 50

LLR 27

LTE 4、199、200、224～227
1/2和1/3码率卷积码
（图）200
Turbo交织器 224
各个码长所对应的f1和f2值
（表）225
卷积码 199、200
码块长度与性能的关系（图）226
信道编码与调制的性能（图）227

LTE-Advanced 5

LTE的Turbo码 221、222、222（图）

　　结构 221、222（图）

MAC层开销比 81

MCS 75、77

　　索引 77

MCS表 76

MI-DE 132

Multi-Edge 36

$m=2$的咬尾卷积码4状态迁移示意（图） 196

$N'_{\text{info}}\leqslant3824$时的TBS（表） 81

O-CN序列 133

PC 240

PC-Polar码 118、119、120（图）

　　构造示意（图） 119

　　解码 119、120（图）

PDCCH 79、117

　　确定TBS流程 79

Polar码 101～103、103（图）、105、106、116～118、127～129、140、144～153、159、162、164、168～170、171（表）、174、175

　　BER性能（图） 103

　　并行解码 159

　　重传 145

　　方程式示意（图） 144

　　方向 175

　　构造 116、117(图)

基本原理 106

解码算法 153

起源 101

缺点 175

使用和不使用CRC的性能对比（图） 118

速率匹配 140

性能 103(图)、164

序列 127、128

研究状况 102

优点 174

与LDPC性能对比（图） 169、170

与TBCC性能对比（图） 168

与Turbo码复杂度（图） 162

与Turbo码和LDPC码性能对比（图） 170

Polar码编码 112、113、123、138

　　过程 113

　　矩阵 123

QAM星座 262

QC-LDPC 32、33、45、48、50、71、84

　　HARQ示意（图） 71

　　多码率示意（图） 45

　　短圈特性 48

　　行并行译码结构的吞吐量 84

　　技术优势 33

　　译码结构 50

QLDPC码 12、260、261

　　解码 260

QPP交织器 222、225、225（图）、233

QPSK误码率曲线（图） 262

QSN连线器示意（图） 43

R.M.Tanner 19

RA 12

Raptor-like结构 38

RA码 266

RE数 79

Row-parallel 54

RS码 240

RW序列 129

S-Random交织器（图） 223

SC-L算法 154～156、163

　　码树表示（图） 156

　　性能随列表深度变化（图） 155

SC-S算法 163

SCL-like序列 134

　　产生方法 134

SC算法 153、155、162

　　码树表示（图） 155

SMP译码构架（图） 228

SNR（QPSK调制）（图） 86

SOVA算法图解（图） 217

Spinal码 12、279

　　编码器（图） 279

TBCC 194

TBS 78～81、81（表）

　　表格获取 81

　　流程 79

　　要求 81

Turbo码 11、20、209～214、218

　　～222、226～231

编码器 212

出现之前的一种级联码
　　（图） 211

基本性能 219

结构 213、221

解码复杂度 228

解码过程 218

解码器的流程（图） 213

解码算法的复杂度（图） 229

解码特点 213

性能 220（图）、222、226、
　　228、231

性能界 221

译码器 227

意义 210

因子（图） 214

原理 210

增强方案 229

之前级联码 211

在原生的1/5码率和从1/3重
　　复到1/5码率下的性能比较
　　（图） 230

Turbo码2.0 229、233、234

参考文献 234

更长的码长 229

更低的码率 229

新打孔方式 233

新交织器 233

Turbo码交织器 222、224

基本类型 222

UCI 118

UMTS的1/2和1/3码率的卷积码
　　（图） 198

UMTS的1/3码率的卷积码汉明距分
　　布（表）　199

UPO　134
　　哈希图（图）　135

Viterbi算法　189、190、193、
　　197、204

WCDMA中卷积码　198

B

伴随矩阵　40
包编码　241、250、253
　　方法　241
　　译码流程（图）　250
　　在衰落信道下仿真结果　253
包编码方案　241、242
　　示意（图）　242
背景介绍　1
本书目的　13
本书内容结构（图）　13
本章内容结构（图）　18、100
比特数确定　242
比特选择　243～245、247、248
　　方法　243
　　示意（图）　244、245、247、248
编码　39、73、75、112、123、
　　259、282
　　方案　259
　　过程　39
　　矩阵生成　123
　　流程　73
　　示意（图）　112

算法　39
　　调制方案表格　75
　　原理　282
变量节点　28、47
　　更新　28
并行级联卷积码　212
并行解码　159
不同母码长度下的极化比例（表）　111
不同网络复杂度比较（表）　62
部分码　124

C

参考文献　14、95、175、206、
　　256、285
常用外码　239
长码　86
长码块　169
超短码块　167
重传（HARQ）合并效果（图）　146
重复累积码　12
初始化步骤　204
传输块大小　78
存储复杂度分析　83
存储空间复杂度　162
存储器　57
错误检测　117

D

打孔方式　233
大的循环移位分解为小的循环移位
　　（图）　61
带有两种状态的卷积码及其网格图
　　（图）　189

带有4种状态的卷积码网格图（图）　188

待分解信道　109

单边矩阵　36

等腰直角三角形交织　141、142
　　示意（图）　142

等腰直角三角形交织器　142
　　特性　142
　　性能（图）　142

低码率Turbo码（图）　230

低密度校验码　9、17

低时延高可靠场景　12

第64个输入比特是一个很好的子信道
　　（图）　140

第64个子信道不进行预冻结解码性能
　　（图）　139

第一代移动通信系统　3

第二代移动通信系统　3

第三代移动通信系统　4

第四代移动通信系统　4

第五代移动通信系统　2、5
　　要求　5

递归卷积码　187

电池寿命　8

蝶形结构　42

短码　85

短码块　167

短圈　46～48
　　特性　46、48
　　为4的奇偶校验矩阵示意（图）　48
　　为4的示意（图）　46
　　为6的奇偶校验矩阵示意（图）　48
　　为6的示意（图）　46

对称信道　106

对数似然比　27

多边LDPC　36、37
　　基础矩阵（图）　36
　　基础移位系数矩阵（图）　37
　　与单边LDPC码性能对比
　　（图）　37

多边构造法优势　37

多边结构　38

多边矩阵　36

多次迭代　251
　　译码流程（图）　251

多码长设计　42

多码率设计　45

多项式生成　202

多元LDPC码　260、261
　　BICM方案（图）　261
　　比特交织编码调制（BICM）方
　　案　261

多元RA码　266、271
　　译码　271

多元码　262、263
　　IQ映射示意（图）　263
　　交织映射示意（图）　263
　　调制映射方案　262

多元域LDPC码　60、122

多元域RA码　266

多元域编码　262

E

二次项交织器（图）　224

二维Polar码　151

F

发射端编码流程（图）　73

反映迭代类解码算法收敛特性的

EXIT（图） 219

方法1下码率 $R = 1/2$ 时的仿真结果
（图） 244

方法1下码率 $R = 13/16$ 时的仿真结果
（图） 245

方法2下码率 $R = 1/2$ 时的仿真结果
（图） 246

方法2下码率 $R = 13/16$ 时的仿真结果
（图） 246

方法3下码率 R 为 $1/2$ 时的仿真结果
（图） 247

方法3下码率 R 为 $13/16$ 时的仿真结果
（图） 248

方法4下 $R = 1/2$ 时的仿真结果
（图） 248

方法4下码率 $R = 13/16$ 时的仿真结果
（图） 249

仿真对比 276

仿真结果 244～249、253、276

仿真条件 264

非递归卷积码 187

示意（图） 187

非规则LDPC 22、31

性能分析 31

非完整码 124

分布式CRC 121

辅助 Polar 码 121

分层式特点 50

分段 73、74、147

与不分段性能对比（图） 147

分量码 282

峰值频谱效率 8

峰值速率 7

蜂窝通信 3

复杂度 83、161

G

改进的和UMTS标准中的约束长度为
9，码率为1/3的卷积码性能比较
（图） 203

改进的约束长度为9，码率为1/3的卷
积码汉明距分布（表） 203

概率域BP算法 27

高级编码方案 12、259

高阶正交振幅调制星座 262

高斯白噪声最大允许标准差和最低
E_b/N_o（表） 31

高效信道编码技术 272、275

高优先级的uRLLC业务打掉低优先级
的eMBB业务（图） 239

格码 12、271

规则LDPC码 22、31

在二元 AWGN 信道下的最大允
许噪声方差（表） 31

H

汉明距离 164

行并行译码器结构 54、55（图）

行并行LDPC码译码器示意
（图） 51

行并行分层LDPC译码（图） 54、55

行并行译码 54、84

吞吐量 84

行列交织器 71、72、72（图）

行权重序列 129

行正交意义 66

好信道选择 127

合并嵌套　133

　　序列　133

　　序列和优化的合并嵌套序列　133

合成信道　107

环的概念　47

J

基本计算模块（图）　159

基本图　63

基础校验矩阵　68

基础矩阵　34、38、39、48、49、

　　56、64、67

　　Tanner(图)　34

　　基本结构　38

　　扩展成校验矩阵（图）　39

　　设计　64

　　在 H 中构成长度为 4 的短圈示意

　　（图）　48

基于QC-LDPC码的多码率设计　45

基于QC-LDPC码的精细码率调

　　整　46

基于互信息的密度演进序列　132

基于统计排序的译码算法　156

基于无速率码的自适应编码　279

基于循环缓冲区的码块重构示意

　　（图）　197

奇偶校验　118、240、250

　　Polar 码　118

　　译码　250

极化码　10、99、112

　　基本编码　112

　　解码方法　112

极化权重序列　130

级联码　211

脊髓码　12、279

计算复杂度　161、162

　　比较　162

加权RA码　266

加权器　270

剪枝　189

简单瑞利信道　253

简化的路由网络示意（图）　57

交织　71、72、141、143、263、268

　　方案　72

　　过程　268

　　映射方式　263

交织器　233、267、268

　　结构（图）　267

校验节点　27、56

　　更新　27

　　内部结构（图）　56

校验矩阵中小环示意（图）　269

校正子方法　283

接收端　19、196

　　解码步骤　196

阶梯码　281～284

　　仿真结果（图）　284

　　构造示意（图）　282

　　类似于 Turbo 码（图）　283

　　未来演进方向　284

　　性能　283

结构化LDPC码　32

解码　27、83、84、113、152、

　　161、163、283

　　方法　27

　　时延　83、84、161、163

解码复杂度　193、227

分析 227

解码算法 153、213、228

　　复杂度（表）228

紧凑型基本图 62、63

　　设计 62

　　优点 63

精细码率调整 46

经典的LDPC编码器 21

卷积码 10、185～～194、198～
200、203

　　并行解码，子段有部分重叠
　　（图）194

　　汉明距分布（表）203

　　基本性能 190

　　解码算法 186

　　累加器在二元对称信道（BSC）
　　　中的马尔科夫状态转移
　　　（图）192

　　因子图 190、190(图)

　　原理 186

　　在蜂窝标准中应用 198

　　增强 200

　　最优解码方法 188

卷积码性能 187、191、203

　　比较（图）203

卷积运算 128

K

可靠性定量 8

空间复杂度 162

控制面时延 8

块并行ＬＤＰＣ码译码器示意
（图）52

块并行校验节点单元的内部结构 58

　　示意（图）58

块并行内部结构 58

块并行译码 57、84

　　示意（图）57

　　吞吐量 84

宽带移动有多种部署场景 6

扩展步行者信道模型 253

扩展典型城区信道 253

扩展矩阵 33、35、39、49

　　Tanner(图)35、39

L

拉丁幻方LDLC 273

　　特殊性质 273

累加器 271

理论BLER和仿真BLER（图）165

联合体序列 135

连接数密度 8

链路性能 85、226

　　评估 85

两个块同时处理的校验节点单元内部
结构（图）58

两个块同时处理的路由网络和移位网
络（图）58

两状态卷积码网格图中的最佳（幸
存）路径（图）189

列表解码 204

列权重序列 130

灵活性调度 81

路由网络 55、56

　　功能 55

　　基础矩阵 56

M

码块分段方案　148

码率 R = 13/16，EPA 信道，不交织
　的仿真性能（图）　254

码率 R = 13/16，EPA 信道，有
　星座符号交织时的仿真性能
　（图）　254

码率 R = 13/16，ETU 信道，不交织
　的仿真性能（图）　255

码率 R = 13/16，ETU 信道，有
　星座符号交织时的仿真性能
　（图）　255

码率 R = 13/16，简单瑞利信道的仿
　真性能（图）　253

码率为 R = 0.5下的各种译码算法仿真
　结果（图）　252

码率为 R = 13/16下的各种译码算法
　仿真结果（图）　252

码中码　124、125
　　构造示意（图）　125

码字取值对比（图）　275

马尔科夫状态转移（图）　192

密度演进序列　132

母码长度 N = 1024下的极化情况
　（图）　111

母码长度 N = 128、256下的极化情况
　（图）　111

母码长度 N = 32、64下的极化情况
　（图）　110

目标码率　40

N

内码　238

内容结构（图）　100

P

陪集码　272

篇章结构　13

频谱效率为2 bit/调制符号 LDLC
　码与 Turbo + 高阶调制的性能
　（图）　276

频谱效率为3.2 bit/调制符号 LDLC
　码与 Turbo + 高阶调制的性能
　（图）　277

频谱效率为6 bit/调制符号 LDLC
　码与 Turbo + 高阶调制的性能
　（图）　278

Q

其他高级编码方案　259

前几代移动通信演进　3

前交织　121

前四代移动通信技术演进（表）　3

前向堆栈译码算法　280

嵌套 Polar 码　124

嵌套的约束长度为7的生成多项式
　（表）　202

全并行 LDPC　51、53
　　解码器 Tanner（图）　53
　　译码器示意（图）　51

全并行译码　52、53
　　结构　53

R

任意长度Polar码　125

冗余　187、200

　　比特　187

冗余版本　70、200

　　为RV3的数据自译码功能(图)　70

软信息合并性能对比（图）　70

S

散列Polar码　122

上行MCS表　78

上行控制信息　118

上行最高调制阶数为64QAM的MCS
　　（表）　78

使用和不使用外码的吞吐率性能
　　（图）　249

使用新的打孔模式和新的交织器之后
　　的Turbo码的性能（图）　234

室内热点部署　6

首传　69、70

　　为RV0，重传冗余版本为RV0
　　和RV3的软信息合并性能对比
　　（图）　70

首次传输时基本图矩阵适用范围
　　（图）　65

数据采集服务　5

数据共享信道　78

衰落信道下的SNR增益（dB）
　　（表）　201

双矩形交织　143

　　示意（图）　143

速率匹配　69、139～144

　　参数　140

　　对序列预冻结　139

　　过程中的交织　143

　　示意（图）　141

随机编码　101

随机交织器　223

缩短Polar码的性能（图）　105

缩略语　287

T

提升因子（Z）的取值（表）　59

提升值　60

　　设计　59

填充比特放置示意（图）　44

调制编码的性能　9

　　评估　9

　　仿真参数　9

调制映射方案设计　263

吞吐量　83、84、161、163、193

　　分析　193

W

外层编码　11

外交织器　288

外码　237～239、256

外码（CRC）编码增益（图）　240

外码（RS码或BCH码）编码增益
　　（图）　241

外码和内码的关系（图）　238

无线接入网　105

无线宽带场景　8

物理层包编码方案　241

物理层上行和下行数据共享信道　78

误块率　164

误码平台　281

X

系统Polar码　148、150

　　与非系统 Polar 码的 BER 性能

　　（图）　150

　　与非系统 Polar 码的 BLER 性能

　　（图）　150

系统RA码　268

　　二分示意（图）　268

系统比特优先　72、73

　　交织示意（图）　72

　　交织性能（图）　73

系统位矩阵　39

下行MCS表　76

下行控制信道　117

先进行奇偶校验译码流程（图）　250

显示外码　239

线性分组码的码字x的组成（图）　69

香农　18、32

　　容量定理　32

向量X分解为3个子向量（图）　61

小Polar码　124

效率为4bit/调制符号条件下LDLC

　　与 Turbo + 高 阶 调 制 的 性 能

　　（图）　278

新的打孔方式　233

新的交织器　233

信道　7、25、106、110、238

　　极化　110

解码　25

　　示意（图）　106

　　特性与外码　238

　　条件　7

信道编码　9、106、266

　　方案　9、106、266

　　基本仿真参数（表）　9

信道分离　109、110

　　示意（图）　110

信道合并　102、107

　　示意（图）　102

信道质量指示　75

　　表格　75

信息长度为4032bit时Turbo码3种解

　　码算法的复杂度（表）　228

信源取值对比（图）　275

信源与修正后的信源取值对比（图）　275

性能比较　167

性能理论分析　29

虚警率　166

序列介绍　129

序列融合　138

序列特性　136

　　高斯信道下的全局偏序　136

　　统一偏序特性　136

　　在线计算　136

　　准对称性　136

　　准嵌套性　136

序列选择准则　137

　　SINR ~ BLER 性 能 仿 真 间

　　隔　137

　　误块计数　137

　　赢的数量　137

序列译码　101

循环编码　231

循环路径步骤　205

循环码　19

循环重排　34

循环冗余校验　117

循环移位　35、61

　　矩阵在 H 中构成长度为 6 的短圈
　　示意（图）　49

　　矩阵在 H 中构成长度为 8 的短圈
　　示意（图）　49

Y

咬尾Turbo码　229、231～233

　　性能（图）　233

　　状态查找（表）　232

　　状态迁移（第 1 步）（图）　232

　　状态迁移（第 2 步）（图）　232

咬尾卷积码　194、195、197

　　编码方式　195

　　与常规卷积码性能对比（图）　197

一般LDPC码短圈特性　46

一般卷积码编码器示例（图）　186

一个PRB内分配给PDSCH的RE数目
（表）　80

移动通信　3

　　技术演进（表）　3

　　演进　3

移位寄存器　194

移位网络　57

以 $N=4$ 解码过程示意（第 1 步和第 2
步）（图）　114

以 $N=4$ 解码过程示意（第 3 步和第 4
步）（图）　115

以 $N=4$ 解码过程示意（第 5~7 步）
（图）　115

译码　50、156、250、271

　　结构　50

　　算法　156、250

隐式外码　256

用CRC修剪掉不符合CRC检测结果的
路径示意（图）　121

用户体验速率　8

用于组成 4×8 的阵列 U 列码字
（表）　152

预冻结　139

Z

针对BG1的 $V_{i,j}$ 取值（表）　44

阵列U列码字（表）　152

整形前后码字取值对比（图）　275

正交设计　66

支持多种冗余版本的卷积码（图）　200

支持更低码率　201

置信度传播　23、25、158

　　基本原理　23

　　算法　158

中长码　86

中间值信息比特　79

状态度量传播　227

准循环LDPC码　32、36、38、42、62

　　编码　62

　　多码长设计　42

　　母码码率　38

准正交设计　65

子带差分CQI表　76

子块交织示意（图）　145

子码　124

子信道　108

自适应编码　279

总信道　109

组合器　271

最大似然　101

最大允许噪声方差（表）　31

最低母码码率　201

最高调制方式为256QAM的MCS
　　（表）　77

最高调制方式为64QAM的MCS
　　（表）　77

最高调制阶数为256QAM的CQI
　　（表）　76

最高调制阶数为64QAM的CQI
　　（表）　76

最佳（幸存）路径（图）　189

最小汉明距离　164

最优解码算法　196